现代数字视频广播与通信技术

陈平平 苏凯雄 郭里婷 等 著

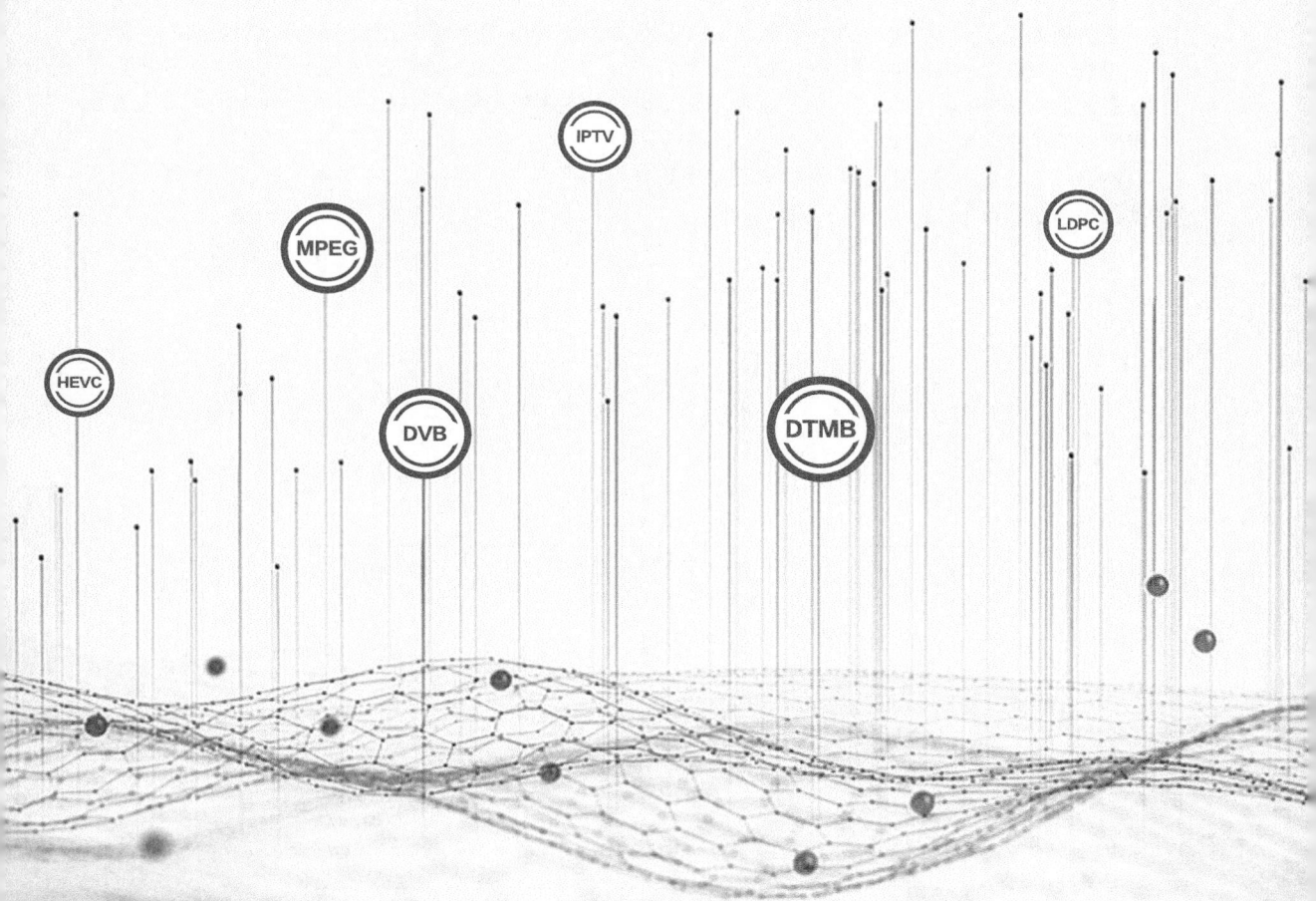

HEVC

MPEG

IPTV

DVB

DTMB

LDPC

人民邮电出版社

北 京

图书在版编目（CIP）数据

现代数字视频广播与通信技术 / 陈平平等著.
北京 ： 人民邮电出版社，2025. -- ISBN 978-7-115
-65282-9

Ⅰ．TN949.197

中国国家版本馆 CIP 数据核字第 202466ZB18 号

内 容 提 要

本书系统介绍了数字视频广播与通信技术的基本原理、关键技术及实际应用。全书由 10 章组成。第 1 章介绍地面广播电视、有线网络电视和卫星广播电视的发展概况；第 2 章介绍地面广播电视、有线网络电视和卫星广播电视的频段和频道划分；第 3 章介绍数字电视信源压缩编码标准和技术；第 4 章介绍数字电视多路复用与条件接收技术；第 5～7 章分别介绍地面数字电视、有线数字电视和卫星数字电视的信道传输标准和技术；第 8 章介绍数字电视接收系统的组成和硬件实现；第 9 章介绍数字电视接收终端控制软件的设计；第 10 章介绍 IPTV 技术。

本书可作为应用型本科院校及职业院校的教材，也可作为广播电视或多媒体领域研发人员、技术人员的参考资料。

◆ 著   陈平平 苏凯雄 郭里婷 等
   责任编辑 牟桂玲
   责任印制 王 郁 焦志炜

◆ 人民邮电出版社出版发行   北京市丰台区成寿寺路 11 号
   邮编 100164   电子邮件 315@ptpress.com.cn
   网址 https://www.ptpress.com.cn
   固安县铭成印刷有限公司印刷

◆ 开本：787×1092 1/16
   印张：14.5   2025 年 8 月第 1 版
   字数：361 千字   2025 年 8 月河北第 1 次印刷

定价：98.00 元

读者服务热线：(010)81055410 印装质量热线：(010)81055316
反盗版热线：(010)81055315

前言

随着卫星通信技术的飞速发展，广播电视行业正在经历一场深刻的数字化变革。作为这场变革的重要技术，数字视频广播与通信技术凭借其覆盖范围广、传输稳定性强、容量大等优势，成为全球范围内数字电视广播的重要手段。随着技术的不断进步，数字视频广播与通信技术的传输效率、图像质量和服务多样性等显著提升，并在全球范围内得到了广泛应用。

本书系统介绍了数字视频广播与通信技术的基本原理、关键技术及实际应用，内容涵盖地面广播电视、有线网络电视和卫星广播电视的频段与频道划分，数字视频和音频压缩编码技术，信道编译码技术，调制解调技术，多路复用技术，条件接收技术，以及 DVB-T2、DTMB 和 DVB-S2 等行业标准。

我们致力于构建一个既全面又深入的知识体系，并辅以实用的操作指南，旨在帮助读者从基础理论起步，逐步深入工程实践层面。全书内容广泛，从详尽的技术标准阐释到典型的应用实例展示，力求让读者在快速迭代的技术浪潮中掌握核心技能，成为领域的佼佼者。

在编写本书的过程中，我们力求内容的系统性、科学性和实用性，紧密结合行业工作流程和最新研究成果，使读者能够在理论与实践之间建立紧密的联系。同时，采用形象的描述与图文并茂的呈现方式，力求将复杂的技术问题讲解得通俗易懂。

数字视频广播与通信技术作为一个跨学科的前沿领域，涉及通信、电子、计算机、信号处理等多个学科的知识。我们希望本书的出版能为相关领域的学术研究、工程实践和技术创新提供有价值的参考。同时，我们也期望本书能够激发更多读者对数字视频广播和通信技术的兴趣，促进该领域的持续发展和进步。

本书由陈平平、苏凯雄、郭里婷、陈锋、郑明魁、吴林煌、陈建、林志坚共同撰写，这里衷心感谢所有为本书的编写和出版辛勤付出的同仁，他们的智慧和汗水成就了本书。同时，我们也热忱欢迎广大读者对本书提出宝贵的意见和建议，以便我们在今后的修订工作中不断完善。

本书作者
2025 年 3 月

资源获取

本书提供如下资源：
- 本书思维导图；
- 异步社区 7 天 VIP 会员。

要获得以上资源，您可以扫描下方二维码，根据指引领取。

提交勘误信息

作者和编辑尽最大努力来确保书中内容的准确性，但难免会存在疏漏。欢迎您将发现的问题反馈给我们，帮助我们提升图书的质量。

当您发现错误时，请登录异步社区（www.epubit.com），按书名搜索，进入本书页面，单击"发表勘误"按钮，输入勘误信息，单击"提交勘误"按钮即可（见下图）。本书的作者和编辑会对您提交的勘误信息进行审核，确认并接受后，您将获赠异步社区的 100 积分。积分可用于在异步社区兑换优惠券、样书或奖品。

与我们联系

我们的联系邮箱是 contact@epubit.com.cn。

如果您对本书有任何疑问或建议，请您发邮件给我们，并请在邮件标题中注明本书书名，以便我们更高效地做出反馈。

如果您有兴趣出版图书、录制教学视频，或者参与图书翻译、技术审校等工作，可以发邮件给我们。

如果您所在的学校、培训机构或企业想批量购买本书或异步社区出版的其他图书，也可以发邮件给我们。

如果您在网上发现有针对异步社区出品图书的各种形式的盗版行为，包括对图书全部或部分内容的非授权传播，请您将怀疑有侵权行为的链接通过邮件发给我们。您的这一举动是对作者权益的保护，也是我们持续为您提供有价值的内容的动力之源。

关于异步社区和异步图书

"异步社区"是由人民邮电出版社创办的 IT 专业图书社区，于 2015 年 8 月上线运营，致力于优质内容的出版和分享，为读者提供高品质的学习内容，为作译者提供专业的出版服务，实现作者与读者在线交流互动，以及传统出版与数字出版的融合发展。

"异步图书"是异步社区策划出版的精品 IT 图书的品牌，依托人民邮电出版社在计算机图书领域 30 余年的发展与积淀。异步图书面向 IT 行业以及各行业使用 IT 的用户。

目录

第 *1* 章

广播电视技术发展概述

电视是人类近代的伟大发明。它将活动画面和自然声音转换成电的形式，并以光的速度向远处传播，使千里之外的观众足不出户就能耳闻目睹天下诸事。电视已成为全球普及和便捷的信息载体之一，融入了人们生活的各个方面，在传播时政新闻、提供资讯服务、丰富文化娱乐等方面起到了非常重要的作用。伴随着人们对电视服务内容和广播服务质量的不懈追求，广播电视技术不断变革发展、推陈出新，并在全球造就了极其庞大的广播电视产业。

1.1 地面广播电视发展概述

1.1.1 电视的发明

1. 机械扫描式电视

1883 年，德国人尼普柯夫首先提出了一种通过机械转盘与光电转换装置实现图像远距离传送的设想，被称为"尼普柯夫圆盘"，其原理结构如图 1-1 所示。

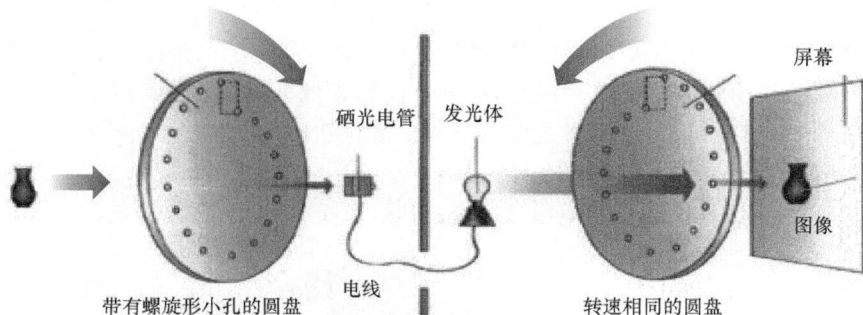

图 1-1 "尼普柯夫圆盘"原理结构示意图

它在一个圆盘的周边，按螺旋形开设若干小孔。当圆盘转动时，便会对图像进行顺序扫描，同时通过硒光电管进行光电转换，实现了画像电传扫描。电信号被传送到另一发光体上，这样一来，发光体的发光强度就会受硒光电管电流的调制。在发光体后面安装一个与发送端转速相同的圆盘，于是在圆盘背后的屏幕上就会相应地显示出图像的明暗变化，进而显示出图像的形状。

1925 年，英国人贝尔德在一个大商店里向人们展示了他制作的机械式扫描电视，如图 1-2 所示。

图 1-2 贝尔德展示机械式扫描电视

贝尔德被公认为是机械式扫描电视的发明者，他通过对尼普柯夫圆盘进行改进，成功地制造出机械式电视收发设备，并在英国进行了电视图像发射和接收的公开试验。1926 年，贝尔德把电视图像信号用电话线传送到英国广播公司（British Broadcasting Corporation，BBC）电台，最先宣布发明了电视技术。

2. 电子扫描式电视

1908 年，英国人斯文顿提出了电子束扫描原理，为现代电视的出现奠定了重要基础。1923 年，美国人兹沃雷金发明了光电摄像管，其结构原理图如图 1-3 所示。

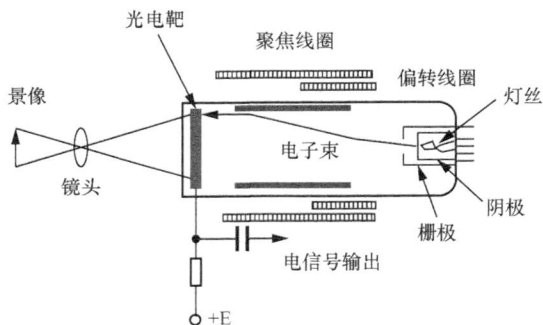

图 1-3 光电摄像管结构原理图

摄像管主要由光电转换系统（光电变换与存储部分）和电子束扫描系统（阅读部分）组成。光电转换系统利用光电发射作用或光电导作用，将摄像机镜头所摄景物的光影像在光电靶上转换为相应的电位分布图。扫描系统使电子束在光电靶上扫描，将此电位分布图逐行逐点地转换为电信号输出。

3 年之后，兹沃雷金又发明了电视显像管，其结构原理图如图 1-4 所示。

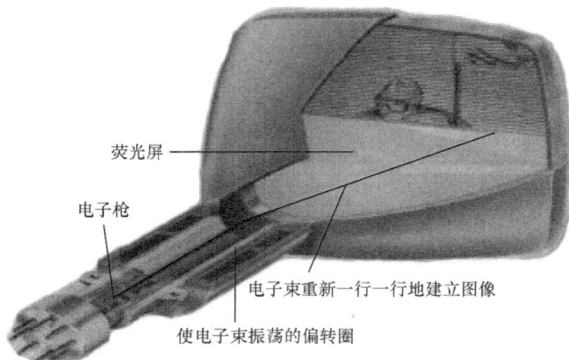

图 1-4 电视显像管结构原理图

显像管是一种电子（阴极）射线管，它位于电视接收机中，由末级放大器把经过放大的视频图像信号传送到显像管阴极，用以控制电子枪发射的电子束电流的强弱，从而以亮度变化的形式在荧光屏上重现图像。

1.1.2　电视广播的兴起

利用超高频无线电磁波对电视信号进行调制之后，可以实现电视信号的大范围无线传播，从而实现为众多用户提供电视节目的无线传送服务。自 20 世纪 30 年代开始，地面电视无线广播技术逐渐趋于成熟，并先后在多个发达国家（如 1935 年的德国、1936 年的英国、1938 年的苏联及 1939 年的美国）开通了黑白电视的商业广播系统。图 1-5 是当时坐落于美国纽约帝国大厦楼顶的电视广播发射天线照片，图 1-6 是早期用于接收电视节目的黑白电视机照片。

图 1-5　美国纽约帝国大厦楼顶的电视广播发射天线　　　　图 1-6　早期的黑白电视机

1.1.3　彩色电视的出现

为了进一步提高电视的逼真效果，20 世纪 50 年代初，发达国家开始设计开发彩色电视传输系统和彩色电视机。1950 年，美国无线电公司首先提出了基于三基色原理的彩色电视系统构成原理，如图 1-7 所示。

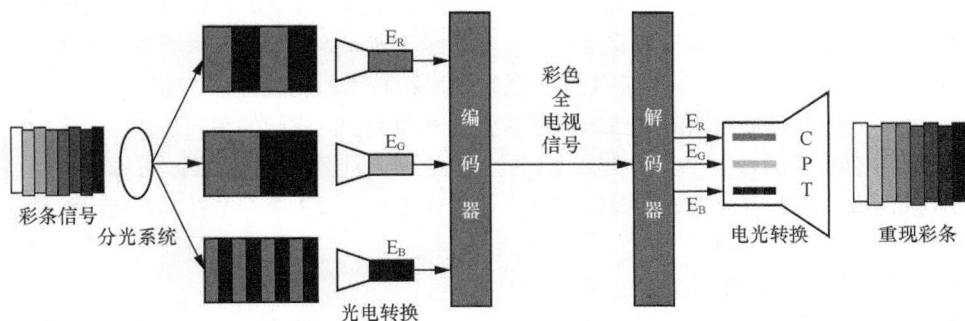

图 1-7　彩色电视系统构成原理

电视图像通过摄像管把图像的光信号变成电信号。根据三基色原理，首先用分色系统把彩色图像信号分解成红、绿、蓝三幅基色光，同时送到对应的红、绿、蓝摄像管的光电靶上，三基色摄像管在扫描电路的作用下进行光电转换，然后进行预失真校正，以补偿光电转换系统的非线性。经过光电转换，三基色光就变成了 3 个电信号 E_R、E_G、E_B，从而完成图像的分解。接着进行编码，获得彩色全电视信号。相应地，在接收端，把全电视信号解码后，得到 3 个基色信号，去控制彩色显像管的 3 条电子束。在彩色显像管荧光屏上涂敷着按一定规律紧密排列的红、绿、蓝三色荧光粉，显像管的 3 条电子束在扫描过程中各自轰击相应的荧光粉，从而把这 3 个基色电信号转换成按比例混合的彩色光，这样就正确地重现了景物的彩色图像。

针对不同国家和地区所采用的视频色度信号的调制传输方式的不同，自 1953 年陆续出台了包含 NTSC（正交平衡调幅）、PAL（逐行倒相正交平衡调幅）和 SECAM（行轮换调频）三大彩色电视制式的国际标准。这三大制式的主要参数和采用的国家如表 1-1 所示。因为这三大彩色电视制式互不兼容，所以按照某一制式生产的彩色电视不能用于接收其他制式的彩色电视信号。为了解决这一问题，需要在电视内部加装制式转换器，虽然需要增加成本，但大大增强了产品在世界各地的适应性。

表 1-1　国际三大彩色电视制式

制式	色度信号传输方式	扫描行数	场频/Hz	主要采用国家
NTSC	正交平衡调幅	525	60	美国、加拿大、日本、韩国
PAL	逐行倒相正交平衡调幅	625	50	中国、英国、新加坡
SECAM	行轮换调频	625	50	俄罗斯、法国

这三大彩色电视制式标准一直沿用至今。

1.1.4　彩色电视的数字化地面广播

1. 模拟电视传输技术的局限性

模拟电视传输技术主要存在信号抗干扰能力差、噪声积累无法去除和频谱利用率低等问题。同时因为广播电视所采用的超高频电磁波具有类似光线的传播特性，其传播距离受到地球表面曲率的限制和高山大川的阻隔，所以通常需要设立众多的电视差转台、微波中继站等以进一步扩大电视信号的覆盖面。但这些方法不仅经济代价高，而且信号传输分配环节增多，造成噪声积累增大、电视信号失真、图像质量下降等问题。

2. 数字化传输技术的优越性

数字化电视传输技术带来的好处主要表现在 3 个方面：第一，可以采用前向纠错编码等抗干扰技术和信号再生技术，能够有效抗击各种信道干扰，并消除信号失真和噪声的积累，从而大大提高图像质量；第二，可以采用数字压缩技术和高效的调制方式，能够有效地减小传输频带宽度，从而提高传输信道和无线电频率资源的利用率，在相同的画面质量下，采用数字方式传输电视节目所需的带宽仅约为模拟方式的五分之一，甚至更小；第三，可以采用多路复用技术，实现图像、语音和数据等多媒体信息的兼容传输，从而为促进电视网、通信网和计算机网的"三网融合"奠定基础。

3. 数字电视地面广播系统的组成

数字电视地面广播系统的组成如图 1-8 所示。电视节目的模拟视频信号与伴音信号经过模数转换后，分别经过信源编码（包括视频压缩编码和音频压缩编码）得到数字视频码流和数字音频码流，利用多路复用器将两路数字信号合成一路数字流，再经过信道编码（通常为差错控制编码）和数字调制得到已调到载波上的中频信号。利用上变频器将载波频率搬移到超高频的发射频率上，再将该射频信号放大到足够大的功率，然后通过天线将信号发射出去。在用户接收端，通常需要一台数字机顶盒（包含无线接收、信道解码、数字解调、音视频解码和数模转换等电路）来接收数字信号并进行解码，分别获得数字视频和数字音频信号，最后将数字音视频信号转换成模拟的视频信号和音频信号输出，就能使用普通的电视机来收看数字电视节目了。

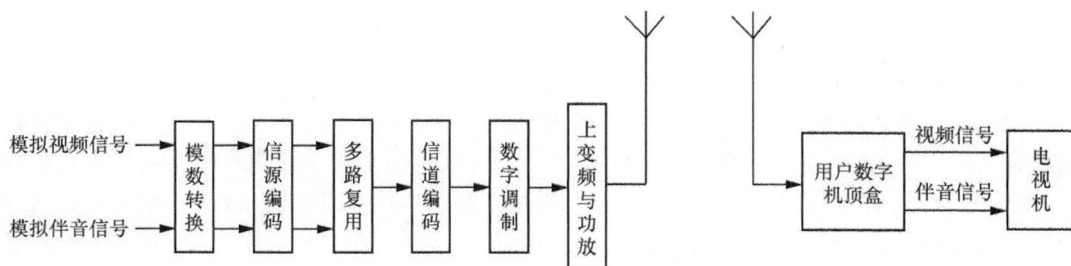

图 1-8 数字电视地面广播系统的组成

1.2 有线网络电视发展概述

有线电视是一种区域性电视广播系统，它通过射频电缆、光缆和微波等组成的传输分配系统把多个电视节目传送给每个用户。它具有频带宽、容量大、信号传输质量好等优点，已成为人口较为密集的城市居民收看电视的主要途径。

有线电视系统在半个多世纪的发展进程中，历经了共用天线电视系统（common antenna TV system）、闭路电视系统（cable TV system）、有线电视网络（cable TV network）3 个发展阶段，目前正朝着第四个发展阶段——数字有线电视网络演化。

1.2.1 共用天线电视系统与闭路电视系统

1. 共用天线电视系统

第一阶段的共用天线电视系统最早出现在 20 世纪 40 年代末的美国乡村，主要用于解决收看电视难的问题。共用天线电视系统采用多个单频道、高增益的定向天线，配合窄带低噪声放大器，用于接收来自本地区不同方向的无线广播电视信号。再经过变频器将信号变换至 VHF 频段，以隔频传输方式进行信号混合，并通过射频电缆传输系统（包含线路放大器、功率分配器和分支器等）将多频道信号传送到每个用户。共用天线电视系统的结构框图如图 1-9 所示。

共用天线电视系统可以向几十到几百个用户提供数套（通常在 10 套以内）图像清晰、信号稳定的本地电视节目，同时有效地解决了每家每户都要安装室外天线所带来的成本高、频道少、质量不稳定、影响城市景观等一系列问题。从 20 世纪 70 年代中期到 80 年代中期，共用天线电视系统开始如雨后春笋般大量出现在我国城镇居民小区、单位宿舍和宾馆饭店等场所。

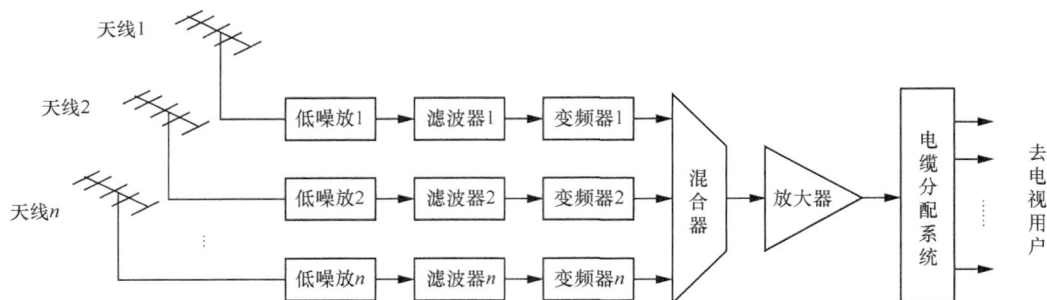

图 1-9　共用天线电视系统的结构框图

2. 闭路电视系统

第二阶段的闭路电视系统在 20 世纪 60 年代首先在美国一些中小城市出现，主要用于转播邻近大城市的电视节目，以增加电视频道。闭路电视系统是在原有的共用天线电视系统基础上，增加了来自卫星传输的外地电视节目，使其所提供的电视节目数增加到十几套，并开始采用增补频带和邻频传输技术。同时，通过低损耗的射频电缆和干线放大器，进一步扩大用户覆盖面，形成区域或企业性的闭路系统，用户规模达到数千户甚至数万户。闭路电视系统的结构框图如图 1-10 所示。

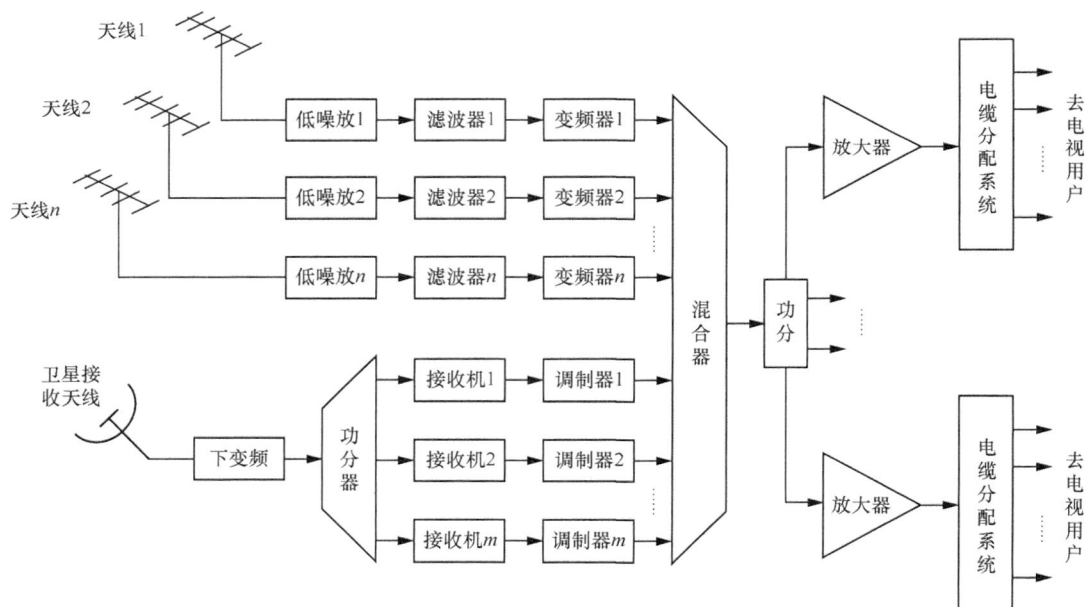

图 1-10　闭路电视系统的结构框图

在我国，闭路电视系统具有节目数量多、信号稳定的特点，受到了用户的欢迎。同时，闭路电视系统引入了有偿服务方式，激发了系统建设者的积极性。从 20 世纪 80 年代中期到 90 年代初期，闭路电视系统在我国许多城市的居民小区大量涌现，并成为我国城镇居民收看电视的主要方式。

1.2.2　有线电视网络

第三阶段的有线电视网络则是在闭路电视系统的基础上，通过光纤、微波等传输手段，进一步将区域性闭路电视连成更大的有线电视网络,逐渐形成以城市为中心的混合光纤同轴电缆（Hybrid Fiber/ Coax, HFC）网络系统,有的甚至形成省级网络。有线电视网络的用户规模达到数十万,甚至上百万。同时,专门为有线电视网络用户提供电视节目内容的有线电视台也开始在各个城市大量涌现,从而形成了包括内容制作、网络建设、设备制造、系统集成和商业运营在内的规模庞大的有线电视产业链。

从 20 世纪 80 年代开始,随着卫星通信技术的发展,世界各地的电视节目纷纷开展卫星电视广播,从而为有线电视网络提供了更为丰富的区域之外的电视节目源,使得有线电视系统所提供的电视节目数量增加到几十套,有线电视网络带宽也从原来的 300 MHz 向 550 MHz 扩展。有线电视网络的结构框图如图 1-11 所示。

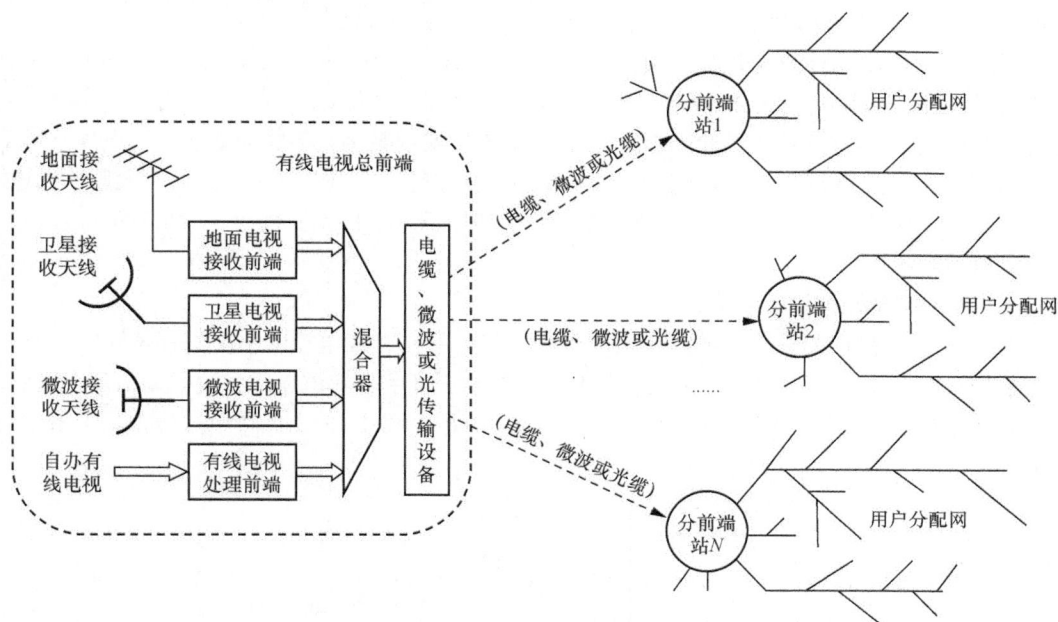

图 1-11　有线电视网络的结构框图

我国有线电视在 20 世纪 90 年代得到巨大的发展,形成相当大的规模。据有关部门统计,到 1999 年年底,我国各地有线电视台 1 300 多个,有线电视系统 4 000 多个。全国有线电视网络线路长度超过 300 万 km,其中光缆网超过 30 万 km。有线电视用户数超过 8 000 万,跃居世界第一位,并以每年 500 万户以上的速度增长。有线电视覆盖人口超过 2 亿,成为我国家庭入户率最高的信息工具。

为了适应有线电视产业化的发展趋势,我国各地区均已对有线电视网络进行了产业化改造工作,成立了以有线电视网络为基础的广播电视传播公司,国家级的有线电视网络集团也已在筹备之中。这标志着有线电视产业摆脱了传统的由政府办电视的状态,开始真正踏入经济市场,为有线电视产业的大发展提供了体制保证。同时,近年来,我国针对有线电视的发展颁布了一系列政策、法规和技术规范,为有线电视的发展提供了政策保障。我国有线电视的发展开始从分散、低效和粗放的发展状态,逐步进入集中、高效和有序的发展轨道。

1.2.3　数字有线电视网络

进入 21 世纪,随着全球广播电视数字化进程的向前推进,数字电视为有线电视的发展带来了重大的历史机遇。数字电视技术和有线网络技术的完美结合为有线电视的未来描绘了美好的前景。数字有线电视网络不但使每个用户可以收看到图像清晰、内容丰富、更加专业化和个性化的数字电视节目，还可以让广大用户享受到宽带网络所带来的海量信息、双向互动、网上冲浪等服务。

为了实现这一目标，世界各地先后对有线电视网络进行光传输、数字化、双向化、多功能等一系列改造，使有线电视网络逐步向着"高速、宽带、交互、智能"的信息高速公路方向发展。据 FCC（美国联邦通信委员会）统计，美国有线电视行业从 1996 年到 2004 年累计投资约 940 亿美元进行基础设施升级，其中有线电视网络的数字化升级改造占比 62%。截至 2005 年年底，美国的数字有线电视网络用户数达到了 2 900 万，同时有线宽带网络用户数也达到了 2 500 万。同期，欧洲的数字有线电视网络用户数已突破 1 000 万。

我国国家广播电视总局从我国国情出发，决定以较短的时间和较低的成本，推进我国有线电视数字化整体转换。从 2003 年开始，先后在多个城市进行数字有线电视整体平移改造的试点，2004 年开始进行试点经验的推广工作，2005 年实现数字化转换的数字有线电视网络用户数达到 413 万，2006 年年底达到了 1 266 万。目前青岛、佛山、杭州、深圳、太原、大连、绵阳、南阳等地基本上完成了数字化整体转换。重庆、天津、广西、湖南、广东等地区已经全面启动整体转换工作。

1. 免费单向传输基本系统

按照数字电视相关国际标准的要求，数字电视信号在有线电视网络中进行传输时应符合相关的规范，其中包括视频和音频的信源编码、传输流复用、信道编码和数字调制等。因此，数字有线电视基本传输系统应当包含这些传输处理流程。图 1-12 为免费单向传输基本系统的组成框图。

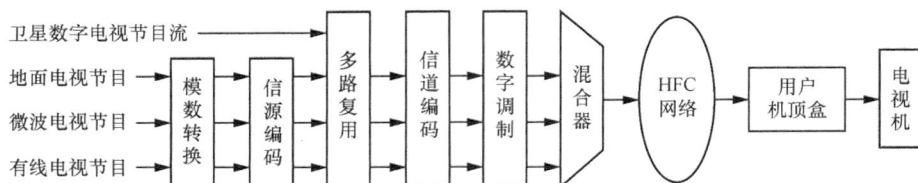

图 1-12 免费单向传输基本系统的组成框图

2. 具有 CA 功能的单向传输基本系统

为了维护运营商和合法用户的利益，通常需要在数字有线电视系统中引入 CA（Conditional Access，条件接收）技术，通过对传输的数字电视信号流进行加扰处理，使得未被授权的用户无法恢复加扰的节目信号，以防止非法收视。而合法的用户可以通过在用户终端机顶盒中插入一个由运营商提供的收视卡来保证正常接收。因此，在具有 CA 功能的数字有线电视传输前端系统中，应当包含加扰、加密和用户授权管理等部分。图 1-13 为具有 CA 功能的数字有线电视系统的组成框图。

3. 具有数据广播功能的单向传输系统

数据广播是单向数字有线电视系统开展增值信息服务的基本手段之一。它可以发布当地政府部门的政务信息、商业广告信息和各种便民利民信息。按照相关的国际标准，前端系统通过采用数据轮播或对象轮播技术，使数字有线电视用户通过其集成有数据广播浏览器的终端机顶盒和电视机（或显示器）来浏览前端数据广播系统所提供的这些信息。因此，在具有数据广播功能的数字有线电视传输前端系统中，应当包含用于进行数据打包处理的数据服务器和提供数据播出控制的播控服务器。在用户终端机顶盒中应集成有接收、处理和显示数据信息的数据广播浏览器。图 1-14 为具有数据广播功能的数字有线电视系统的组成框图。

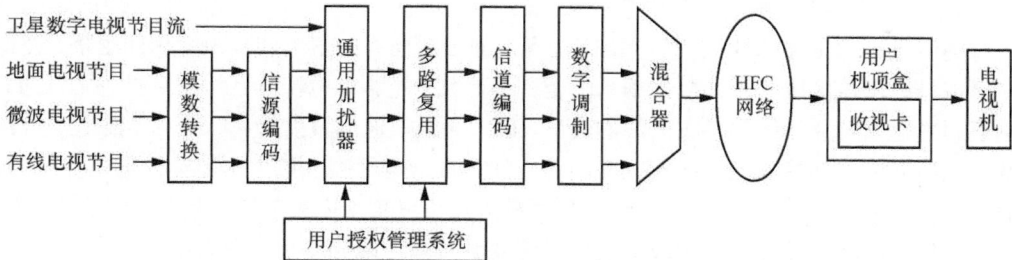

图 1-13 具有 CA 功能的数字有线电视系统的组成框图

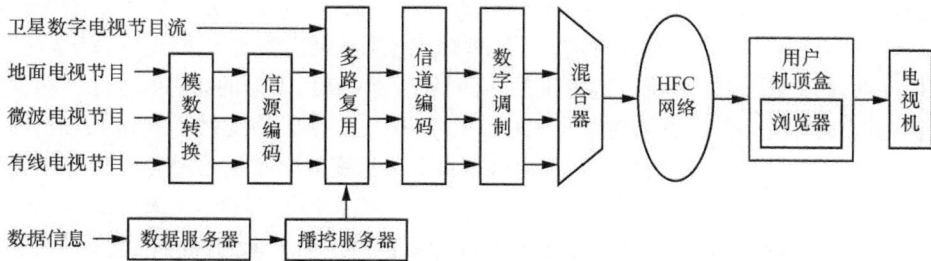

图 1-14 具有数据广播功能的数字有线电视系统的组成框图

4. 具有交互点播功能的双向网络系统

具有交互点播功能的双向网络系统首先要求有线电视具备双向网络功能，而传统的有线电视系统基本上属于单向传输网络，因此需要对传统有线电视进行双向化改造。在此基础上，通过在有线电视前端装备具备双向业务能力的播控系统，同时为用户端提供具备回传功能的数字电视机顶盒，才能真正实现数字电视的交互点播等功能。因为实现了双向交互功能，所以数字有线电视网络能够提供大量新的增值业务功能，如视频点播、交互游戏、股票交易、电视导购、在线支付、上网冲浪等，从而极大地推动了广播电视产业的发展。数字有线电视系统是开展增值信息服务的基本手段之一。

图 1-15 为具有双向交互功能的数字有线电视系统的组成框图。

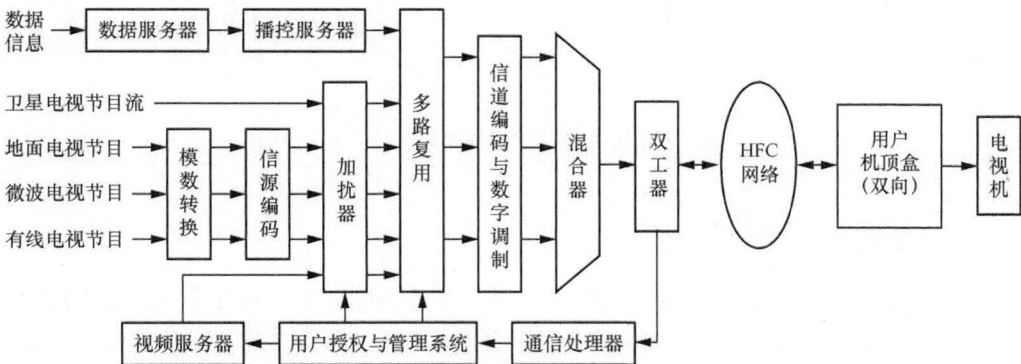

图 1-15 具有双向交互功能的数字有线电视系统的组成框图

1.3　卫星广播电视发展概述

　　早期的广播电视系统主要利用超高频无线电波进行电视节目的无线广播。超高频无线电波具有类似光线的传播特性，其传播距离受到地球表面曲率的限制和高山大川的阻隔，使得电视广播信号的覆盖区域局限在数十千米的范围内。为了能够将电视节目传送到更远的地方，人们主要通过提高发射天线和接收天线的高度、加大无线电波的发射功率、设立广播电视差转台以及建立微波中继站等方法来解决。前两种方法可在一定程度上扩大本地区的电视覆盖范围，但需要付出较高的经济成本和环境代价；后两种方法可以实现电视节目的超视距、远距离传送，但过多的信号中间转发环节会造成电视质量的显著下降，影响电视收看效果。

　　为了克服地面无线电波传播的局限性，1945 年英国人克拉克提出了通过在地球上空同步轨道上放置 3 颗人造地球卫星来实现全球通信的设想，如图 1-16 所示。同步轨道是指在地球赤道上空约 35 786 km 的一个圆形轨道，人造地球卫星处在这一轨道上围绕地球运转的周期恰好与地球的自转周期相同，使得人造卫星与地面处于相对静止不动的状态。运行于同步轨道上的卫星称为同步卫星，有时也称为静止卫星。1957 年，苏联成功发射了世界上第一颗人造地球卫星——斯普特尼克 1 号，才使人们看到这一科学设想变成现实的希望。1962 年，美国也相继发射了两颗低轨道卫星，分别进行了电视、电话、电报和传真等通信试验。但由于当时火箭发射技术的限制，这些试验卫星都运行于高度仅为几百到几千千米的椭圆轨道上，卫星围绕地球运行的周期比地球自转的周期短得多。因为卫星与地球处于相对运动之中，可利用其进行无线信号转发的时间很短，所以不能用于进行长时间、不间断的无线通信或电视广播。

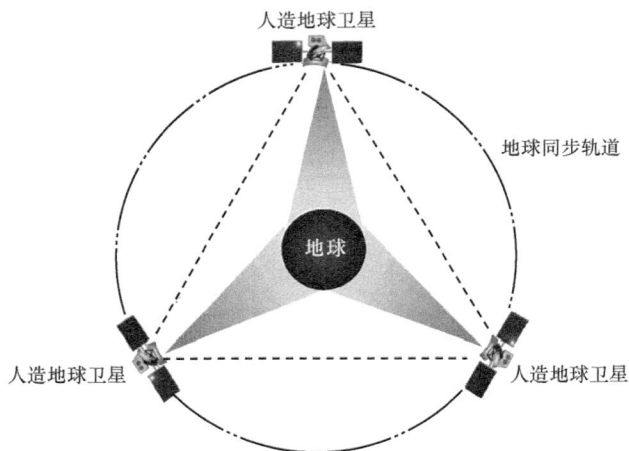

图 1-16　利用人造地球卫星来实现全球通信的设想

1.3.1　电视的卫星传送

　　随着火箭运载能力的提高、同步卫星发射和卫星姿态控制技术的发展，人们终于有能力将人造卫星发送到同步轨道上。1964 年 8 月，美国经过两次失败之后，终于成功地发射了世界上第一颗同步轨道通信卫星。该卫星定点于太平洋上空，成功地进行了跨越大洋的无线通信，并向美洲观众转播了远在日本东京举办的第十八届奥林匹克运动会的电视实况，它使人类利用人造地球同步卫星跨越大洋传送电视节目的梦想真正成为现实。

　　为了建立和发展全球商业卫星通信系统，美国、加拿大、法国、联邦德国、澳大利亚、日本等国家于 1964 年 8 月联合成立了国际通信卫星组织。1973 年 2 月通过了《关于国际通信卫星的协定》和《关于国际通信卫星营运的协定》。1965 年 4 月，国际通信卫星组织发射了第一颗商用卫星——"国际通信卫星" 1 号（INTELSAT-1），定位于大西洋上空的同步轨道，通信容量为 240 路电话或 1 路电视。此后陆续发射了 2、3、4、5 和 5A 等型号卫星，分别定位于大西洋、印度洋、太平洋上空。

中国于 1977 年加入国际通信卫星组织，并于 20 世纪 80 年代初，利用德、法联合研制的"交响乐"等卫星进行了电视传输试验。1984 年 4 月，中国发射了第一颗试验通信卫星，并利用其向新疆、西藏、内蒙古等边远地区传送中央电视台节目。1985 年，中国利用国际通信卫星组织的 5 号卫星的 4 个卫星转发器向全国各地区传送电视节目。1988 年 3 月和 1990 年 2 月，中国又成功发射了两颗东方红二号甲通信卫星，用于传送中央电视台两套节目和新疆、云南、贵州、西藏 4 个省（区）的地方电视台节目，以及两套中央教育电视节目，并在全国各地建立了数以千计的卫星地面接收转发站，有效地解决了边远地区的电视覆盖问题。

因为同步卫星与地面距离遥远，加上当时的技术局限，卫星发射功率都比较小（几瓦到十几瓦），从卫星传播到地面的无线电信号极其微弱，所以地面接收站需要采用大型的抛物面天线（天线口径通常要达到 5 m 以上）才能收到卫星信号。这类小功率卫星因其专门用于通信和电视信号传输，被称为通信卫星。通信卫星发射功率小，对地面接收系统的要求很高，因此地面卫星电视接收系统体积庞大、造价高昂，只能作为单位集体接收之用，或作为广播电视转播台的前端接收设备，将其所接收的卫星电视节目通过本地电视台以无线或有线方式进行转发，供本地区的电视用户收看。卫星电视传输系统如图 1-17 所示。

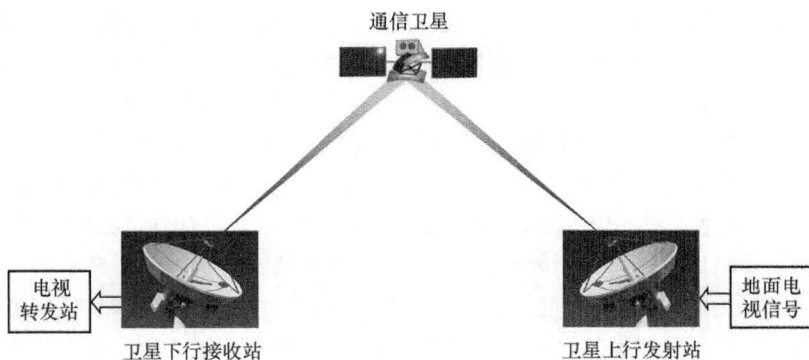

图 1-17 卫星电视传输系统示意图

1.3.2 电视的卫星广播

随着空间技术的进一步发展，在小功率通信卫星的基础上，人们进一步开展了大功率电视广播卫星的研制。利用广播卫星的大功率星载转发器，可以向其服务区内的家庭用户直接广播电视节目，而用户只需采用小口径卫星天线（口径为 1～2 m）就能正常收到卫星信号。1974 年 5 月，美国成功发射了第一颗试验广播卫星。该卫星采用 2.6 GHz 频段的一个电视频道，向没有电视台的落基山脉和阿拉斯加等地区进行了教育电视的试验广播。1976 年 10 月，苏联也发射了一颗试验广播卫星（命名为"荧光屏号"），定位于东经 99° 的同步轨道上。该卫星采用 714 MHz 下行频率传送一套电视节目。在中国长江以北地区，采用带 2 m 左右反射面的螺旋天线也可以清晰地收到"荧光屏号"卫星转播的电视节目。

由于技术的限制，早期的广播卫星采用较低的工作频段（低于 4 GHz），而卫星天线的增益与工作频率成正比关系，因此为了进一步减小卫星接收天线的尺寸、降低地面卫星电视接收系统的成本，人们开始开发工作于更高频段——Ku 频段（12～18 GHz）的卫星广播电视系统。20 世纪 70 年代末，美国和日本先后进行了 Ku 频段卫星广播系统的试验，并取得成功。采用 Ku 频段进行电视的卫星广播，当卫星转发器发射功率达到 200 W 时，在卫星波束覆盖的中心区域内，只要采用 0.6～1 m 的小口径天线（俗称小耳朵天线）就可清晰地收到 Ku 频段的卫星广播电视节目，从而使得地面卫星电视接收器做得十分小巧，价格也大大降低，可方便地安装在家庭用户的阳台或窗台上，从而大大促进了卫星广播电视向普通家庭用户的推广，如图 1-18 所示。

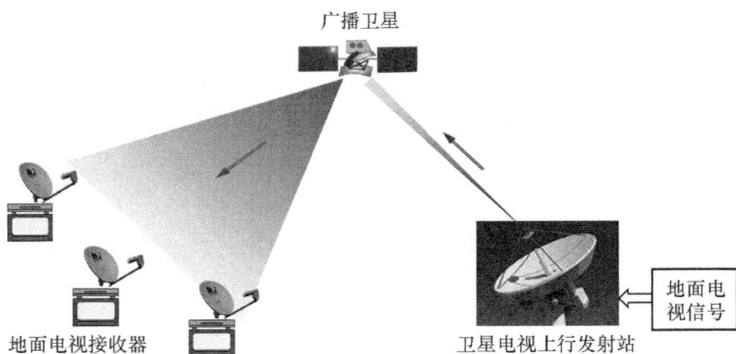

图 1-18　卫星广播电视系统示意图

由于卫星广播电视具有投资少、见效快、覆盖广、图像质量好、接收设备成本低等优点，受到了世界各国的广泛重视。自 20 世纪 80 年代初开始，世界各发达国家（如美国、苏联、日本、加拿大、英国、法国等）纷纷制订了本国的卫星广播电视计划，并积极投入实施。日本是亚洲地区第一个开展模拟电视卫星直播到户的国家。1984 年，日本放送协会（NHK）为解决日本离岛偏远地区的电视收视困难，将地面广播的电视节目（NHK 综合和 NHK 教育两套节目）通过 Ku 频段直播卫星（BS 系列卫星）进行广播。1989 年，NHK 为进一步吸引观众，开始专门为直播卫星制作了以海外新闻和体育为主的 NHK 第一套直播卫星节目和以电影、音乐、演出等娱乐节目为主的 NHK 第二套直播卫星节目。同年，由 8 家卫星节目供应公司联手成立了以个人接收为主的卫星顾客管理公司，并于 1990 年 2 月，采用共同加密方式开展以一般家庭为收视对象的直播卫星（CS 系列卫星）节目。1991 年，日本首家民营卫星放送公司 JBS 开通了收费收视的直播卫星电视 WOWOW，进一步促进了卫星直播电视的商业化运营。

20 世纪 90 年代，众多的发展中国家也先后加入开展卫星广播电视业务的行列。部分地理条件特殊的国家和地区（如印度尼西亚、印度等），甚至把卫星广播电视作为电视广播覆盖的主要手段。到 20 世纪末，用于电视广播的同步卫星数量已多达数十颗，上星的电视节目数量达到数百个，卫星地面接收用户总量达到数千万。

中国幅员辽阔、人口众多、地形复杂，要从根本上解决中国广播电视的覆盖问题，必须发展卫星电视。早在 20 世纪 80 年代中期，国内高校和科研机构就开始积极开展 Ku 频段卫星直播电视接收系统的研究工作。虽然中国当时尚未发射直播卫星，但在日本 BS 直播卫星投入使用后，中国靠近东南沿海的个别地区落在 BS 卫星覆盖波束的边缘，采用 3.5 m 以上口径天线，可以收到该卫星的信号。在这一时期，全国许多科研单位就是利用这一信号条件进行 Ku 频段卫星地面接收设备的接收效果测试的。1989 年，中国电子学会和中国通信学会专门在福州梅峰宾馆组织召开中国卫星电视规划发展研讨会，并举行了全国 Ku 频段卫星电视接收系统测试评比大会，携带研制设备前来参加测试评比的科研院所和企业超过百家，由此可以窥见当时国内对于直播卫星的憧憬和研究热情。此后，由于种种原因，中国 Ku 频段直播卫星未能如期发射，这一研究热潮逐渐消退。

1990 年 4 月，由中国参与投资经营的"亚洲 1 号"卫星发射成功并投入使用，这是中国卫星广播电视事业发展的一个里程碑。该卫星拥有 24 个 C 频段（4 GHz 频段）转发器，南北两个波束覆盖了亚洲及其邻近的 40 多个国家和地区共 27 亿多人口。中国租用了其中 6 个转发器，用于电视节目转播和电话通信等。1993 年 6 月，中国向美国 GTE 空间网络公司购买了一颗在轨卫星，命名为"中星 5 号"，除了用于接替"东二甲"卫星转送中央一套（CCTV-1）、中央二套（CCTV-2）和四川、新疆、西藏电视节目，还增加了中央三套（CCTV-3）、浙江和山东 3 个电视节目，成为当时国内的主力电视卫星。1994 年 7 月，以中资为主的亚太通信卫星公司成功地发射了"亚太 1 号"卫星。该卫星也拥有 24 个 C 频段转发器，波束覆盖整个亚太地区。中国租用了其中 8 个转发器，其中 3 个用于转发 3 套教育电视节目，其余用于通信。1996 年，"亚太 1 号 A"卫星发射成功并投入运行，该卫星用于接替"中星 5 号"卫星，传送的国内电视节目有中央一套、中央二套、中央七套（CCTV-7）以及浙江、山东、云南、西藏、四川和新疆等地方电视台的模拟电视节目。

尽管上述卫星均采用频率较低的 C 频段进行电视广播，但卫星转发器功率较大，地面接收站采用 1.5～2 m 口径的天线就可以收到卫星节目信号。同时，由于国内 C 频段的接收技术比较成熟，卫星接收设备成本比较低廉，为卫星电视在中国农村和边远地区的普及提供了有效的手段，进而带动了中国模拟卫星电视接收设备相关产业的快速发展，卫星电视接收设备厂家如雨后春笋般涌现。为了加强管理、保证质量、促进有序竞争，国务院于 1993 年 8 月颁布了《卫星电视广播地面接收设施管理规定》，对于卫星地面接收设备（包括天线、高频头、接收机等）的生产实行许可证制度，由国家定点的专门企业生产。1994 年，电子工业部制定了《卫星电视广播地面接收设施生产管理办法》。次年，有 40 多家企业列入了首批国家定点生产企业，其中半数以上为福建、广东和四川的企业。

1.3.3 卫星直播数字电视

进入 20 世纪 90 年代中期后，全球卫星广播电视快速发展，世界各国对于同步轨道的卫星转发器需求日益旺盛。由于地球赤道上空的同步轨道仅有一条，为防止信号相互干扰，同步轨道上只能同时容纳有限数量的同步卫星。同时，可用于进行卫星电视广播的频谱资源也十分有限，为了防止信号的相互干扰，还需要针对不同国家和地区来分配这些频谱资源。此外，模拟电视通过卫星进行传输或广播需要占用较宽的频带，一个转发器通常只能用于一个电视节目的转发。因此，随着上星节目数量的增多，卫星转发器的供求关系日趋紧张，导致转发器费用不断上涨，从而严重制约了卫星广播电视事业的发展。

随着科学技术的进步，特别是计算机处理技术、音视频压缩编码技术、前向纠错编码技术、高效数字调制技术以及超大规模集成电路技术的发展，电视的数字化传输技术逐渐成熟，数字化电视传输方式的优越性逐渐显现。数字电视带来的好处主要表现在 3 个方面。其一，通过采用数字压缩技术和高效调制方式，能够有效地减少每路电视所占用的传输带宽，从而大大提高无线电频谱资源的利用率。在相同的画面质量下，采用数字化传输电视节目所需的带宽不到模拟传输方式的五分之一。其二，通过采用复合的前向纠错编码等抗干扰技术和信号再生技术，能够有效抗击各种信道干扰，消除信号失真和噪声的积累，从而大大提高图像质量，并可降低对信号发射功率的要求。在同样的卫星下行功率条件下，地面数字卫星电视接收系统可以采用更小的接收天线，获得同样的接收效果。其三，通过采用多路复用技术和数据加扰、加密技术，实现图像、语音和数据等多种形式信息流的兼容传输和授权管理，从而有利于电视运营商以更加方便、灵活的方式开展各类增值业务，为广大用户提供更加多样化、个性化的信息服务。卫星直播数字电视系统的组成框图如图 1-19 所示。

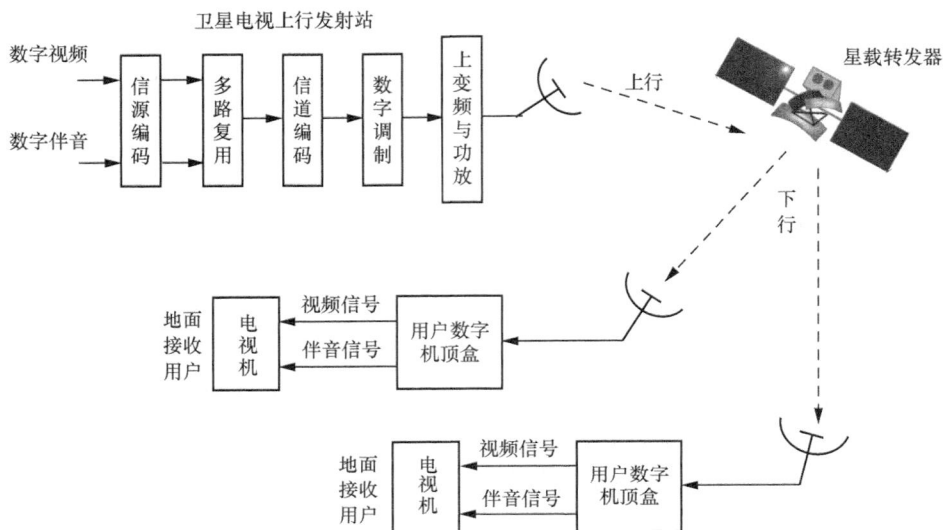

图 1-19　卫星直播数字电视系统的组成框图

　　数字传输方式的优越性为卫星电视广播事业的发展带来新的生机。自 20 世纪 90 年代中期，美国、日本和欧洲的多个发达国家和地区纷纷投入数字电视相关技术标准的制定和卫星直播数字电视系统的建设。1994 年 6 月，美国开通了首个卫星直播数字电视业务——Direct TV。该系统能够为用户同时提供 150 多个数字电视频道，在 4 年内发展了 300 多万用户，并于 2006 年突破了 1 500 万的用户规模。1995 年，欧洲 150 个组织合作开发了数字视频广播（Digital Video Broadcast，DVB）项目，成立了由 30 多个国家的 230 多个成员组成的 DVB 联盟，形成了数字电视相关的系列技术标准。其中的卫星数字电视传输标准 DVB-S 大大推动了欧洲和世界各国卫星直播数字电视的迅速发展。在此后 3 年时间内，欧洲的英、法、德、意、西等发达国家先后开通了卫星直播数字电视系统。截至 2005 年年底，直接通过 Astra 直播卫星收看数字电视的欧洲用户达到 4 500 万。

　　在亚洲，日本于 1996 年 6 月开通了亚洲第一个卫星直播数字电视系统——Perfect TV，该系统通过日本 CS 卫星向国内用户提供 70 个专业频道和 100 多个数字音乐频道，并在一年内获得 50 多个用户的加入。该系统于 1998 年后升级为 Sky-Perfect TV，提供的电视频道达到 170 个，音乐频道 106 个。根据日本总务省统计，截至 2004 年，日本的卫星电视用户数量增加到 2 300 万。印度尼西亚于 1997 年 2 月开通了 19 个频道的 Indovision 数字卫星直播业务系统，并在 2000 年左右将电视频道增加到 40 个。随后，马来西亚、韩国、菲律宾、泰国、老挝、印度和越南等也先后建立了各自的卫星直播数字电视系统。

　　为了紧跟国际广播电视数字化发展的潮流，并解决中国卫星转发器的供求紧张问题，1995 年年底，中国首先通过"中星 5 号"卫星的一个 C 波段转发器成功试传 5 个数字电视节目。1996 年，中国使用了"亚洲 2 号"卫星的 3 个 Ku 转发器，其中一个用于中央电视台的 5 套数字电视节目的传送，另一个用于转播中央四套（CCTV-4）的模拟节目，还有一个用于数字音频和数据广播。1997 年，中国 14 个省、自治区、直辖市的 15 套电视节目采用数字方式通过"亚洲 2 号"卫星进行传送。1999 年，中央八套（CCTV-8）节目和大部分省级卫视节目都集中到中国 "鑫诺 1 号"卫星上，形成了国内首个 Ku 波段卫星数字电视直播平台。2005 年，中国成功发射"亚太 6 号"卫星，中央台、省级台、港澳台，以及批准落地的境外电视台同时通过该星进行数字直播实验。2007 年，中国"中星 6B"和"鑫诺 3 号"广播卫星成功定点并投入使用，将原来分别在"亚太 2R""亚太 6 号""亚洲 3S""鑫诺 1 号""亚洲 4 号""中卫 1 号"等 6 颗卫星上的境内广播电视节目全部集中到这两颗卫星上。其中，"中星 6B"卫星传送约 150 个数字标清电视频道和 3 个数字高清频道，"鑫诺 3 号"卫星传送 33 个数字标清频道和 7 个数字高清频道。"鑫诺 3 号"卫星的电视传送任务于 2010 年 10 月被"中星 6A"卫星正式接替。

2011 年发射的"鑫诺 4 号"和"鑫诺 5 号"卫星均采用中国新一代东方红 4 号通信广播卫星平台，其中"鑫诺 4 号"卫星是"鑫诺 2 号"卫星的接替星。"鑫诺 4 号"卫星升空后与"中星 9 号"卫星一起为中国提供广播电视、数字电影、直播电视和数字多媒体服务。"鑫诺 5 号"卫星是发射于 1998 年 7 月的"鑫诺 1 号"卫星的接替星，其 C/Ku 波段有效载荷将为中国及亚太地区提供通信及广播电视服务。2012 年发射的"中星 2A"卫星为全国的广播电台、电视台、无线发射台和有线电视网等机构提供广播电视及宽带多媒体等传输业务，为中国通信广播事业提供更好的服务。2015 年发射的"中星 1C"卫星可提供高质量的话音、数据、广播电视传输业务，为中国通信广播事业提供更好的服务。

2017 年 6 月，中国在西昌卫星发射中心发射"中星 9A"卫星。它是中国首颗国产广播电视直播卫星，提供 Ku-BSS 广播卫星业务规划频段（11.7～12.7 GHz）转发器直播服务。在经历入轨异常和 10 次轨道调整之后，卫星成功定点于赤道上空的预定轨道。卫星各系统工作正常，转发器已开通。

第*2*章

广播电视频段与频道划分

2.1　地面广播电视的频段与频道划分

2.1.1　地面模拟电视广播使用频段与频道划分

考虑到电视节目的信号需要占用较大的带宽，世界各国的地面电视广播均使用了较高频段的频率。我国在甚高频（VHF）频段的48～223 MHz和特高频（UHF）频段的470～960 MHz范围共安排了68个频道，相邻频道间隔为8 MHz。在VHF频段中有12个频道，其中1～5频道安排在低端的48.5～92 MHz（即VHF-L）频段，6～12频道安排在167～223 MHz（即VHF-H）频段，具体频道划分如表2-1所示。在UHF频段中有56个频道，具体的频道划分如表2-2所示。因为VHF频段中的第5频道与调频广播使用的频率（87.5～108 MHz）有部分频带重叠，容易相互干扰，所以实际上已将第5频道取消。

表 2-1　地面电视广播频道划分（VHF 频段）

频段	频道	频率范围/MHz	图像载波/MHz	声音载波/MHz
VHF-L	1	48.5～56.5	49.75	56.25
	2	56.5～64.5	57.75	64.25
	3	64.5～72.5	65.75	72.25
	4	76～84	77.25	83.75
	5	84～92	85.25	91.75
VHF-H	6	167～175	168.25	174.75
	7	175～183	176.25	182.75
	8	183～191	184.25	190.75
	9	191～199	192.25	198.75
	10	199～207	200.25	206.75
	11	207～215	208.25	214.75
	12	215～223	216.25	222.75

表 2-2　地面电视广播频道划分（UHF 频段）

频段	频道	频率范围/MHz	图像载波/MHz	声音载波/MHz
IV（分米波）	13	470～478	471.25	477.75
	14	478～486	479.25	485.75

频段	频道	频率范围/MHz	图像载波/MHz	声音载波/MHz
Ⅳ（分米波）	15	486～494	487.25	493.75
	16	494～502	495.25	501.75
	17	502～510	503.25	509.75
	18	510～518	511.25	517.75
	19	518～526	519.25	525.75
	20	526～534	527.25	533.75
	21	534～542	535.25	541.75
	22	542～550	543.25	549.75
	23	550～558	551.25	557.75
	24	558～566	559.25	565.75
	24+1	566～574	567.25	573.75
	24+2	574～582	575.25	581.75
	24+3	582～590	583.25	589.75
	24+4	590～598	591.25	597.75
	24+5	598～606	599.25	605.75
Ⅴ（分米波）	25	606～614	607.25	613.75
	26	614～622	615.25	621.75
	27	622～630	623.25	629.75
	28	630～638	631.25	637.75
	29	638～646	639.25	645.75
	30	646～654	647.25	653.75
	31	654～662	655.25	661.75
	32	662～670	663.25	669.75
	33	670～678	671.25	677.75
	34	678～686	679.25	685.75
	35	686～694	687.25	693.75
	36	694～702	695.25	701.75
	37	702～710	703.25	709.75
	38	710～718	711.25	717.75
	39	718～726	719.25	725.75
	40	726～734	727.25	733.75
	41	734～742	735.25	741.75
	42	742～750	743.25	749.75
	43	750～758	751.25	757.75
	44	758～766	759.25	765.75
	45	766～774	767.25	773.75
	46	774～782	775.25	781.75
	47	782～790	783.25	789.75
	48	790～798	791.25	797.75
	49	798～806	799.25	805.75

续表

频段	频道	频率范围/MHz	图像载波/MHz	声音载波/MHz
V（分米波）	50	806～814	807.25	813.75
	51	814～822	815.25	821.75
	52	822～830	823.25	829.75
	53	830～838	831.25	837.75
	54	838～846	839.25	845.75
	55	846～854	847.25	853.75
	56	854～862	855.25	861.75
	57	862～870	863.25	869.75
	58	870～878	871.25	877.75
	59	878～886	879.25	885.75
	60	886～894	887.25	893.75
	61	894～902	895.25	901.75
	62	902～910	903.25	909.75
	63	910～918	911.25	917.75
	64	918～926	919.25	925.75
	65	926～934	927.25	933.75
	66	934～942	935.25	941.75
	67	942～950	943.25	949.75
	68	950～958	951.25	957.75

2.1.2　地面数字电视广播使用频段与频道划分

　　地面数字电视广播与现有的地面模拟广播在同一 VHF 和 UHF 频段内工作，并且采用相同的 8 MHz 频道划分，在每个 8 MHz 的频道内能传送的净载荷速率为 4～32 Mbit/s。因此，要求地面数字电视业务和地面模拟电视业务之间的同频干扰、邻频干扰和镜频干扰满足一定的业务保护率要求，此外，它也要和陆地的移动业务、导航业务等满足一定的业务保护率要求。

2.2　有线网络电视的频段与频道划分

2.2.1　有线电视的使用频段

1. 有线模拟电视的使用频段

　　有线模拟电视选用的频道配置方案是一种与无线电视广播频率相兼容的配置方案。在无线和有线电视广播中，图像信号采用残留边带调幅的调制方式，而伴音信号采用调频的调制方式，每一路电视节目所占有的频带宽度为 8 MHz。

　　早期的有线电视系统采用的频道配置方案完全搬用了开路电视的频率设置，即当时的所谓"全频道系统"。随着有线电视技术的不断发展与进步，特别是双向传输技术的应用与普及，全频道系统不再适应有线电视发展的需要，所以在开路电视的标准频道之外又开发了有线电视独有的可用频道。在开路电视广播的频道配置中，DS-5 与 DS-6 之间除调频广播频段，还有59 MHz 的频率间隔；在 DS-12 与 DS-13 之间有 247 MHz 的频率间隔；在 DS-24 与 DS-25 之间有 40 MHz 的频率间隔。这些频率被分配给邮电、军事等通信部门，开路电视信号不能采用，否则会造成它们之间的相互干扰。有线电视系统是一个相对独立的、封闭的系统，信号不会泄露，一般不会与其他通信相互干扰。因此，在有线电视系统中可以采用上述的频率间隔来传输电视信号，以扩展节目套数。这就是有线电视系统中的增补频道。

　　2. 有线数字电视的使用频段

　　目前，有线数字电视的频段划分如表 2-3 所示。根据数字双向业务开展的需要，同时兼顾原有模拟电视频道的规划，在频段的低端增加了用于上行传输的频段，即 5～65 MHz 频段，总带宽为 60 MHz。下行频段基本上保留了原来模拟频段的划分方式，只做了以下 3 个方面的调整：①考虑到下行与上行频率之间的隔离，原模拟电视使用的低频段（47～87 MHz）不再使用；②考虑到原有有线模拟电视系统大多为低频段系统（如 300 MHz 系统），所以将下行频率的低频段（111～391 MHz）作为过渡阶段模拟电视使用的频段，将较高频率的频段（399～550 MHz）作为新发展的数字电视频道，而将中间的频段（391～399 MHz）作为保护频段，避免模拟信号与数字信号相互干扰；③更高频段作为未来其他新业务的开展需要的预留频段。

表 2-3　有线数字电视的频段划分

频率范围/MHz	规划用途
5～25	网络设备监控、按次付费等
25～65	高速数据通信和语音通信等
92～111	电台广播
111～391	模拟电视频道
399～550	数字电视频道
860～1 000	预留其他业务

　　在上行频率上，因为低端干扰和噪声比较严重，所以 5～25 MHz 频段用于网络设备状态监控和按次付费电视（PPV）等上行载噪比（CNR）要求低的应用，而将较高的 25～65 MHz 频段用于高速数据通信和语音通信等 CNR 要求高的应用。

　　在下行频率上，考虑在数字化过程中存在模拟节目与数字节目同时播出的情况，在频率低端留出部分频率（111～391 MHz）用于模拟节目，大部分频率用于数字节目。随着数字化进程的推进，预留的模拟电视频道最终都将用于数字电视频道。

2.2.2　有线电视的频道划分

　　按模拟电视和数字电视两种不同形式，有线电视的频道划分分别如表 2-4 和表 2-5 所示。

表 2-4 有线模拟电视网络频道的划分

频道	频率范围/MHz	图像载波频率/MHz	伴音载波频率/MHz
Z-1	111～119	112.25	118.75
Z-2	119～127	120.25	126.75
Z-3	127～135	128.25	134.75
Z-4	135～143	136.25	142.75
Z-5	143～151	144.25	150.75
Z-6	151～159	152.25	158.75
Z-7	159～167	160.25	166.75
DS-6	167～175	168.25	174.75
DS-7	175～183	176.25	182.75
DS-8	183～191	184.25	190.75
DS-9	191～199	192.25	198.75
DS-10	199～207	200.25	206.75
DS-11	207～215	208.25	214.75
DS-12	215～223	216.25	222.75
Z-8	223～231	224.25	230.75
Z-9	231～239	232.25	238.75
Z-10	239～247	240.25	246.75
Z-11	247～255	248.25	254.75
Z-12	255～263	256.25	262
Z-13	263～271	264.25	270
Z-14	271～279	272.25	278.75
Z-15	279～287	280.25	286.75
Z-16	287～295	288.25	294.75
Z-17	295～303	296.25	302.75
Z-18	303～311	304.25	310.75
Z-19	311～319	312.25	318.75
Z-20	319～327	320.25	326.75
Z-21	327～335	328.25	334.75
Z-22	335～343	336.25	342.75
Z-23	343～351	344.25	350.75
Z-24	351～359	352.25	358.75
Z-25	359～367	360.25	366.75
Z-26	367～375	368.25	374.75
Z-27	375～383	376.25	382.75
Z-28	383～391	384.25	390.75
Z-29	391～399	392.25	398.75
Z-30	399～407	400.25	406.75
Z-31	407～415	408.25	414.75
Z-32	415～423	416.25	422.75
Z-33	423～431	424.25	430.75

续表

频道	频率范围/MHz	图像载波频率/MHz	伴音载波频率/MHz
Z-34	431～439	432.25	438.75
Z-35	439～447	440.25	446.75
Z-36	447～455	448.25	454.75
Z-37	455～463	456.25	462.75
DS-13	470～478	471.25	477.75
DS-14	478～486	479.25	485.75
DS-15	486～494	487.25	493.75
DS-16	494～502	495.25	501.75
DS-17	502～510	503.25	509.75
DS-18	510～518	511.25	517.75
DS-19	518～526	519.25	525.75
DS-20	526～534	527.25	533.75
DS-21	534～542	535.25	541.75
DS-22	542～550	543.25	549.75
DS-23	550～558	551.25	557.75
DS-24	558～566	559.25	565.75
Z-38	566～574	567.25	573.75
Z-39	574～582	575.25	581.75
Z-40	582～590	583.25	589.75
Z-41	590～598	591.25	597.75
Z-42	598～606	599.25	605.75
DS-25	606～614	607.25	613.75
DS-26	614～622	615.25	621.75
DS-27	622～630	623.25	629.75
DS-28	630～638	631.25	637.75
DS-29	638～646	639.25	645.75
DS-30	646～654	647.25	653.75
DS-31	654～662	655.25	661.75
DS-32	662～670	663.25	669.75
DS-33	670～678	671.25	677.75
DS-34	678～686	679.25	685.75
DS-35	686～694	687.25	693.75
DS-36	694～702	695.25	701.75
DS-37	702～710	703.25	709.75
DS-38	710～718	711.25	717.75
DS-39	718～726	719.25	725.75
DS-40	726～734	727.25	733.75
DS-41	734～742	735.25	741.75
DS-42	742～750	743.25	749.75
DS-43	750～758	751.25	757.75

频道	频率范围/MHz	图像载波频率/MHz	伴音载波频率/MHz
DS-44	758～766	759.25	765.75
DS-45	766～774	767.25	773.75
DS-46	774～782	775.25	781.75
DS-47	782～790	783.25	789.75
DS-48	790～798	791.25	797.75
DS-49	798～806	799.25	805.75
DS-50	806～814	807.25	813.75
DS-51	814～822	815.25	821.75
DS-52	822～830	823 .25	829.75
DS-53	830～838	831.25	837.75
DS-54	838～846	839.25	845.75
DS-55	846～854	847.25	853.75
DS-56	854～862	855.25	861.75

表 2-5　有线数字电视网络频道的划分

频道	频率范围/MHz	中心频率/MHz	备注
Z-1	111～119	115	禁止使用
Z-2	119～127	123	尽量避免使用
Z-3	127～135	131	尽量避免使用
Z-4	135～143	139	尽量避免使用
Z-5	143～151	147	可能受固定通信业务干扰
Z-6	151～159	155	可能受固定通信业务干扰
Z-7	159～167	163	
DS-6	167～175	171	
DS-7	175～183	179	
DS-8	183～191	187	
DS-9	191～199	195	
DS-10	199～207	203	
DS-11	207～215	211	
DS-12	215～223	219	
Z-8	223～231	227	
Z-9	231～239	235	
Z-10	239～247	243	
Z-11	247～255	251	
Z-12	255～263	259	
Z-13	263～271	267	
Z-14	271～279	275	
Z-15	279～287	283	可能受固定通信业务干扰
Z-16	287～295	291	
Z-17	295～303	299	

频道	频率范围/MHz	中心频率/MHz	备注
Z-18	303～311	307	
Z-19	311～319	315	
Z-20	319～327	323	
Z-21	327～335	331	尽量避免使用
Z-22	335～343	339	可能受固定、移动通信业务干扰
Z-23	343～351	347	可能受固定、移动通信业务干扰
Z-24	351～359	355	可能受固定、移动通信业务干扰
Z-25	359～367	363	可能受固定、移动通信业务干扰
Z-26	367～375	371	可能受固定、移动通信业务干扰
Z-27	375～383	379	可能受固定、移动通信业务干扰
Z-28	383～391	387	
Z-29	391～399	395	
Z-30	399～407	403	
Z-31	407～415	411	
Z-32	415～423	419	
Z-33	423～431	427	
Z-34	431～439	435	
Z-35	439～447	443	优先用于双向数据的下行通道
Z-36	447～455	451	优先用于双向数据的下行通道
Z-37	455～463	459	优先用于双向数据的下行通道
DS-13	470～478	474	
DS-14	478～486	482	
DS-15	486～494	490	
DS-16	494～502	498	
DS-17	502～510	506	
DS-18	510～518	514	
DS-19	518～526	522	
DS-20	526～534	530	
DS-21	534～542	538	
DS-22	542～550	546	
DS-23	550～558	554	
DS-24	558～566	562	
Z-38	566～574	570	
Z-39	574～582	578	
Z-40	582～590	586	
Z-41	590～598	594	
Z-42	598～606	602	
DS-25	606～614	610	
DS-26	614～622	618	

续表

频道	频率范围/MHz	中心频率/MHz	备注
DS-27	622～630	626	
DS-28	630～638	634	
DS-29	638～646	642	
DS-30	646～654	650	
DS-31	654～662	658	
DS-32	662～670	666	
DS-33	670～678	674	
DS-34	678～686	682	
DS-35	686～694	690	
DS-36	694～702	698	
DS-37	702～710	706	
DS-38	710～718	714	优先用于双向数据的下行通道
DS-39	718～726	722	优先用于双向数据的下行通道
DS-40	726～734	730	优先用于双向数据的下行通道
DS-41	734～742	738	优先用于双向数据的下行通道
DS-42	742～750	746	优先用于双向数据的下行通道
DS-43	750～758	754	
DS-44	758～766	762	
DS-45	766～774	770	
DS-46	774～782	778	
DS-47	782～790	786	
DS-48	790～798	794	
DS-49	798～806	802	可能受固定、移动通信业务干扰
DS-50	806～814	810	可能受固定、移动通信业务干扰
DS-51	814～822	818	可能受固定、移动通信业务干扰
DS-52	822～830	826	可能受固定、移动通信业务干扰
DS-53	830～838	834	可能受固定、移动通信业务干扰
DS-54	838～846	842	可能受固定、移动通信业务干扰
DS-55	846～854	850	可能受固定、移动通信业务干扰
DS-56	854～862	858	可能受固定、移动通信业务干扰

2.3　卫星广播电视的频段与频道划分

2.3.1　卫星同步轨道

为了使卫星地面接收站能够采用低成本的定向卫星接收天线长时间、稳定地接收来自卫星的微弱信号，要求卫星必须运行于与地球表面相对静止的轨道上，该轨道称为同步轨道。通过简单的计算可以得出，同步轨道是位于地球赤道上空约 35 786 km 处、与赤道平面相交的一条圆形轨道，运行于该轨道的卫星称为同步卫星。同步卫星在这一轨道上绕地球运转的角速度与地球自转的角速度相等，二者相对静止，故同步卫星有时又称为静止卫星。

地球上空的同步轨道只有一个，为了防止同步轨道上的卫星信号之间相互干扰，国际电信联盟（ITU）曾规定，同一频段每两颗同步卫星之间至少要有 3°的间隔（从地面上看），这样整个同步轨道最多只能同时容纳 120 颗同频段同步卫星，如图 2-1 所示。后来，为了提高同步轨道的利用率，采用了不小于 2°间隔的规定。即便如此，同步轨道最多也只能同时容纳 180 颗同频段同步卫星。

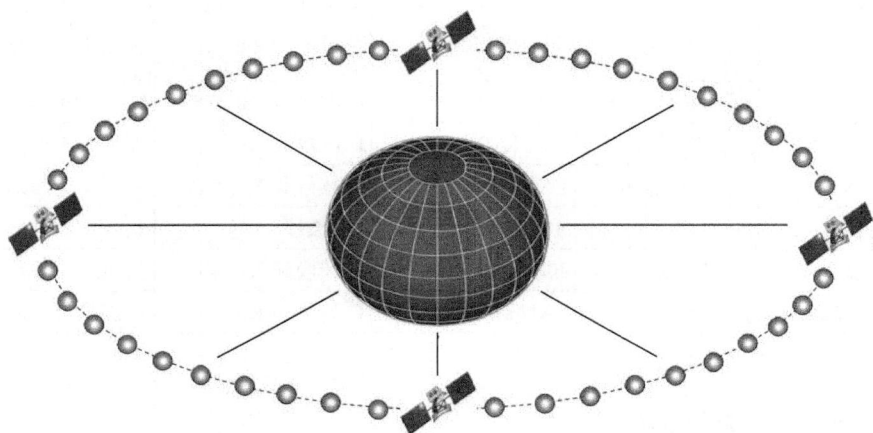

图 2-1　地球赤道上空的同步轨道

同步轨道上同步卫星的位置采用与地球表面相对应的点的经度和纬度进行标识。因为同步轨道处于地球赤道平面上，其纬度为零，所以同步卫星的轨道位置只用经度这一个参数来标识。地球的零经度线位于英国格林尼治天文台所处的本初子午线上，向东方向增加为东经（记为 E），向西方向减少为西经（记为 W）。例如，"中星 9 号"直播卫星处于东经 92.2°的同步轨道位置上，其轨道位置记为 92.2°E。表 2-6 给出了目前亚太地区上空部分广播卫星的分布情况。

表 2-6　亚太地区上空部分广播卫星的分布情况

序号	定点位置	卫星名称	代号	工作波段	运营商
1	66.0°E	国际 17 号	INTELSAT-17	C 波段和 Ku 波段	国际通信卫星公司
2	76.5°E	亚太 2R	APSTAR-2R	C 波段和 Ku 波段	亚太卫星公司
3	78.5°E	泰星 5 号	THAICOM-5	C 波段和 Ku 波段	泰国通信公共公司
4	83.0°E	印星 4A	INSAT-4A	C 波段	印度政府
5	88.0°E	中新 1/2 号	ST-1/2	C 波段和 Ku 波段	中国台湾中华电信
6	92.2°E	中星 9 号	CHINASAT-9	C 波段和 Ku 波段	中国通广卫星公司
7	95.0°E	新天 6 号	NSS-6	Ku 波段	新天卫星公司
8	100.5°E	亚洲 5 号	ASIASAT-5	C 波段和 Ku 波段	亚洲卫星公司
9	105.5°E	亚洲 3S	ASIASAT-3S	C 波段和 Ku 波段	亚洲卫星公司
10	108.0°E	印尼电信 1 号	TELKOM-1	C 波段和 Ku 波段	印尼卫星通信公司

续表

序号	定点位置	卫星名称	代号	工作波段	运营商
11	110.5°E	中星 10 号	CHINASAT-10	C 波段和 Ku 波段	中国通广卫星公司
12	113.0°E	帕拉帕 D	PALAPA-D	C 波段和 Ku 波段	印尼卫星通信公司
13	115.5°E	中星 6B	CHINASAT-6B	C 波段	中国通广卫星公司
14	122.0°E	亚洲 4 号	ASIASAT-4	C 波段和 Ku 波段	亚洲卫星公司
15	125.0°E	中星 6A	CHINASAT-6A	C 波段和 Ku 波段	中国通广卫星公司
16	128.0°E	日本通信 3A	JCSAT-3A	C 波段和 Ku 波段	日本通信卫星公司
17	132.0°E/ 131.8°E	越星 1/2 号	VINASAT-1/2	C 波段和 Ku 波段	越南邮政电信集团
18	134.0°E	亚太 6 号	APSTAR-6	C 波段和 Ku 波段	亚太卫星公司
19	138.0°E	亚太 5 号	APSTAR-5	C 波段和 Ku 波段	亚太卫星公司
20	140.0°E	快车 AM3 号	EXPRESS-AM3	C 波段和 Ku 波段	俄罗斯卫星通信公司
21	144.0°E	超鸟 C2 号	SUPERBIRD-C2	Ku 波段	日本空间通信公司
22	154.0°E	日本通信 2A	JCSAT-2	C 波段和 Ku 波段	日本通信卫星公司
23	166.0°E	泛美 8 号	PANAMSAT-8	C 波段和 Ku 波段	美国泛美卫星通信公司

2.3.2　卫星广播频段

为了防止卫星电视广播信号对地面通信的干扰，1971 年国际电信联盟在日内瓦举行的世界无线电行政大会上，对卫星广播业务所使用的频率进行了分配，并明确了卫星广播业务的定义和技术标准。规定的卫星广播的专用频率共分 6 个频段，如表 2-7 所示。作为卫星直播电视系统，必须采用小口径接收天线，所以必须采用高频段频率。目前广泛使用的卫星直播频段是Ku 波段。个别发达国家（如日本等）已开始开发 Ka 波段资源，以便实现更多、更高质量数字电视（如高清数字电视）卫星直播的需求。Q 波段主要用于卫星间激光通信及科研用途（如NASA OCSD 任务）。E 波段正在测试中，用于高分辨率地球观测。

表 2-7　卫星广播电视工作频段

波段名称	频率范围/GHz	分配区域	使用范围
L	0.62～0.79	全球范围	与其他业务共用
S	2.50～2.69	全球范围	供集体接收使用
Ku	11.7～12.2 11.7～12.5	第二、三区 第一区	卫星广播优选
Ka	22.5～23.0	第三区	与其他业务共用
Q	23.5～42.5	全球范围	卫星间通信及科研
E	84.0～86.0	全球范围	地球观测（测试中）

国际电信联盟还从频率使用角度出发，将全世界划分为 3 个区：第一区包括欧洲、非洲、俄罗斯的亚洲部分、蒙古国及伊朗西部以西的亚洲地区；第二区包括南、北美洲；第三区包括

亚洲的大部分地区和大洋洲，中国属于第三区。对于卫星电视广播优选频段的 Ku 波段，第二区和第三区使用的频率范围为 11.7～12.2 GHz，第一区使用的频率范围为 11.7～12.5 GHz；第三区还可使用 22.5～23.0 GHz 的 Ka 波段（具体见表 2-7）。

此外，国际电信联盟还规定了用于地面微波通信和卫星通信的 C 波段频率（3.7～4.2 GHz），也可用于卫星电视传输，但对转发器的发射功率做出了限制（一般为 8～16 W），故地面接收终端需要采用口径较大的接收天线，因此 C 波段的卫星转发器只能用于地面电视的收转。目前，中国中央电视台多套节目和各省级电视台节目仍采用该波段进行卫星电视传输。

2.3.3 卫星电视频道划分

1. 模拟卫星广播电视的频道划分

为了充分利用卫星电视广播频段内的有限带宽，而又不至于产生各个节目信号之间的相互干扰，通常需要将每个频段再细分为若干个频道，相邻频段之间留有一定的保护间隙。相邻频道间隔通常为 19.18 MHz（也有采用 20 MHz 的频道间隔的）。同时，为了保护相邻频段的通信业务不受干扰，在频段的上、下边沿还需留有一定的保护带，一般规定上沿保护带为 11 MHz，下沿保护带为 14 MHz。这样，对于 Ku 波段，各频道的中心频率可按下式计算：

$$f_N = 11\ 708.30\ \text{MHz} + 19.18N\ \text{MHz}$$

其中，N 为第 N 个频道（下式一样）。对于 C 波段，各频道的中心频率可按下式计算：

$$f_N = 3\ 708.3\ \text{MHz} + 19.18N\ \text{MHz}$$

按照上述计算方法，Ku 波段（11.7～12.5 GHz）和 C 波段（3.7～4.2 GHz）分别可容纳 24 个电视频道。

因为每个卫星电视节目经调制后占用的频带宽度为 27 MHz，所以相邻频道之间的间隔小于每个已调电视频道所占用的频带宽度，它们之间有 7.82 MHz 的重叠，如图 2-2 所示。为了避免相邻频道之间的干扰，通常采用两种方法：其一是采用频率间隔使用法（或称为隔频使用法），即在同一个地区使用 1、3、5 等频道，而在另一个地区使用 2、4、6 等频道；其二是采用电波极化分隔法，即在同一个地区，对于 1、3、5 等频道，采用水平极化波（或左旋圆极化波），而对于 2、4、6 等频道，则采用垂直极化波（或右旋圆极化波），利用不同极化波之间的隔离特性来克服相邻频道的干扰。第二种方法可使卫星频谱资源得到充分的利用，故目前使用最广泛。表 2-8 给出了具体频道的中心频率。

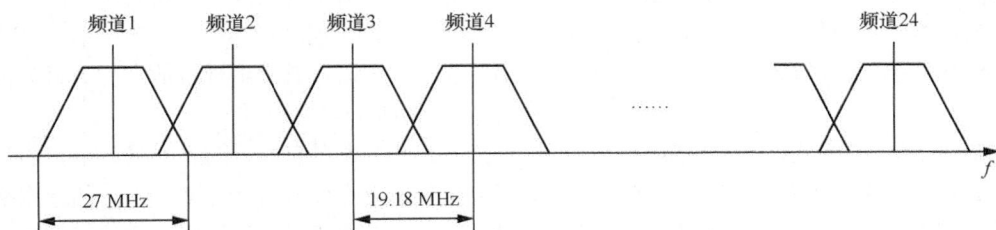

图 2-2 卫星电视频道的划分示意图

表 2-8 具体频道的中心频率

频道号	C 波段各频道中心频率/MHz	Ku 波段各频道中心频率/MHz
1	3 727.48	11 727.48
2	3 728.66	11 746.66
3	3 729.84	11 765.84
4	3 730.02	11 785.02
5	3 731.20	11 804.20
6	3 732.38	11 823.38
7	3 733.56	11 842.56
8	3 734.74	11 861.74
9	3 735.92	11 880.92
10	3 736.10	11 900.10
11	3 737.28	11 919.28
12	3 738.46	11 938.46
13	3 739.64	11 957.64
14	3 740.82	11 976.82
15	3 741.00	11 996.00
16	3 742.18	12 015.18
17	3 743.36	12 034.36
18	3 744.54	12 053.54
19	3 745.72	12 072.72
20	3 746.90	12 091.90
21	3 747.08	12 111.08
22	3 748.26	12 130.20
23	3 749.44	12 149.44
24	4 163.62	12 168.62

2. 数字卫星广播电视的频道划分

数字卫星广播电视是近年来发展起来的新方式。事实上，卫星数字电视的频道划分方式与发射系统的多节目复用方式有关。目前采用的节目复用方式主要有两种：一种是频分多路方式，或称作单路单载波（Single Channel Per Carrier，SCPC）方式；另一种是时分多路方式，或称作多路单载波（Multiple Channel Per Carrier，MCPC）方式。

对于 SCPC 方式，其频道划分方式与模拟广播系统类似，即按照每个节目占用的带宽划分频道、确定频道间隔。不同的是，卫星直播数字电视系统采用了高效的音视频压缩技术和数字调制技术，使得每个节目所占用的带宽远小于模拟系统（通常为 5 MHz 左右）。SCPC 方式适合于地处不同地区共用一个卫星转发器的情况，例如，中国各省级电视台的上行节目多采用SCPC 方式。

对于 MCPC 方式，其频道划分方式与时分复用的节目数量有关，节目数量越多，占用的频带就越宽，频道间隔也越大。一般而言，复用频道数从几个到几十个不等，占用的带宽从几兆赫到数十兆赫（取决于卫星转发器的工作带宽）。MCPC 方式适合于在同一个地区同时需要广播多套节目的情况，例如，中国中央电视台的十多套节目就采用 MCPC 方式。表 2-9 给出了中国部分卫星数字电视节目及其主要技术参数。

表 2-9　中国部分卫星数字电视节目及其主要技术参数

卫星名称 (节目复用 方式)	序 号	节目	下行频率/ MHz	数据率/ (Mbit/s)	极化	制式
中星 9 号 （MCPC 方式）	1	CCTV-1/2/7/10/12/少儿/新闻，北京/ 天津/上海/重庆/河北/山西/辽宁/黑龙 江卫视	11 920	28.800	左旋	3/4
	2	江苏/浙江/安徽/江西/山东/河南/湖北/ 湖南/吉林/广东/广西/福建东南/陕西/ 贵州/云南/四川/甘肃/宁夏卫视	11 960	28.800	左旋	3/4
	3	内蒙古/延边/西藏/青海/新疆卫视	11 980	28.800	右旋	3/4
	4	CCTV-少儿/音乐/英语、CETV-1、宁 夏卫视、青海综合、四川康巴藏语、 新疆维吾尔语、新疆哈萨克语、内蒙 古蒙古语频道	12 020	28.800	右旋	3/4
	5	CCTV-1/2/3/4/5/6/7/8/9/10/11/12/新闻	12 060	28.800	右旋	3/4
中星 6A （SCPC 方式）	1	北京/湖南卫视高清频道	3 760	30.600	水平	3/4
	2	江苏/浙江卫视高清频道	3 800	30.600	水平	3/4
	3	广东/深圳/南方卫视、嘉佳卡通	3 845	17.778	水平	3/4
	4	广西卫视	3 884	5.720	水平	3/4
	5	黑龙江卫视	3 893	6.880	水平	3/4
	6	延边/吉林卫视	3 909	8.934	水平	3/4
	7	云南卫视	3 922	7.250	水平	3/4
	8	旅游卫视	3 933	6.590	水平	3/4
	9	黑龙江卫视高清频道	3 951	13.400	水平	3/4
	10	CCTV-3D 高清测试频道	3 968	11.580	水平	3/4
	11	西藏卫视、西藏藏语频道	3 989	9.070	水平	3/4
	12	广东/深圳卫视高清频道	4 040	30.600	水平	3/4
	13	CCTV-1/2/7/10/11/12/音乐	4 080	27.500	水平	3/4
	14	CCTV-3/5/6/8/9/少儿/新闻	4 160	27.500	水平	3/4

第 *3* 章
数字电视信源压缩编码

在电视系统中，采用数字化方式传输信号有许多优点，如不易受到各种噪声和干扰的影响，便于进行加密处理、多路复用和高效传输，便于利用微处理器和软件进行各种复杂的变换和处理，还便于采用超大规模的数字集成电路技术实现接收系统的小型化等。然而，电视中的视频和音频信号包含的信息量巨大，尤其是视频信号，其信号带宽可达 6 MHz 左右，经过采样、量化、编码后，其码速率变得非常高（可达每秒数百兆比特），如果不对其进行压缩处理，势必会占用很大的传输带宽。这也是在早期制约数字电视广泛应用的重要原因之一。

长期以来，数字视频和音频的压缩编码方法研究一直是相关领域的研究热点，数十年来科技工作者付出了巨大的努力，并不断取得重要的进展。到了今天，采用最新的数字视频和音频压缩编码技术，能够在保证信号高品质重构的前提下，使原来每秒数百兆比特的数字电视码流被压缩到每秒数兆比特，从而有效地解决了数字电视在传输和存储等方面存在的问题，为今天数字电视在全球的广泛应用奠定了关键的技术基础。本章主要介绍数字视频压缩编码的基本方法，并结合目前国内外广泛应用的 MPEG-2 和 H.264 以及 HEVC 等国际通用的信源编码技术标准，介绍数字视频编码器的主要构成和工作原理。

3.1 数字视频压缩编码

3.1.1 视频压缩编码的基本方法

未经压缩的数字视频信号数据比特率很高，视频压缩的基本目标就是减少数据比特率，但又不能引起图像质量的明显下降。在实际应用中，为了取得更低的数据比特率，允许轻微的图像质量下降。至于压缩到什么程度不会出现明显的失真，则取决于图像数据的冗余度，较高的冗余度为压缩提供了基础。所幸的是，视频信号具有很高的冗余度，如18%的行逆程、8%的场逆程、色度信号的垂直冗余、相邻行和相邻像素等的相关性都很强，这就意味着前一个样值之中包含着下一个样值或若干个样值的某种信息，即减少了以后样值的不确定性。正是这些冗余度的存在，我们才能对视频信号进行压缩。概括来讲，视频信号存在着空间上的冗余度和时间上的冗余度。在每个单独的帧中，相邻像素的值可能很接近，这就形成了空间冗余度；同时，一帧中的大多数信息可能在前面几帧中已经存在了，这就形成了时间冗余度。所有这些冗余度都可以被去除而不会引起显著的信息损耗。下面先介绍一些常用的数字视频压缩方法，然后介绍利用这些压缩方法构成的视频压缩编码器的典型构成。

1. 预测编码和运动补偿

视频信号同一帧中的前后像素的差值或者前后帧之间相应位置像素的差值为零或很小的出现概率很大，差值很大的出现概率很小。在发送端，如果将当前的样值和前一个样值相减得到的差值进行量化，然后传输，则小差值出现的概率增加，这些差值所对应的码长较短，总码率就会减小，这就是预测编码的思想。用同一行的前面像素进行预测，称为一维预测；如果用到以前行的像素或以前帧的像素进行预测，则称为二维或三维预测。因为二维预测不仅利用了同一行的相关性，也利用了上一行的相关性，所以它比一维预测有更大的压缩率。如果用再前一帧的像素预测，则会进一步降低比特率。

只用本帧内像素的处理称为帧内编码；用到前后帧像素的处理称为帧间编码。JPEG 是典型的帧内编码方法，而 MPEG 是帧间编码方法，前者大多用于静止图像处理，而后者主要用于运动图像处理。视频信号要获得较大的压缩比，必须同时使用帧内编码和帧间编码。

运动估计和补偿技术是一种帧间预测技术，其主要思想就是利用前帧某些图像子块来预测当前帧某个图像子块，此后在接收端，只需利用这些相似区域的差值和位置的差别，就可以恢复当前帧的信号，如图 3-1 所示。因为前后帧之间的差值信息量一般远小于每个帧的信息量，所以运动补偿可以有效地提高压缩率。

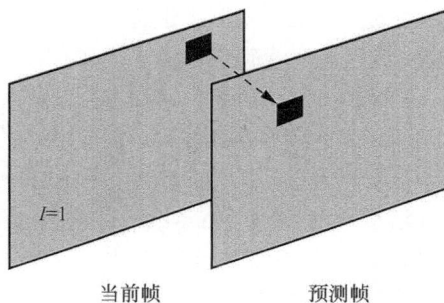

当前帧　　　　　　预测帧

图 3-1　运动估计和补偿原理

2. 正交变换编码

利用预测编码可以压缩图像在空间和时间上的冗余度，它直观、简洁、易于实现，但缺点是压缩率不够高。通过分析发现，正交变换编码可以大大提高压缩率，其方法是先将空间域的图像进行某种正交变换，获得另一个域（如频域）的一系列变换系数，使图像变换系数能量相对集中，如图 3-2 所示。在对变换系数进行区域量化时，按其所含的能量大小分配不同的比特数进行编码，这样可以大大提高压缩率。离散余弦变换（Discrete Cosine Transform，DCT）被认为是一种最佳的变换，其变换矩阵与图像内容无关。因为它构造出的是对称的数据序列，避免了各子图像边界处的不连续，并具有快速算法，所以在许多视频编码标准中都采用 DCT。DCT 与傅里叶变换一样有明确的物理意义。

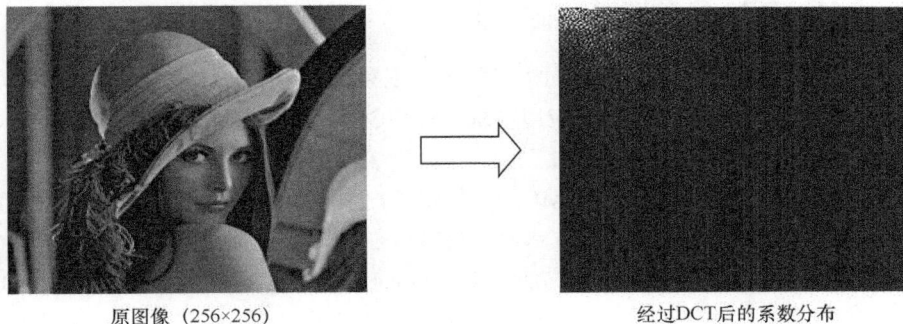

原图像（256×256）　　　　　　经过DCT后的系数分布

图 3-2　图像经过正交变换后产生的效果

正交变换编码常用于对一幅图像进行变换压缩处理，因此广泛应用于图像压缩编码中，如常用的 JPEG 图像压缩标准中就采用了 DCT。在数字视频压缩编码中，正交变换编码主要用于帧内编码中。

3. 统计编码

统计编码也称熵编码，常用的有基于概率分布特性的算术编码和霍夫曼编码，以及基于相关性的游程长度编码。其中的霍夫曼编码和游程长度编码常用于视频和音频压缩编码技术中，二者都属于可变长度编码。

霍夫曼编码的基本方法是对出现概率大的信息赋予较短的码字，对出现概率小的信息赋予较长的码字，从而达到压缩的目的。算术编码则是将被编码的信息表示成实数轴 0～1 的一个间隔（也称子区间），消息越长，表示它的间隔越小，表示这一间隔所需的二进制位数就越多。算术编码与霍夫曼编码相比，其压缩比要高 5%～10%，而且它不需要事先知道信源符号发出的概率，可以根据恰当的概率，自适应地调整对各符号概率的估计值，因此显得更灵活、适应性更强。但算术编码也有不足之处。一方面，只有当信源完整地将一段符号序列发送完毕之后，编码器才能确定一段子区间并获得与之对应的编码码字。这不但要占用相当大的存储空间，还增加了编码时延。另一方面，随着序列长度的增加，相应子区间的宽度不断缩小，表示这段子区间的精度不断提高，需要更多的比特数，这对于有限字长的运算器来说，是难以实现的。鉴于算术编码的复杂度超过了霍夫曼编码，故不如霍夫曼编码常用。

游程长度编码（Run-Length Coding，RLC）是一种简单的编码方法，它是将图像样本值相同的连续样本串用一个游程长度（样本数）和一个样本值描述，并分别赋予不同的码字。这种方法对于灰度值少的图像（特别是二值图像）编码，效率非常高。

4. 视频编码器的基本结构

数字视频压缩方法有许多种，各种压缩方法都有其优点和缺点，适用的场合也不同。为了更有效地压缩视频信号，往往综合应用各种不同的压缩方法。图 3-3 是一个典型的数字视频编码器的组成框图，其中包含了预测编码、变换编码和统计编码等方法。

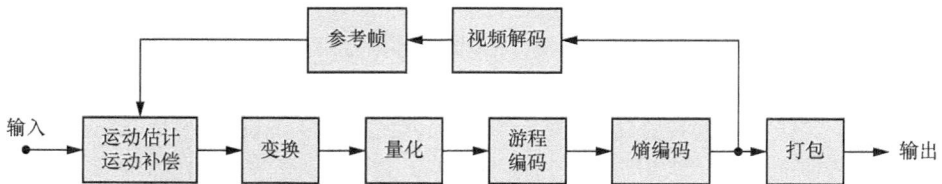

图 3-3　典型的数字视频编码器的组成框图

3.1.2　MPEG-2 视频压缩编码

MPEG-2 视频编码标准支持对不同格式的数字视频进行不同复杂度的压缩编码处理，因此它的应用范围十分广泛。针对不同的应用要求，MPEG-2 标准规定了 4 种输入视频格式，称之为级（level），分别为低级（Low Level，LL，格式为 352 像素×288 像素×25 帧或 352 像素×248 像素×30 帧）、主级（Main Level，ML，格式为 720 像素×576 像素×25 帧或 720 像素×480 像素×30 帧）、高 1440 级（High-1440 Level，H1440 L，格式为 1 440 像素×1 080 像素×25 帧或 1 440 像素×1 080 像素×30 帧）和高级（High Level，HL，格式为 1 920 像素×1 080 像素×25 帧或 1 920 像素×1 080 像素×30 帧）。

针对不同复杂度的压缩编码处理要求，MPEG-2 标准定义了 5 种不同的压缩编码处理类型，简称类（profile），分别为简单类（Simple Profile，SP）、主类（Main Profile，MP）、信噪比可分级类（SNR Scalable Profile，SNR-SP）、空间可分级类（Spatially Scalable Profile，SSP）

和高类（High Profile，HP）。

MPEG-2 视频编码器也采用了与图 3-3 类似的基于运动补偿和变换编码的混合型压缩编码结构，其基本模块包含了采用 DCT 的变换编码、采用非线性的量化器、相邻帧的运动预测，以及采用霍夫曼编码和游程编码的熵编码等基本单元。图 3-4 给出了 MPEG-2 视频编码器的工作原理框图。

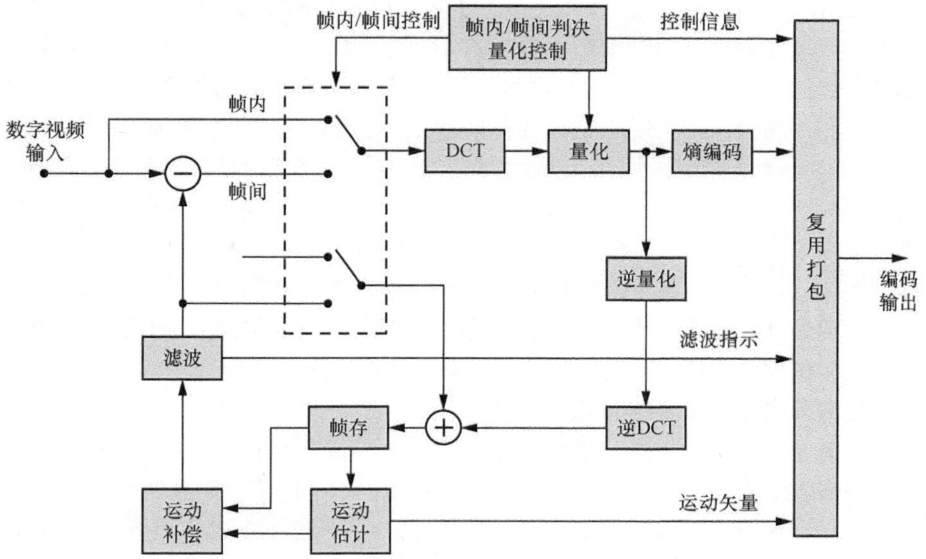

图 3-4　MPEG-2 视频编码器的工作原理框图

下面结合该原理框图简要介绍各主要模块的基本原理。

1. 宏块结构

像块和宏块分别是 DCT 和运动补偿的处理单元。对于分量编码而言，数字视频的亮度（Y）和色度（Cb、Cr）信号样点首先分别被分割形成 8×8 的像素块，即像块。同一个区域的若干个像块（如 Y 有 4 个，Cb、Cr 各有 2 个）构成一个宏块。MPEG-2 定义了 3 种宏块结构，如图 3-5 所示，即 4∶1∶1 宏块、4∶2∶2 宏块和 4∶4∶4 宏块，它们分别包含 6、8、12 个像块。

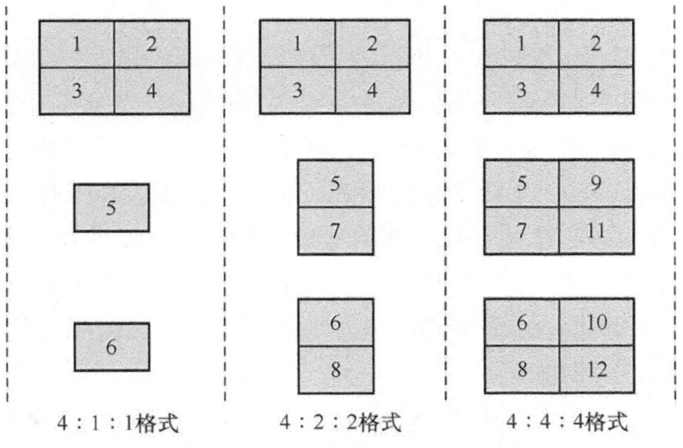

图 3-5　MPEG-2 的 3 种宏块结构

进行像块分割时，MPEG-2 允许逐行扫描和隔行扫描两种扫描方式。如果只采用逐行扫描分割方式，对于 DCT 和运动补偿可能存在某些不良的影响。这是因为在隔行扫描情况下，若有运动发生，实际相邻两场之间有一场的延时，像素之间位移可能很大，这会造成帧内相邻行的空间相关性下降，而场内相邻行的相关性可能大于帧内相邻行的相关性。这时做基于场的处理会比做基于帧的处理产生的效果更好。但在运动非常小时，因为帧内的两相邻行基本上没有位移，而场内相邻行比帧内相邻行间隔远了一倍，所以会出现帧内相邻行相关性大于场内相邻行相关性，这时做基于帧的处理会比做基于场的处理产生的效果更好。

因此，MPEG-2 有两种图像格式——帧图像格式和场图像格式，前者是以整个帧作为考虑对象，后者是以场作为独立的对象来考虑。MPEG-2 有基于场和基于帧的 DCT 编码，以及基于帧的或基于场的运动补偿，或称帧预测和场预测。帧预测是利用前面解出来的帧数据对当前帧做独立的预测，场预测是利用前面解出来的场数据对当前场做独立的预测。

此外，还有两种图像预测和运动补偿方式，即 16×8 格式运动补偿和双场预测。前者是将一个宏块分成两个半块（顶部一半和底部一半），称之为子宏块，它仅用于场图像格式，所以两个子宏块以场方式组织，每块只包含同一场的 8 行；后者是一种基于场预测，但又与之不同的特殊预测方式，它只能用于隔行扫描而且不采用 B 帧（双向预测帧）的编码器结构中。它所需要传输的运动矢量比一般的基于场预测的方式要少一些，因此，采用这种预测方法，在改进低延时应用的同时，能够特别有效地提高编码器的效率。

2. 帧/场编码判决和帧内/帧间编码判决

采样、量化后的亮度和色度信号分别形成 8×8 的像块，并构成某种结构的宏块。如果采用 4∶2∶2 的结构，则安排顺序如图 3-6 所示，其中，C_j^i 均为 8×8 数据单元。像块是 DCT 的处理单元，在进行 DCT 之前，要做帧/场编码的选择（即进行场/帧自适应的 DCT），选择的方法是对 16×16 的源图像做帧的行间和场的行间的相关系数的计算，如果帧行的相关系数大于或等于场行的相关系数，就选帧 DCT 编码，否则就选场 DCT 编码。这样就可以使 DCT 对相关系数大的信号做处理，得到较高的压缩比。

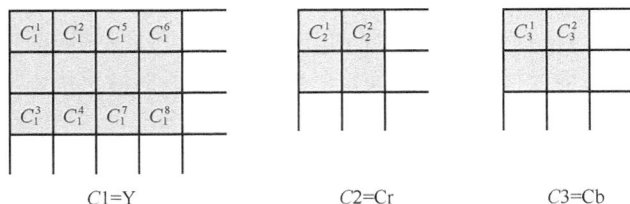

C_1^1	C_1^2	C_1^5	C_1^6
C_1^3	C_1^4	C_1^7	C_1^8

C_2^1	C_2^2

C_3^1	C_3^2

C1=Y　　　　　　　　C2=Cr　　　　　　　　C3=Cb

图 3-6　采用 4∶2∶2 结构的宏块安排顺序

因为相邻帧相关性很强，所以允许传送图像时，有几帧可以不传整帧的信息。在 MPEG-2 中，图像被分成 3 种编码类型：帧内编码的图像，称为 I 帧，一定要传；前向预测编码的图像，称为 P 帧；双向预测编码的图像，称为 B 帧。其中，后两种帧属于帧间编码帧，只需传送两帧之间的差值。P 帧是以前一个 I 帧为预测帧进行编码得到的，P 帧有时也可以从前一个 P 帧预测得到，但数目不宜太多；B 帧是从相邻的最近的 I 帧或 P 帧做双向预测进行编码得到的。在 I 帧和 P 帧之间可以插入若干个 B 帧，一般为两个。因此，对于与前帧相关性不大的当前帧，对整个帧进行 DCT 并进行帧内编码，但若当前帧与前一帧的相关性大，则可以对这两帧的差值进行 DCT 并进行帧间编码。

为了自动决定是对输入像块的样值进行 DCT，还是对前后两个像块的样值差值进行 DCT，以及宏块应采用帧内还是帧间编码，应先进行帧内/帧间的判决。判决的方法是将前帧图像存于帧存储器，后帧来临时，比较它们的相关性，相关性弱的采用帧内编码，相关性强的采用帧间编码。

3. 运动估计和运动补偿

在进行帧间编码时，需要传送前后帧宏块的差值，此差值不是前后帧对应像素的差值，而是在前帧内，对应于后帧的宏块位置的附近区域中，搜索最匹配的宏块，也就是寻找最相似的宏块（当然也有可能找到完全相同的宏块），并记下这两个区域水平方向和垂直方向上的位移（即运动矢量），然后传送这两个宏块的差值（对于完全相同的宏块，差值为零）和运动矢量。

运动估计有多种不同的算法，其中最主要的是块匹配算法和像素递归算法。前者是把一幅图像分割成固定的 $M×N$ 的矩阵子块，并认为块内每个像素具有同一位移矢量，用某种块匹配准则来计算这两个子块之间的运动矢量（该过程称为运动估计）。这种算法工作量很大，容易发生图像编码的方块效应。后者可以提高位移矢量估计的精确度，它可以对每一个像素分别估计其位移，因而更接近实际情况，而且可以增加位移矢量的测量范围，从而减少计算量。但理论和实践结果表明，对于不同的视频图像信号，块匹配算法具有较好的适应性，所以多数情况下采用块匹配算法。

如图 3-7 所示，可用 $f_k(m, n)$、$f_{k-1}(m+i, n+j)$ 分别表示当前帧和前一帧的信号值，搜索的区域 R 的面积大小为 $R=(M + 2dm)(N + 2dm)$。块匹配准则有多种，如互相关函数法、均方误差法、帧差平均值绝对值法和最大误差最小函数法等。以帧差平均值绝对值法为例，帧差平均值绝对值函数为

$$\text{MAE}(i, j) = \frac{1}{MN} \sum_{m=1}^{M} \sum_{n=1}^{N} \left| f_k(m, n) - f_{k-1}(m+i, n+j) \right|$$

显然，计算得到的平均绝对值误差（MAE）最小的那个对应位置的子块是与当前子块最匹配的子块，其所对应的位移 (i, j) 就是该子块的运动矢量。

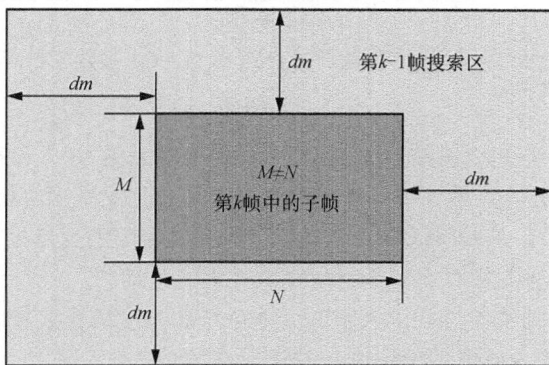

图 3-7 运动估计的块匹配算法和像素递归算法

块匹配准则是计算运动矢量的依据，不同准则的运动估计的复杂度不同，运动补偿的效果也不同。由于运动补偿的复杂性取决于运动估计过程的复杂性，比较而言，上述的帧差平均值绝对值准则计算量相对较小，目前最常用。

4. DCT、量化和之字形扫描

在帧内模式下，对输入帧的数据进行 DCT；在帧间模式下，对差值数据进行 DCT。DCT之后要进行量化处理，这一量化过程是压缩数据所必需的。为了使量化后的二维数据序列转化成一维的数据序列，还要进行之字形扫描，输出一维的数据序列。

（1）DCT

将帧数据分成 8×8 的矩阵子块，然后以 MCU 为单位，对 8×8 的子块逐一进行如下的

DCT：

$$\begin{cases} F(u,v) = \dfrac{2}{N}C(u)C(v)\sum_{x=0}^{7}\sum_{y=0}^{7} f(x,y)\cos\left[\dfrac{(2x+1)u\pi}{2N}\right]\cos\left[\dfrac{(2y+1)v\pi}{2N}\right] \\ F(x,y) = \dfrac{2}{N}C(x)C(y)\sum_{u=0}^{7}\sum_{v=0}^{7} f(u,v)\cos\left[\dfrac{(2x+1)x\pi}{2N}\right]\cos\left[\dfrac{(2y+1)y\pi}{2N}\right] \end{cases}$$

其中，C 是变换系数，N 是子块的水平、垂直像素数，一般 $N=8$；8×8 的二维数据块经 DCT 后变成 8×8 个变换系数，这些系数都有明确的物理意义。如当 $U=0$，$V=0$ 时，$F(0,0)$ 是原来 64 个样值的平均值，相当于直流分量；随着 U、V 的增加，相应系数分别代表逐步增加的水平空间频率和垂直空间频率分量的大小。

图 3-8 给出了某一图像中的一个 8×8 像块经过 DCT 后的 DCT 系数分布情况。可以看出，DCT 系数表的左上角（直流和较低频率分量）的系数比较大，右下角（较高频率分量）的系数比较小，甚至大量为零。

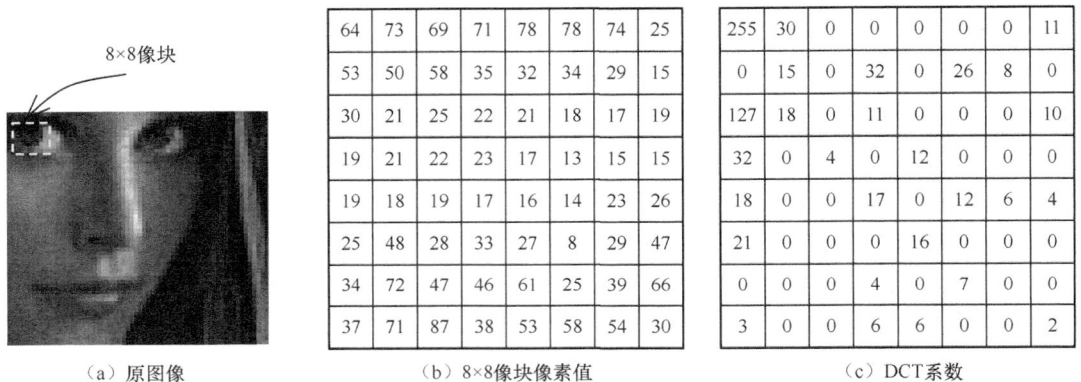

64	73	69	71	78	78	74	25
53	50	58	35	32	34	29	15
30	21	25	22	21	18	17	19
19	21	22	23	17	13	15	15
19	18	17	17	16	14	23	26
25	48	28	33	27	8	29	47
34	72	47	46	61	25	39	66
37	71	87	38	53	58	54	30

255	30	0	0	0	0	0	11
0	15	0	32	0	26	8	0
127	18	0	11	0	0	0	10
32	0	4	0	12	0	0	0
18	0	0	17	0	12	6	4
21	0	0	0	16	0	0	0
0	0	0	4	0	0	0	0
3	0	0	6	6	0	0	2

（a）原图像　　　　　　　　（b）8×8 像块像素值　　　　　　　（c）DCT 系数

图 3-8　一个 8×8 像块经过 DCT 后的 DCT 系数分布情况

（2）量化

DCT 本身并不能进行码率压缩，因为 64 个样值变换后是 64 个系数。量化处理的目的是对 DCT 处理结果（即 DCT 系数）进行压缩。这一过程实际上是用降低 DCT 系数精度的方法去除不必要的 DCT 系数，从而降低传输位率。因为在解码端的反量化之后，不能恢复原来的 DCT 系数，所以这种处理对图像有损伤，属于有损编码范畴。

量化根据人眼的生理特性进行。人眼对低频分量和亮度信号比较敏感，而对高频分量和色度信号不太敏感。因此，亮度和色度信号的低频与高频分量可采用不同的量化方案，即对亮度和低频分量采用较细的量化，对色度和高频分量采用较粗的量化。实际量化时，采用量化表除 DCT 系数，所得的值用四舍五入方法取整。亮度、色度各有一个量化表，每个量化表有 8×8 个数值，也称为量化步长，这些数值是通过实验确定的。实验方法是，从较低的数值开始，比较输入图像与经量化、去量化后的输出图像的区别，逐步提高量化步长，直到主观感觉发现差别，由此获得感觉门限。达到该门限所得的量化步长就是实际使用的量化表中的数值，它是使压缩效果达到最好的量化系数。由于 DCT 系数左上方对应图像的低频分量，右下方对应图像的高频分量，故量化步长左上方小、右下方大。这样，经量化之后所得的数据一般都集中在左上方，右下方高频系数多数为零，从而达到压缩 DCT 系数的目的。

图 3-9（a）是根据 JPEG 图像压缩算法给出的亮度信号量化表，用此量化表对图 3-8（c）给出的 DCT 系数进行量化后得到图 3-9（b）的结果。由此看出，经过量化的 DCT 系数除了

左上角的部分数据不为零，右下角的大部分数据都为零，从而大大压缩了数据量。

16	11	10	16	24	40	51	61
12	12	14	19	26	58	60	55
14	13	16	24	40	57	69	56
14	17	22	29	51	87	80	62
18	22	37	56	68	109	103	77
24	35	55	64	81	104	113	92
49	64	78	87	103	121	120	101
72	92	95	98	112	100	103	99

16	3	0	0	0	0	0	0
0	1	0	2	0	0	0	0
9	1	0	0	0	0	0	0
1	0	0	0	0	0	0	0
1	0	0	0	0	0	0	0
0	0	0	0	0	0	0	0
0	0	0	0	0	0	0	0
0	0	0	0	0	0	0	0

（a）亮度信号量化表　　　　　　　　　（b）量化后的DCT系数

图 3-9　DCT 系数的量化处理效果示例

（3）之字形扫描

从量化后的 DCT 系数表中读出数据和表示数据的方式也是减少码率的一个重要过程。读出的方式有许多种，如水平逐行读出、垂直逐列读出、交替读出和之字形扫描读出，其中之字形扫描读出是最常见的一种，它实际上是按二维频率的高低顺序读出系数。其扫描的次序如图 3-10 所示。

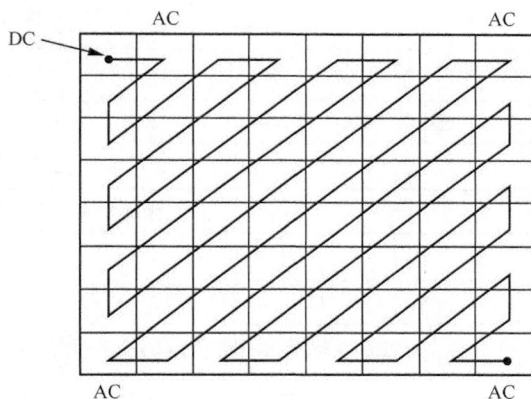

图 3-10　量化后的二维数据的之字形扫描读出次序

5. 熵编码

对之字形扫描后的数据进行编码，可分为两个步骤：熵编码（也称游程长度编码）和可变长度编码。熵编码是无损编码，即对 DC 和 AC 系数进行编码后再进行解码时，DC 和 AC 系数可恢复原值。

游程长度编码是指一个码可同时表示码字和前面有几个零。这种编码方式正好可以把之字形读出的优点显示出来，因为之字形读出在大多数情况下出现连零的机会比较多，尤其在后面的部分。如果后面全为零，在读到最后一个数后，只要给出"结束块"（EOB）码，就可以结束读出，因此降低了码率。具体的做法如下。

把一串零值系数与其相邻的非零 AC 系数组成一个数组，用一对符号表示（即用符号 1 和符号 2 表示）。符号 1 中包括两个数据：跨越长度和位长。跨越长度就是非零 AC 系数前连零的个数；位长则是非零系数的编码位数，可通过查"DC 差分值、AC 系数位长表"得到。符号 2 只包含非零系数值，即振幅。若最后一个非零 AC 系数后还有零系数，则用专门符号

EOB 来表示子图像的结束。

　　DC 系数反映该子图像中包含的直流分量大小，通常它和邻近的子图像的直流系数有较强的相关性，常用差分编码，即只对本子图像与前一个子图像的 DC 系数进行编码，由于它前面无零值，故符号 1 中没有跨越长度，只有位长，符号 2 仍是差值的振幅。

　　把 DC 和 AC 系数编成符号 1 和符号 2 数据的目的是便于进行可变长度编码，实际上，符号 1 用霍夫曼编码，符号 2 仍用二进制编码。

　　以上就是 MPEG-2 标准的视频信号的压缩编码过程。实践证明，对于主级和主类（720像素×576 像素，25 帧），在压缩率为 30∶1 或更小时，可以提供广播质量的编码图像。

6. 视频码流帧结构

　　经过压缩编码后的视频信号形成视频基本码流（Elementary Stream，ES），MPEG-2 标准的视频基本码流可分成 6 个层次，从高到低依次是视频序列层、图像组（Group of Picture，GOP）层、图像层、像条层、宏块层和像块层，如图 3-11 所示。

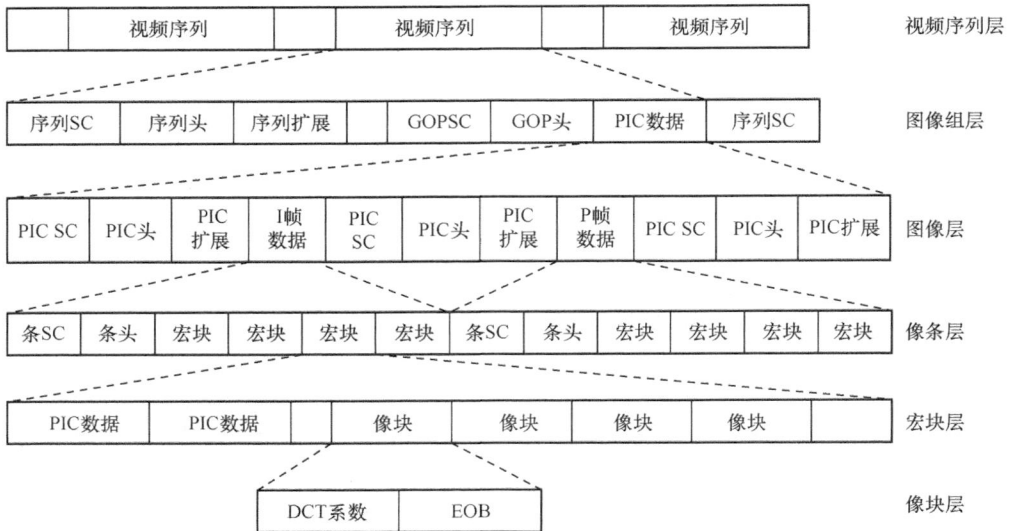

图 3-11　MPEG-2 标准的视频基本码流的帧结构

　　在这 6 层中，除了宏块层和像块层，前面 4 层都从相应的起始码（Start Code，SC）开始。这种码是专门预留的，在视频数据或其他数据中不出现，因此可以用作同步识别。一旦误码或其他原因使收发失去同步，重新同步的过程首先就是从比特流中寻找相应的起始码。一旦在正确的间隔上发现有效的起始码，解码就可以重新开始。

　　在视频序列层，起始码后是序列头，它包括图像尺寸、宽高比和图像速率等信息。序列头后面总是跟着包含附加数据的序列扩展数据、序列纠错数据等。为了确保能在不同的时刻随时进入视频序列，MPEG-2 允许重复发送序列头，序列层以序列结束码（SEQEC）结束。

　　图像组是指相互间有预测和生成关系的一组图像。划分图像组层的目的在于，同一序列内可随时进入不同的图像。在图像组起始码之后是可选的 GOP 头，它包括时间信息，但这一信息并不是解码中实际使用的信息，即使丢失了，解码也可以继续进行。图像组的结构如图 3-12 所示。编码时，应先编 I 帧，因为 I 帧是帧内编码，不需要其他图像数据。然后编 P 帧，P 帧是以前一个 I 帧为预测帧进行编码得到的，也可以从前一个 P 帧预测得到，但个数不宜太多。在 I 帧和 P 帧中间可以插入若干个 B 帧，一般是两个。B 帧是从相邻的最近的 I 帧或 P 帧做双向预测进行编码得到的。由图 3-12 可知，相互有关的帧总数为 9 个，但实际传输的帧顺序和显示的帧顺序是不同的。传送的顺序是 IPBBPBBPBB，而显示的顺序则是 IBBPBBPBBP。

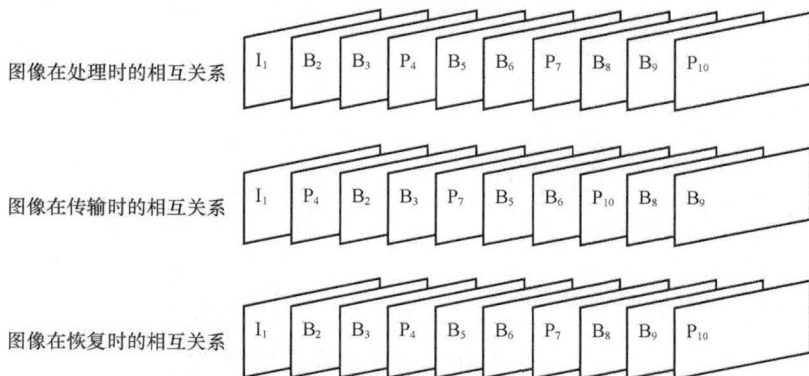

图像在处理时的相互关系　I_1 B_2 B_3 P_4 B_5 B_6 P_7 B_8 B_9 P_{10}

图像在传输时的相互关系　I_1 P_4 B_2 B_3 P_7 B_5 B_6 P_{10} B_8 B_9

图像在恢复时的相互关系　I_1 B_2 B_3 P_4 B_5 B_6 P_7 B_8 B_9 P_{10}

图 3-12　图像组的结构及其相互关系

图像组层下面是图像层，它包括不同种类编码的图像，即 I、B、P 帧。在某些场合还有 D 帧，指只使用 DCT 数据中的 DC 分量编码的图像。该层中，起始码的后面是图像头，它包括图像编码类型和时间参考信息；图像头后面是扩展数据，再后面是实际的图像数据。如果一个图像头因误码而丢失，解码器要等到下一个序列或图像起始码，这样整个图像就丢失了；如果丢的是 P 帧或 I 帧，预测将向前找最接近的 I 帧或 P 帧，这样就会在解码图像中有明显的位移，直到下一个 I 帧。

每个像条层包括一定数量的宏块，其顺序和行扫描顺序一致。像条可以从一个宏块行（16 行宽）的任何一个宏块开始。在 MPEG-2 MP@ML 格式中，一个像条必须在同一宏块行中起始和结束，一个像条至少应包括一个宏块。像条是最低的比特流级别，一旦因误码失去同步，可以根据起始码重新同步，因为起始码对以上各层都是相同的。

宏块层是整个结构的倒数第二层。其最先是宏块层说明，表示采用何种编码模式（4：1：1、4：2：2 或 4：4：4）；后面是运动矢量和 16×16 位的数据。像条的第一个宏块中包含了绝对运动矢量值，而其他宏块包含的是前面宏块运动矢量的差值。从数据结构来说，除了块结束码，已无结构描述码。宏块可以是 8×8 样值，也可以是 8×8 DCT 系数或重组数据。

上述所有层都与一定的信号处理有关。例如，视频序列实际上是节目的随机进入点，GOP 是视频编辑的随机进入点，图像或帧是编码处理单元，像条是用于同步的单位，宏块是运动补偿处理的单位，像块则是 DCT 处理的单位。

3.1.3　H.264 视频编码技术

H.264 视频编码器采用了与 MPEG-2 相同的基于运动补偿和变换编码的混合结构，其基本模块仍然包含了变换、量化、预测和熵编码等单元，但在技术上采用了许多新的研究成果，使其在压缩编码效率上有了很大的提高。这些新技术包括帧内预测、可变块大小的运动补偿、整数 DCT 变换、1/8 像素精度的运动估计、基于上下文的自适应熵编码和去块滤波器等。

H.264 视频编码器的基本原理如图 3-13 所示。输入的帧或场以宏块为单位进行处理，如果采用帧内预测编码，首先要选择最佳的帧内预测模式进行预测，然后对残差进行变换、量化和熵编码。量化后的残差系数经过反量化和反变换之后与预测值相加得到重构图像。为了去除环路中产生的噪声，提高参考帧的图像质量，设置了一个去块效应环路滤波器，滤波后的输出图像可用作参考图像。

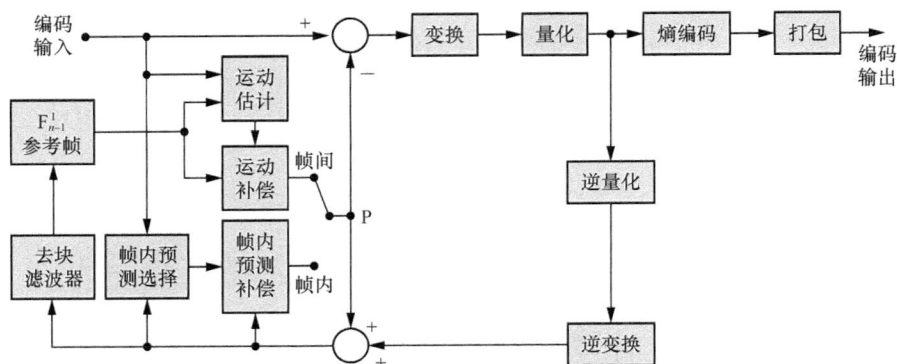

图 3-13　H.264 视频编码器原理框图

如果采用帧间预测编码，当前块在已编码的参考图像中进行运动估计和运动补偿后得出预测值，预测值和当前块相减后生成残差数据。残差图像块经过变换、量化和熵编码后与运动矢量一起送到信道中传输。同时，残差系数经反量化、反变换后与预测值相加并经过去块滤波器后得到重构图像。

与 MPEG-2 类似，H.264 也有类和级的概念。H.264 定义了 4 个类，即基本类（Baseline Profile，BP）、主类（Main Profile，MP）、扩展类（Extension Profile，EP）和高级类（High Profile，HP），每个类支持一组特定的编码功能。其中，基本类主要用于视频会话，如视频会议、可视电话、远程医疗、远程教学等；主类主要用于要求高画质的消费电子等应用领域，如数字电视广播、媒体播放器等；扩展类主要用于各种网络的流媒体传输等方面；高级类主要用于高保真、高清晰视频的压缩编码。2004 年，JVT 对高级类涵盖的范围做了进一步的扩充，一共有 4 个高级类：High（HP）、High10（Hi10P）、High4：2：2（Hi422P）、High4：4：4（Hi444P）。

以下针对 H.264 视频编码器中所采用的与 MPEG-2 视频编码器不同的部分内容，分别进行原理性说明。

1. 帧内预测

帧内预测编码是 H.264 采用的新技术之一。对视频图像进行分块后，同一个物体常常由相邻的许多宏块或者子块组成，这些块之间的像素值相差不大，纹理也往往高度一致。图像中的前景与背景通常也具有一定的纹理特性。图像在空间域上的方向特性及块像素间的相关性为帧内预测创造了条件，因此，可以利用帧内预测去除相邻块之间的空间冗余度。

对于 I 帧编码，H.264 使用了基于空间像素值的预测方法。编码时，根据已编码重建块和当前块来形成预测块，然后对实际值和预测值的残差图像进行整数 DCT、量化和熵编码。为了保证对不同纹理方向图像的预测精度，定义了多种不同方向预测选项，以尽可能准确地预测不同纹理特性的图像子块。预测时，每个块依次使用不同的选项进行编码，计算得到相应的代价，再根据不同的代价值确定最优的选项。

对亮度和色度分量采用不同的预测方法。对于亮度分量，预测块可以有 4×4 和 16×16 两种尺寸。4×4 亮度子块有 9 种可选预测模式，每个 4×4 亮度子块根据其周围已重建像素进行独立方向的预测，适用于带有大量细节的图像编码；16×16 亮度块有 4 种预测模式，适用于平坦区域的图像编码。对于色度分量，采用与 16×16 亮度块类似的 4 种预测模式。编码器需要为当前编码块选择一种使该块与预测块之间差别最小的预测模式。

此外，对于那些内容不规则或者量化参数非常小的图像，H.264 还提供了一种称为 I_PCM

的帧内编码模式，在这种模式下，不需要进行预测和变换，而是直接传输图像原始像素值，以获得更高的编码效率。

（1）4×4 亮度块预测模式

当图像包含丰富的细节时，相邻像素间的差异较大，空间相关性比较小，采用 4×4 亮度块预测模式可获得更高的预测精度，具体方法如图 3-14 所示。在图 3-14（a）中，a~p 为当前待预测的 4×4 亮度像素值；A~L 为已编码和重构的像素，作为编解码器的参考像素。其中，预测模式 2 的所有样本预测值都基于 A~D 和 I~L 的加权平均值，其他 8 种模式的预测方向如图 3-14（b）所示。9 种预测模式及其算法如表 3-1 所示。

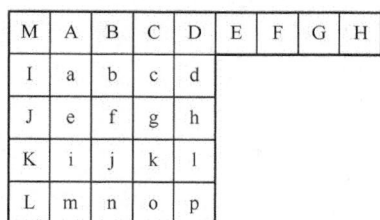

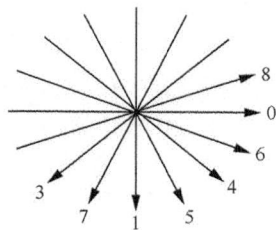

（a）4×4预测亮度块 　　　　　　　（b）4×4帧内预测方向

图 3-14　帧内 4×4 亮度块预测

表 3-1　4×4 帧内预测方法描述

模式选项	预测方向	预测算法
模式 0	垂直	由 A、B、C、D 垂直推出相应像素值
模式 1	水平	由 I、J、K、L 水平推出相应像素值
模式 2	DC	由 A~D 及 I~L 加权平均值推出所有像素值
模式 3	下左对角线	由 45° 方向像素值内插得出相应像素值
模式 4	下右对角线	由 −45° 方向像素值内插得出相应像素值
模式 5	垂直偏右	由 270°+α 方向像素值内插得出相应像素值
模式 6	水平偏下	由 −α 方向像素值内插得出相应像素值
模式 7	垂直偏左	由 270°−α 方向像素值内插得出相应像素值
模式 8	水平偏上	由 α 方向像素值内插得出相应像素值

（2）16×16 亮度块预测模式

对于内容细节不多、变化比较平缓的图像，可以采用 16×16 宏块直接预测模式，以减少帧内预测的计算量。16×16 亮度块有 4 种预测模式，如表 3-2 所示。其中，模式 3 利用线性"平面"函数及左、上像素推出相应像素值，适用于亮度变化平缓的区域。

表 3-2　16×16 帧内预测方法描述

模式选项	预测方向	预测算法
模式 0	垂直	由上面的 16 个像素垂直推出相应像素值
模式 1	水平	由左边的 16 个像素水平推出相应像素值
模式 2	DC	由上面及左边的像素加权平均值推出所有像素值
模式 3	平面	用一个线性平面函数对上边和左边的样值进行插值

（3）8×8 色度块预测模式

因为人眼对色度信号不敏感，所以只要对色度分量进行精度较低的帧内预测即可满足要求。两个色度信号的 8×8 像块都采用了上边或者左边已编码的色度样值进行预测，预测方法与 16×16 亮度块预测模式类似。

2. 预测

在帧间预测方面，H.264 引入了多种技术来提高运动估计的准确性。它支持 7 种不同大小的匹配块，具有更精细的运动矢量，在主类和扩展类中，还包括 B 分片和加权预测。

（1）树形结构运动补偿

H.264 以 16×16 宏块作为基本单位进行运动估计。但对细节较丰富的图像，同一个宏块内可能包含不同的物体，它们的运动方向也可能不同。把宏块进一步分解，可以更好地去除相关性，提高压缩效率。每个宏块（16 像素×16 像素）可以有 4 种分割方式：1 个 16×16、2 个 16×8、2 个 8×16 和 4 个 8×8。其运动补偿也相应有 4 种。8×8 的块被称为子宏块，每个子宏块还可以进一步分割为 2 个 4×8 或 8×4 的块，或者 4 个 4×4 的块，如图 3-15 所示。这种分割下的运动补偿则称为树形结构运动补偿。

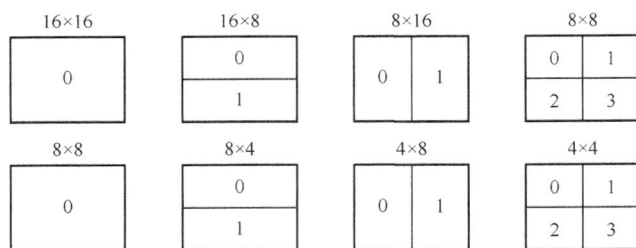

图 3-15 宏块与子宏块的分割

每个分割或者子宏块都要有一个独立的运动矢量，每个运动矢量以及分块方式也都要进行编码和传输。大的分区尺寸可能只需要较少的比特数来表示运动矢量和分块方式，但残差将保存较大的能量；小的分区尺寸可以使运动补偿后的残差能量下降，但需要更多的比特数来表示运动矢量和分块方式。因此，分区大小的选择对压缩性能有重要的影响。

（2）运动矢量精度

H.264 采用了 1/4 像素和 1/8 像素的运动估计。其中，亮度分量具有 1/4 像素精度，色度分量具有 1/8 像素精度。亚像素位置的亮度和色度像素并不存在于参考图像中，需利用邻近的已编码样值进行内插后得到。

首先生成参考图像中亮度分量的半像素样值，如图 3-16 所示。半像素样值（b、h、m、s）通过对相应整像素点进行 6 抽头滤波得出，6 抽头 FIR 滤波器的权重为（1/32，−5/32，5/8，5/8，−5/32，1/32）。例如，b 可以由水平方向的整数样值 E、F、G、H、I、J 计算得到，h 可以由垂直方向的样值 A、C、G、M、R、T 计算得到。一旦邻近（垂直或水平方向）整像素点的所有像素都计算出，剩余的半像素点便可以通过对 6 个垂直或水平方向的半像素点滤波而得出。例如，j 可由 cc、dd、h、m、ee、ff 滤波得出。

半像素样值计算出来以后，可线性内插生成 1/4 像素样值，如图 3-17 所示。1/4 像素点（a、c、i、k、d、f、n、q）由邻近像素内插得出；水平或者垂直方向的 1/4 像素点由两个半像素或者整像素插值生成；剩余的 1/4 像素点（p、r）由一对对角半像素点线性内插得出，如 e 由 b 和 h 获得。色度像素需要 1/8 精度的运动矢量，也同样通过整像素线性内插得到。

（3）运动矢量预测

每个块的运动矢量需要一定数目的比特来表示，因此有必要对运动矢量进行压缩。相邻区域的运动矢量通常具有相关性，因此当前块的运动矢量可由邻近已编码块的运动矢量预测得到，最后传输的是当前矢量和预测矢量的差值。

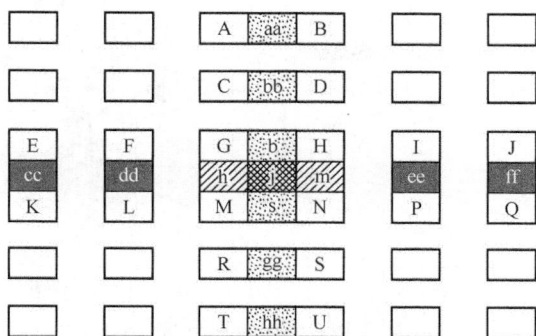

图 3-16 亮度分量的半像素样值

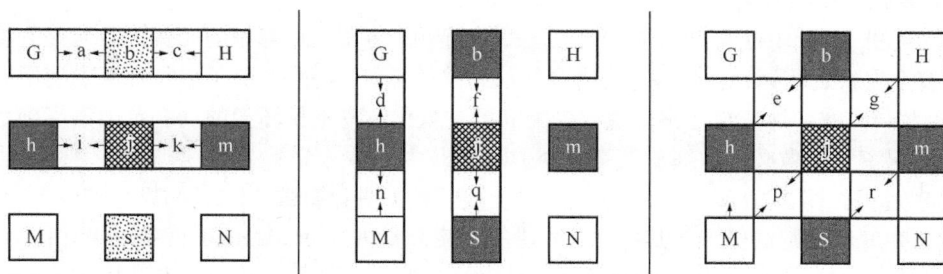

图 3-17 亮度分量 1/4 像素的插值

预测矢量 MVP 能否生成取决于运动补偿分割的尺寸以及周围邻近运动矢量是否存在。图 3-18 给出了相同尺寸和不同尺寸分割时邻近块的选择方法。图中 E 为当前块，A、B、C 分别为 E 的左、上、右上方的 3 个邻近块。如果 E 的左边不止一个分割，取其中最上的一个为 A；上方不止一个分割时，取最左边一个为 B。当前运动矢量的预测值 MVP 的确定方法如下：

1）若当前块尺寸不是 16×8 或者 8×16，则 MVP 为 A、B、C 块运动矢量的中值；

2）若当前块尺寸为 16×8，则上面部分 MVP 由 B 预测，下面部分 MVP 由 A 预测；

3）若当前块尺寸为 8×16，则左面部分 MVP 由 A 预测，右面部分 MVP 由 C 预测；

4）若为跳跃宏块（skipped MB），则用第一种方法生成 16×16 块的 MVP。

如果有一个或者几个已传输块不存在，则 MVP 的选择方法需要做相应的调整。

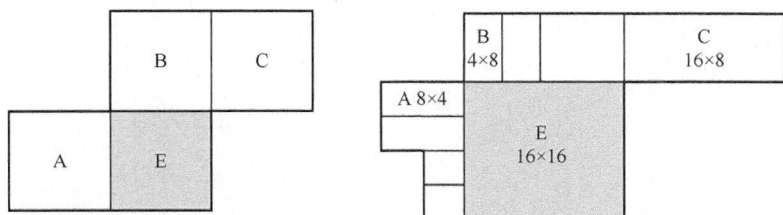

（a）相同尺寸分割 （b）不同尺寸分割

图 3-18 相同尺寸与不同尺寸分割时邻近块的选择方法

（4）多参考帧

H.264 引入了多参考帧的预测，不仅可以使用前后相邻帧，还可以参考前向与后向多个帧来提高预测的精确性，如图 3-19 所示。因此，采用多参考帧会使视频图像产生更好的主观质量，对当前帧编码更加有效。实验表明，与只采用一个参考帧预测相比，使用 5 个参考帧时比特率可以降低 5%～10%。然而从实现的角度看，多参考帧将增加额外的处理延时和更高的内存要求。

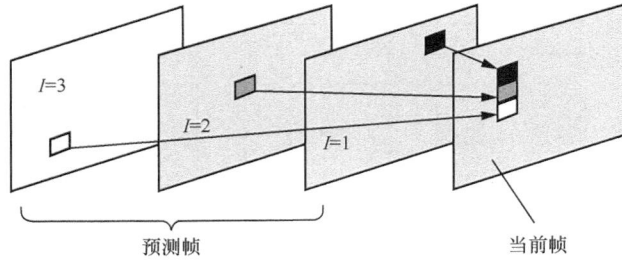

图 3-19 多参考帧的预测

3. 整数变换与量化

H.264 引入 4×4 整数 DCT 降低了算法的复杂度，将变换运算中的比例因数合并到量化过程中，整个变换过程无乘法运算，只需要加法和移位运算；同时避免了以往标准中使用的通用 8×8 离散余弦变换逆变换经常出现的失配问题。量化过程根据图像的动态范围大小确定量化参数，既保留了图像必要的细节，又减少了码流。

处理过程如图 3-20 所示，对 16×16 亮度残差数据进行整数 DCT，如果是帧内 16×16 预测模式的亮度块，则进一步将其中 4×4 块的直流分量进行 Hadamard 变换及量化；对 8×8 色度残差数据进行整数 DCT，对色度 Cr 或 Cb 块中的 2×2 直流系数矩阵也进行 Hadamard 变换及量化。

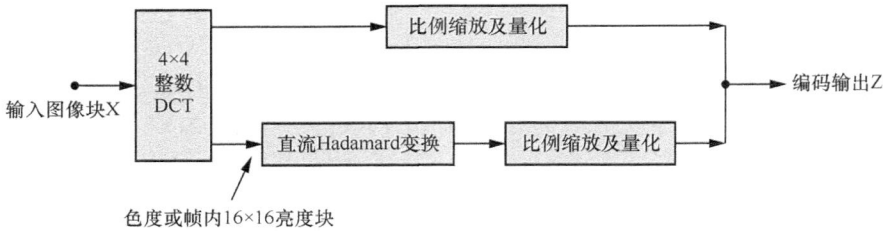

图 3-20 变换与量化过程

（1）整数 DCT

4×4 整数的 DCT 由传统的 DCT 发展而来，其表达式最终形式如下：

$$Y = (C_f X C_f^{\mathrm{T}}) \otimes E_f$$

$$= \left(\begin{bmatrix} 1 & 1 & 1 & 1 \\ 2 & 1 & -1 & -2 \\ 1 & -1 & -1 & 1 \\ 1 & -2 & 2 & -1 \end{bmatrix} X \begin{bmatrix} 1 & 2 & 1 & 1 \\ 1 & 1 & -1 & -2 \\ 1 & -1 & -1 & 2 \\ 1 & -2 & 1 & -1 \end{bmatrix} \right) \otimes \begin{bmatrix} a^2 & \dfrac{ab}{2} & a^2 & \dfrac{ab}{2} \\ \dfrac{ab}{2} & \dfrac{b^2}{4} & \dfrac{ab}{2} & \dfrac{b^2}{4} \\ a^2 & \dfrac{ab}{2} & a^2 & \dfrac{ab}{2} \\ \dfrac{ab}{2} & \dfrac{b^2}{4} & \dfrac{ab}{2} & \dfrac{b^2}{4} \end{bmatrix}$$

其中，E_f 为后置比例乘子矩阵，运算 "$\otimes$" 对 $C_f X C_f^{\mathrm{T}}$ 矩阵每个元素对应位置进行一次乘法。在进行变换时只需要计算 $W = C_f X C_f^{\mathrm{T}}$，计算过程只存在整数的加法、减法和移位运算。

整数 DCT 反变换的公式如下：

$$X = C_i^{\mathrm{T}}(Y \otimes E_i)C_i$$

$$= \begin{bmatrix} 1 & 1 & 1 & \frac{1}{2} \\ 1 & \frac{1}{2} & -1 & -1 \\ 1 & -\frac{1}{2} & -1 & 1 \\ 1 & -1 & 1 & -\frac{1}{2} \end{bmatrix} \left(Y \otimes \begin{bmatrix} a^2 & ab & a^2 & ab \\ ab & b^2 & ab & b^2 \\ a^2 & ab & a^2 & ab \\ ab & b^2 & ab & b^2 \end{bmatrix} \right) \begin{bmatrix} 1 & 1 & 1 & 1 \\ 1 & \frac{1}{2} & -\frac{1}{2} & -1 \\ 1 & -1 & -1 & 1 \\ \frac{1}{2} & -1 & 1 & -\frac{1}{2} \end{bmatrix}$$

（2）量化

在量化过程中，量化步长决定了压缩率和图像精度。如果量化步长较大，则相应的编码长度较小，但将损失较多的图像细节信息；反之则相应的编码长度较大，但图像细节信息损失较少。编码器根据图像值实际动态范围自动改变量化步长，以求在编码长度和图像精度之间折中，达到整体最佳效果。

表 3-3 给出了 H.264 中量化参数与量化步长的对应值。由表可知，量化参数（QP）每增加 6，量化步长（Qstep）增加一倍。实际应用时，可根据实际需要灵活选择。

表 3-3　H.264 中量化参数与量化步长的对应表

QP	Qstep	QP	Qstep	QP	Qstep	QP	Qstep	QP	Qstep
0	0.625	12	2.5	24	10	36	40	48	160
1	0.687 5	13	2.75	25	11	37	44	49	176
2	0.812 5	14	3.25	26	13	38	52	50	208
3	0.875	15	3.5	27	14	39	56	51	224
4	1	16	4	28	16	40	64		
5	1.125	17	4.5	29	18	41	72		
6	1.25	18	5	30	20	42	80		
7	1.375	19	5.5	31	22	43	88		
8	1.625	20	6.5	32	26	44	104		
9	1.75	21	7	33	28	45	112		
10	2	22	8	34	32	46	128		
11	2.25	23	9	35	36	47	144		

（3）DC 系数变换量化

如果当前处理的图像宏块是色度块或帧内 16×16 预测模式的亮度块，则需要将其中各 4×4 块的 DCT 系数矩阵 W 中的直流分量或直流系数 W_{00} 按对应图像块顺序排序，组成新的矩阵 W_D，再对 W_D 进行 Hadamard 变换及量化。

对于帧内 16×16 预测模式，16×16 的图像宏块中有 16 个 4×4 图像亮度块，所以亮度块的 W_D 为 4×4 矩阵，其组成元素为各 4×4 图像块 DCT 的直流系数 W_{00}，这些 W_{00} 在 W_D 中的排列顺序为对应图像块在宏块中的位置。Hadamard 变换及量化公式如下：

$$Y_D = \left(\begin{bmatrix} 1 & 1 & 1 & 1 \\ 1 & 1 & -1 & -1 \\ 1 & -1 & -1 & 1 \\ 1 & -1 & 1 & -1 \end{bmatrix} W_D \begin{bmatrix} 1 & 1 & 1 & 1 \\ 1 & 1 & -1 & -1 \\ 1 & -1 & -1 & 1 \\ 1 & -1 & 1 & -1 \end{bmatrix} \right) / 2$$

$$\left|\boldsymbol{Z}_{D(i,j)}\right| = \left(\left|\boldsymbol{Y}_{D(i,j)}\right|\cdot\boldsymbol{MF}_{(0,0)} + 2f\right) >> (q+1)$$

$$\mathrm{sign}\left(\left|\boldsymbol{Z}_{D(i,j)}\right|\right) = \mathrm{sign}(\boldsymbol{W}_{D(i,j)})$$

16×16 的图像宏块中包含图像色度 Cr 及 Cb 块各 2×2 个，所以色度 Cr 或 Cb 块的 $\boldsymbol{W}_D$ 为 2×2 矩阵，其组成元素为各对应图像块色度信号 DCT 的直流系数 $\boldsymbol{W}_{00}$，这些 $\boldsymbol{W}_{00}$ 在 $\boldsymbol{W}_D$ 中的排列顺序为对应图像块在宏块的位置。Hadamard 变换及量化公式如下：

$$\boldsymbol{Y}_D = \begin{bmatrix} 1 & 1 \\ 1 & -1 \end{bmatrix} \boldsymbol{W}_D \begin{bmatrix} 1 & 1 \\ 1 & -1 \end{bmatrix}$$

$$\left|\boldsymbol{Z}_{D(i,j)}\right| = \left(\left|\boldsymbol{Y}_{D(i,j)}\right|\cdot\boldsymbol{MF}_{(0,0)} + 2f\right) >> (q+1)$$

$$\mathrm{sign}\left(\left|\boldsymbol{Z}_{D(i,j)}\right|\right) = \mathrm{sign}(\boldsymbol{W}_{D(i,j)})$$

4. 去块效应滤波

在进行基于分块的视频编码时，因为会对块进行预测、补偿、变换以及量化，所以在码率较低时会遇到块效应。为了降低图像的块效应失真，H.264 中引入去块效应滤波器对解码宏块进行滤波，平滑块边缘，滤波后的帧用于后续帧的运动补偿预测，从而避免了假边界积累误差导致的图像质量下降，提高图像的主观视觉效果。

去块滤波器在处理时以 4×4 块为单位，如图 3-21 所示。对每个亮度宏块，先滤波宏块最左的边界 a，然后依次从左到右处理宏块内 3 个垂直边界 b、c 和 d。对水平边界从上到下依次滤波 e、f、g 和 h。色度滤波次序类似，依次处理 i、j、k、l。

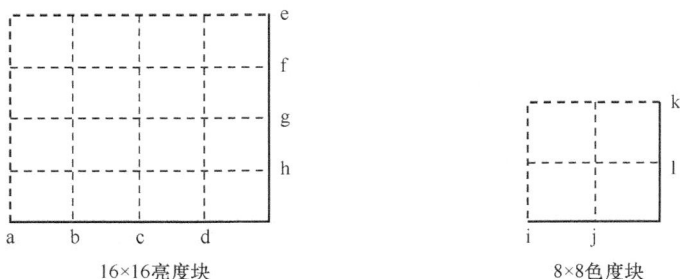

图 3-21　去块滤波器处理顺序

去块滤波器的处理可以在 3 个层面上进行，在分片层中，OffsetA 和 OffsetB 为在编码器中选择的偏移值，该偏移量用于调整阈值 α 与 β，从而调整全局滤波强度；在块边界层面，滤波强度取决于边界两边图像块的帧间/帧内预测、运动矢量差别及编码残差等；在图像像素级，滤波强度取决于像素值在边界的梯度及量化参数。

因为视频图像本身还存在物体的真实边界，所以在进行去块平滑滤波时，应尽可能判断边界的真实性，保留图像的细节，不能盲目通过平滑图像来达到去块效应的目的。一般而言，真实边界的两侧像素梯度比因量化造成的虚假边界两侧的像素梯度大，H.264 中，给定两个阈值 α 与 β 来判断是否对边界进行滤波，当高于阈值时，则认为该边界为真实边界。

5. 熵编码

H.264 标准规定的熵编码有两种：一种是可变长编码方案，包括统一可变长编码（Universal Variable Length Coding，UVLC）和基于上下文的自适应可变长编码（Context-based Adaptive Variable Length Coding，CAVLC）；另一种是基于上下文的自适应二进制算术编码（Context-based Adaptive Binary Arithmetic Coding，CABAC）方案。这两种方案都是利用上下

文信息，使编码最大限度地利用了视频流的统计信息，有效降低了编码冗余。

在主类中，当熵编码模式设置为 0 时，残差数据使用 CAVLC，其他参数（如量化步长参数、参考帧索引、运动矢量等）采用 UVLC。UVLC 由传统的 VLC 改进而来，它利用统一的指数哥伦布码表进行编码。当熵编码模式设置为 1 时，采用 CABAC 对语法元素进行编码。

（1）指数哥伦布编码

指数哥伦布编码使用一张码表对不同对象进行编码，故编码方法简单，且解码器容易识别字前缀，从而在发生比特错误时能快速重新同步。指数哥伦布编码是具有规则结构的变长码，每个码字的长度为（$2M+1$）bit，其中包括最前面的 M bit "0"、中间的 1 bit "1" 和之后的 M bit INFO 字段，如表 3-4 所示。在对各种参数（如宏块类型、运动矢量等）进行编码时，把参数先映射为 code_num，再对 code_num 进行编码。

表 3-4　指数哥伦布码表

code_num	码字
0	1
1	0 1 0
2	0 1 1
3	0 0 1 0 0
4	0 0 1 0 1
5	0 0 1 1 0
6	0 0 1 1 1
7	0 0 0 1 0 0 0
……	……

（2）CAVLC

CAVLC 是一种基于上下文的自适应游程编码。当熵编码模式设置为 0 时，使用 CAVLC 对以之字形扫描得到的 4×4 残差块变换系数进行编码。因为经过预测、变换和量化后的 4×4 残差系数是稀疏矩阵，多数系数为 0，所以用游程编码可以取得更好的压缩效果。相邻块的非零系数个数具有相关性，CAVLC 依据这种相关性自适应选择相应的码表，体现了基于邻近块的上下文原理。同时，残差系数中低频系数较大、高频系数较小，CAVLC 利用这一特点，并根据邻近已编码系数的大小自适应选择相关码表。

（3）CABAC

CABAC 使用算术编码方法，根据元素的上下文为其选择可能的概率模型，并根据局部统计特性自适应地进行概率估计，从而提高压缩性能。与 CAVLC 相比，CABAC 的平均效率可以提高 10%～15%。

6. 切换帧技术

为了符合视频流的带宽自适应性和抗误码性能的要求，H.264 在 I、P 和 B 帧之外，还定义了 SP 帧（Switching Point Frame）和 SI 帧（Switching Image Frame）两种类型。SP 帧能够参照不同参考帧重构相同的图像帧，可用于流间的切换、拼接、随机接入、快进快退等功能；SI 帧能够利用帧内预测帧，恢复解码图像帧。SI 帧可用于从一个序列切换到与其完全不同的另一个序列。

SP 帧的设计可支持类似编码序列（例如，相同视频源不同码率）之间的切换，如图 3-22 所示。在切换点处有 3 个 SP 帧，其中 A_2 与 B_2 参考帧和当前编码帧属于同一个码流；AB_2 称为切换 SP 分帧，其参考帧和当前编码帧不属于同一个码流。不切换时，码流以正常的顺序进行解码；当 A 码流要切换到 B 码流时，AB_2 输入解码器，并以 A_1 作为参考帧，从而输出 B_3。如果要实现另一个方向的码流切换，则需要另一个 SP 分帧 BA_2。

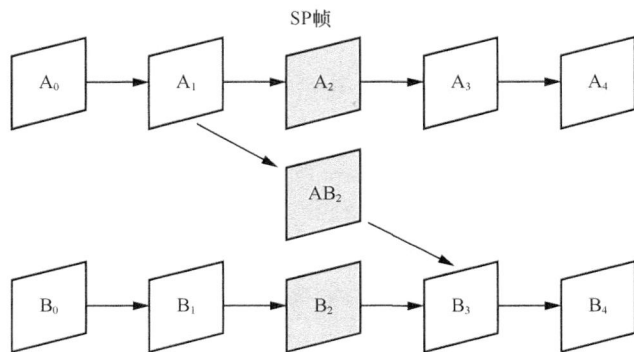

图 3-22　SP 帧码流切换示意图

SP 帧 A_2 简化的编码流程如图 3-23 所示，与 P 帧编码不同的是，SP 帧是在变换处理之后再求差值，然后对差值进行量化和熵编码，最终得到 SP 帧 A_2 的编码。SP 帧 AB_2 的编码方式与 A_2 类似。SP 帧 AB_2 简化的编码流程如图 3-24 所示，运动补偿以解码图像 A_1 作为参考，为 B_2 中每个宏块寻找最佳匹配块，然后对运动补偿预测结果进行变换。

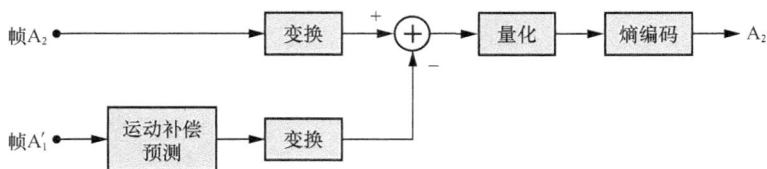

图 3-23　SP 帧 A_2 简化的编码流程示意图

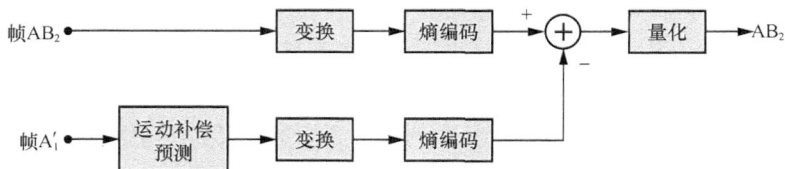

图 3-24　SP 帧 AB_2 简化的编码流程示意图

SP 帧与 SI 帧均可用于流间切换。当视频源相同而编码参数不同时采用 SP 帧；而当视频源内容相差较大时，帧间缺乏相关性，采用 SI 帧将更加有效。SP 帧还可以实现随机访问，以及快进/快退功能。SP/SI 帧不需要包含在码流中，它仅在需要的时候才传输，这样可以减少码流比特数。

7. 保真度范围扩展

保真度范围扩展（Fidelity Range Extension，FRExt）对 H.264 的进一步改善主要表现在以下 6 个方面。

1）引入 8×8 亮度帧内预测、8×8 整数变换和基于感知的量化缩放矩阵，允许编码器根据人眼的视觉特性模型对不同类型的误差采用不同的量化方式。

2）视频信号每个样值的位深可以扩展到 12 位。

3）增加了对 4：2：0 和 4：4：4 采样格式的支持。

4）支持更高的比特率和图像分辨率。

5）针对高保真影像进行无损压缩，无须采用变换量化等技术（只适用于 Hi444P 类）。

6）支持 RGB 格式的压缩，避免色度空间转换引起的舍入误差。

FRExt 是一个类集合，它的 4 个新增类为 HP、Hi10P、Hi422P 和 Hi444P，具体如下：

1）HP 支持 8 位样值位深和 4：2：0 采样格式；

2）Hi10P 支持 10 位样值位深和 4：2：0 采样格式；

3）Hi422P 支持 10 位样值位深和 4：2：2 采样格式；

4）Hi444P 支持 12 位样值位深和 4：4：4 采样格式，支持无损压缩以及 RGB 压缩。

表 3-5 给出了 4 个新增类所支持的编码工具和编码格式。

表 3-5　FRExt 的 4 个新增类所支持的编码工具和编码格式

编码工具	HP	Hi10P	Hi422P	Hi444P
主类工具	√	√	√	√
4：2：0 格式	√	√	√	√
8 位样值位深	√	√	√	√
8×8 和 4×4 自适应变换	√	√	√	√
量化矩阵	√	√	√	√
分离的 Cb 和 Cr 量化参数控制	√	√	√	√
单色视频格式	√	√	√	√
9~10 位样值位深		√	√	√
4：2：2 格式			√	√
11~12 位样值位深				√
4：4：4 格式				√
色度残差变换				√
无损预测编码				√

3.1.4　HEVC 视频编码技术

H.265/MPEG-H HEVC（High Efficiency Video Coding，高效视频编码）标准与 H.264/AVC 等视频编码标准的框架大体相同，仍然采用混合编码框架，包括帧内预测、帧间预测、变换与量化、熵编码以及环路滤波等环节，但在每个模块都引入了新的编码技术，进行了细致的优化和改进，使得在相同的视觉质量下压缩率比 H.264/AVC 提高了一倍。

在制定 HEVC 标准的过程中，特别注重高清、超高清视频以及并行计算的应用，其采用的混合编码框架如图 3-25 所示。与 H.264 相比，HEVC 在各编码环节引入了更多的编码工具，包括灵活的基于四叉树的图像分块结构、支持不同角度更多模式的帧内预测编码、更加高效的运动信息编码、精确的亚像素插值、不同变换尺寸的 DCT、自适应环内滤波、自适应样点补偿和性能增强的 CABAC 等。HEVC 与 H.264 标准在不同编码环节的对比如表 3-6 所示。

HEVC 在编码时，一个视频序列首先被分成多个不同的图像组，每个图像组由多个视频帧（frame）组成，每一帧图像又可以被分割成一个或者若干个片（slice）。每个片可以独立编解码，当数据丢失时通过片的头信息可以保证解码端再次同步。一个独立的片可以被进一步划分为若干个片段（slice segment）。为了增强平行处理的能力，HEVC 还提出了 tile 的概念，tile 间的编解码也相对独立。slice 与 tile 都包含了整数个编码树单元（Coding Tree Unit，CTU），但 tile 并行颗粒度比 slice 小。tile 可以支持视频局部区域的随机访问，但在进行多核平行处理时，可能引起压缩码率的增加。

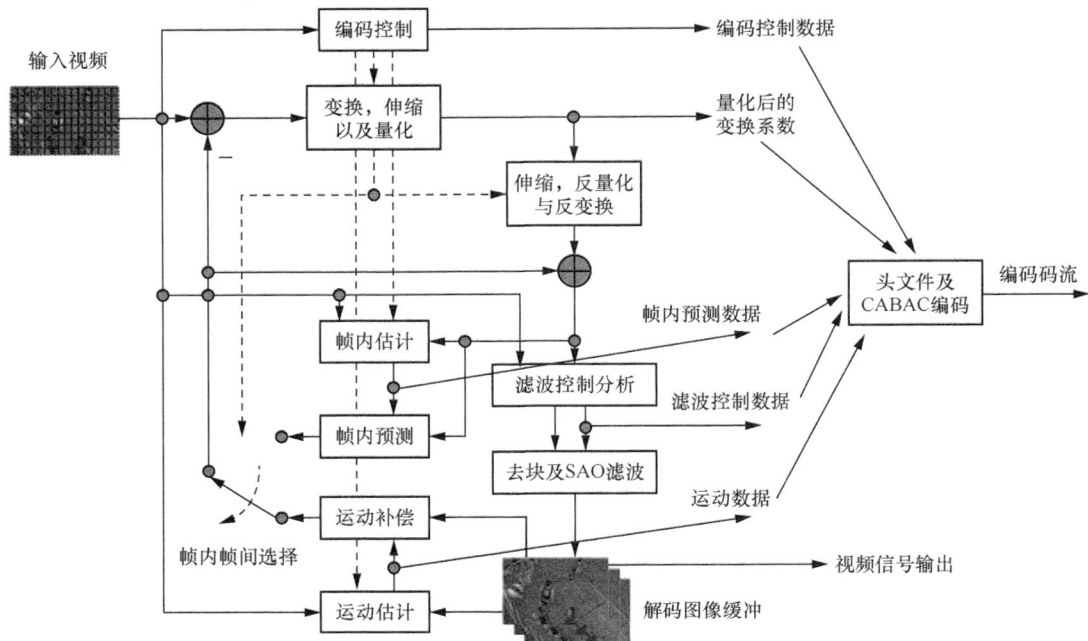

图 3-25　HEVC 标准框架

表 3-6　HEVC 与 H.264 标准在不同编码环节的对比

编码环节	HEVC	H.264/AVC
宏块/编码分块尺寸	64×64，32×32，16×16，8×8	16×16
帧内预测模式	最多 35 种预测模式	最多 9 种预测模式
运动补偿块尺寸	$2N\times2N$，$N\times2N$，$2N\times N$，$nL\times2N$，$nR\times2N$，$2N\times nD$，$2N\times nU$，$N\times N$（$N=4$，8，16，32）	16×16，16×8，8×16，8×8，8×4，4×8，4×4
运动矢量预测	基于时间和空间的先进运动矢量预测，Merge（合并），Skip（跳过）	基于空间的运动矢量预测
变换尺寸	32×32，16×16，8×8，4×4	8×8，4×4
环路滤波	去块滤波器，自适应样点补偿	去块滤波器
并行架构	slice，tile，波前并行处理（WPP）	frame，slice

1. HEVC 分块结构

视频图像的不同区域具有不同的局部特性，因此图像进行分块编码时，为了提高编码效率，不同区域可以采用不同的分块尺寸。H.264 分块结构提高了预测精度与编码效率，但对于高清和超高清视频，16×16 宏块还不能充分去除信号间的相关性。对于平坦区域采用较大分块进行预测和编码时，可以减少辅助信息的开销，提高编码效率。HEVC 引入了编码单元（Coding Unit，CU）与编码树块（Coding Tree Block，CTB）的思想代替宏块，以适应不同分辨率的视频编码。

（1）CU

为了对视频场景中不同的内容进行高效编码，HEVC 引入了 CTU，单元中相应的像素块称为 CTB，同一位置的亮度 CTB、色度 CTB 以及相应的语法元素形成一个 CTU。一个 CTU 可以分解成多个 CU，CU 是进行预测、变换、量化和熵编码等处理的基本共享单元。与 CTU 类似，CU 也由同一位置的亮度编码块（Coding Block，CB）、色度编码块和附加的语法元素构成。一个 CU 在进行帧内或者帧间预测时可以划分成多个预测单元（Prediction Unit，PU），预测单元是预测编码的基本单元。CU 在进行变换和量化时又可以划分成多个变换单元（Transform Unit，TU）。

在 HEVC 中，一帧图像被划分成若干个互不重叠的 CTU，作为基本的编码处理单元，其示意图如图 3-26 所示。CTU 的尺寸可以是 64×64、32×32、16×16 或者 8×8（部分实现支持 128×128），尺寸大小通过编码器的参数进行设置，其作用类似于 H.264/AVC 中的宏块。在 CTU 内部，采用基于四叉树递归分解的方式划分成多个 CU，同一深度的 CU 都是相同大小的 4 个方块。一个 CTU 可以只包含一个 CU，也可能被划分成多个 CU，是否划分成 4 个子块由语法元素 split_cu_flag 标定。图 3-27 为 CTU 划分的示意图，其中 CTU 的尺寸为 64×64，按照深度优先、逐行扫描的原则遍历叶子节点、对 CU 进行处理。

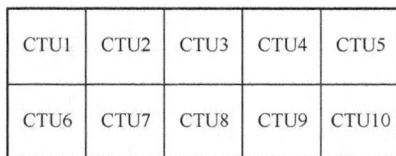

| CTU1 | CTU2 | CTU3 | CTU4 | CTU5 |
| CTU6 | CTU7 | CTU8 | CTU9 | CTU10 |

图 3-26　图像分解成 CTU 的示意图

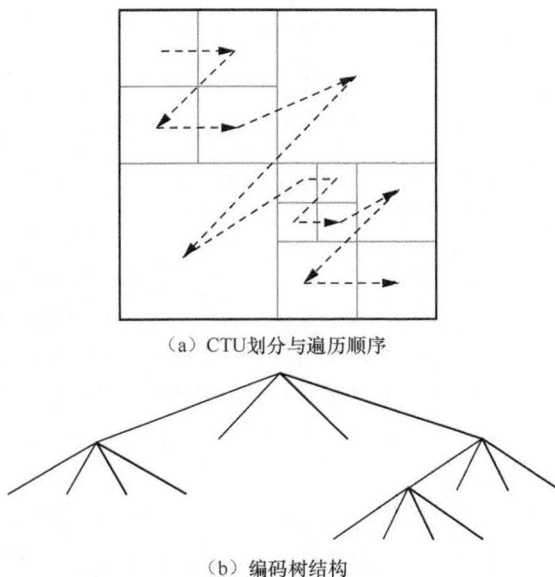

（a）CTU 划分与遍历顺序

（b）编码树结构

图 3-27　CTU 划分与结构示意图

图 3-27 中，四叉树的每个叶子节点为一个 CU，它是帧内预测、帧间预测或者 Skip 预测的基本单元。由图 3-27 可知，CU 最大尺寸即为 CTU 的尺寸，最小则为 8×8。当 CTU 的尺寸配置为 16×16，而最小 CU 设置为 8×8 时，与 H.264 分块结构十分类似。编码器可以根据不同的应用场合和视频分辨率灵活调整 CTU 的大小和深度，如对高清视频可以设置尺寸较大的 CTU 以提高压缩效率；对低分辨率视频或复杂度受限的应用，可以选择尺寸较小的 CTU。HEVC 消除了宏块与子宏块之分，各 CU 根据 CTU 的大小、最大编码深度以及划分标志就可以简单表示。

（2）PU

根据预测模式的不同，CU 可以进一步被划分为 PU，每个 PU 定义了与预测有关的信息，如帧内预测的方向、帧间预测的分块方式、运动矢量以及参考图像索引等信息。一个 $2N \times 2N$ 的 CU 所包含的 PU 划分模式如图 3-28 所示。对于帧内预测，PU 的大小为 $2N \times 2N$，当 CU 为最小 CU 时，还可以有 $N \times N$ 的帧内预测。

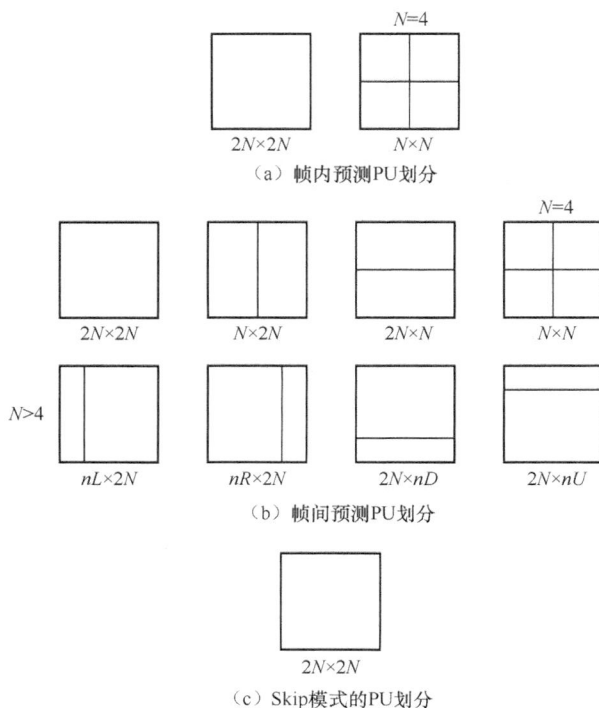

（a）帧内预测PU划分

（b）帧间预测PU划分

（c）Skip模式的PU划分

图 3-28 PU 划分示意图

对于帧间预测，PU 的可选模式有 8 种，其中 4 种为对称的分块：$2N \times 2N$，$N \times 2N$，$2N \times N$，$N \times N$。HEVC 还引入了非对称运动划分（Asymmetric Motion Partition，AMP），支持非正方形的 PU，非对称模式有 4 种，即 $nL \times 2N$、$nR \times 2N$、$2N \times nD$ 和 $2N \times nU$。Skip 模式是帧间预测的一种特殊类型，此时的图像预测残差为零，需要编码的运动信息只有运动参数集索引。

（3）TU

TU 是对预测残差进行正交变换与量化的基本单元，其尺寸灵活多变，可以支持从 32×32 到 4×4 不同大小的整数 DCT。在帧内预测时对 4×4 的亮度分量还可以使用 DST。

TU 的根节点也是 CU，因此 TU 的大小与其所在的 CU 有关。在一个 CU 内，PU 与 TU 的分块是相互独立的，因此 TU 可以包含多个 PU，同样 PU 也可以包含多个 TU。TU 的结构同样使用四叉树的形式递归分块，图 3-29 为 CU 中 TU 四叉树分割的示意图，其中虚线表示某个 CU 中的 TU 分割。HEVC 同样使用标志位决定 $2N \times 2N$ 的块是否进一步划分。编码器将根据图像局部的特征，选择最优的 TU 分块，通常平坦区域选择大块的 TU，这有利于使能量更集中，而小块 TU 则有利于保持更好的细节信息。这种灵活的分割结构使不同内容的视频都能得到充分压缩，提高编码效率。

（a）CU与TU的划分

（b）TU的四叉树结构

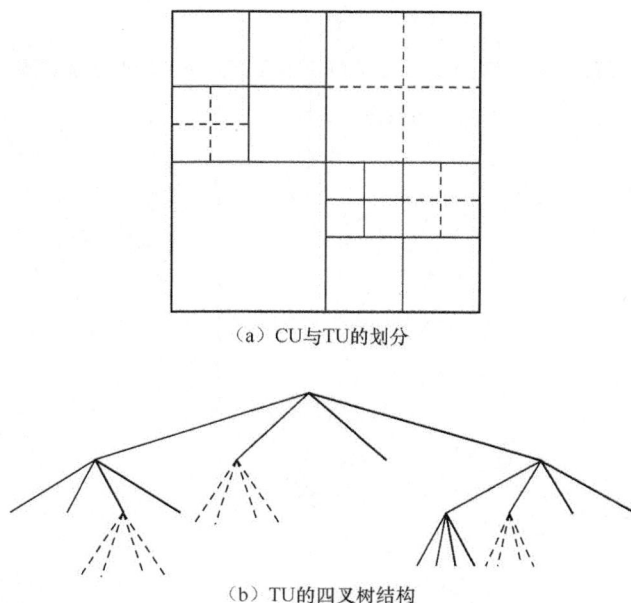

图 3-29　CU 与 TU 的划分结构示意图

总之，HEVC 编码标准中引入 CTU 并将其分割成多个 CU，CU 作为编码的基本单元，主要包括像素 CB 以及相应的语法元素，如本 CU 的预测模式信息（帧内预测或者帧间预测等）；CU 可以划分成若干个 PU 和 TU，CU 作为预测树和变换树的根节点。预测树为单层的树结构，确定了当前的分块，以及与预测有关的语法元素，如帧内预测方向、帧间预测运动矢量等。变换树也是四叉树结构，主要包括与变换有关的内容和语法元素。HEVC 正是通过全新的语法单元对视频中不同纹理复杂度与运动的内容进行灵活高效的编码，提高了压缩性能。

2. HEVC 预测编码

HEVC 在帧内预测时，亮度分量最多支持 35 种预测模式，包括 Planar 模式、DC 模式以及 33 种角度模式（Direct Mode，DM）。其中 Planar 模式与 DC 模式分别对应模式 0 与模式 1，Planar 模式更适于平坦区域，它使预测像素平缓变化，改进了原 H.264/AVC 编码标准中 Plane 模式造成的边缘不连续的问题。33 种角度模式充分利用了图像相邻区域不同的纹理特征，使得预测更精确。HEVC 四叉树的编码结构使左下方块的边界像素成为可能有用的参考像素，同时为了提高预测精度，HEVC 增加了左下方块的边界像素作为当前块的参考。图 3-30 为 33 种角度模式的预测方向。其中模式 2～17 为水平类的预测模式，模式 18～34 为垂直类的预测模式。HEVC 色度分量一共有 5 种模式，即 Planar 模式、垂直模式、水平模式、DC 模式以及对应亮度分量的预测模式。

帧间预测消除了视频信号在时间上的冗余，HEVC 预测模型除了使用全搜索算法，还引入了 TZSearch 算法。与全搜索算法相比，TZSearch 算法复杂度获得较大改善，但性能略有降低。与 H.264/AVC 类似，对于亮度分量 HEVC 同样采用 1/4 像素精度的运动估计。H.264/AVC 分别使用 6 抽头的插值滤波器以及两点内插得到 1/2 像素与 1/4 像素的值。HEVC 综合考虑了插值滤波的复杂度和性能，使用了更多的相邻像素进行插值，1/2 像素与 1/4 像素分别使用基于 DCT 的 8 抽头以及 7 抽头的插值滤波器生成。HEVC 色度分量的运动搜索精度则达到 1/8 精度，使用了 4 抽头的滤波器进行亚像素的插值。亮度分量与色度分量插值滤波器抽头系数分别如表 3-7 与表 3-8 所示。

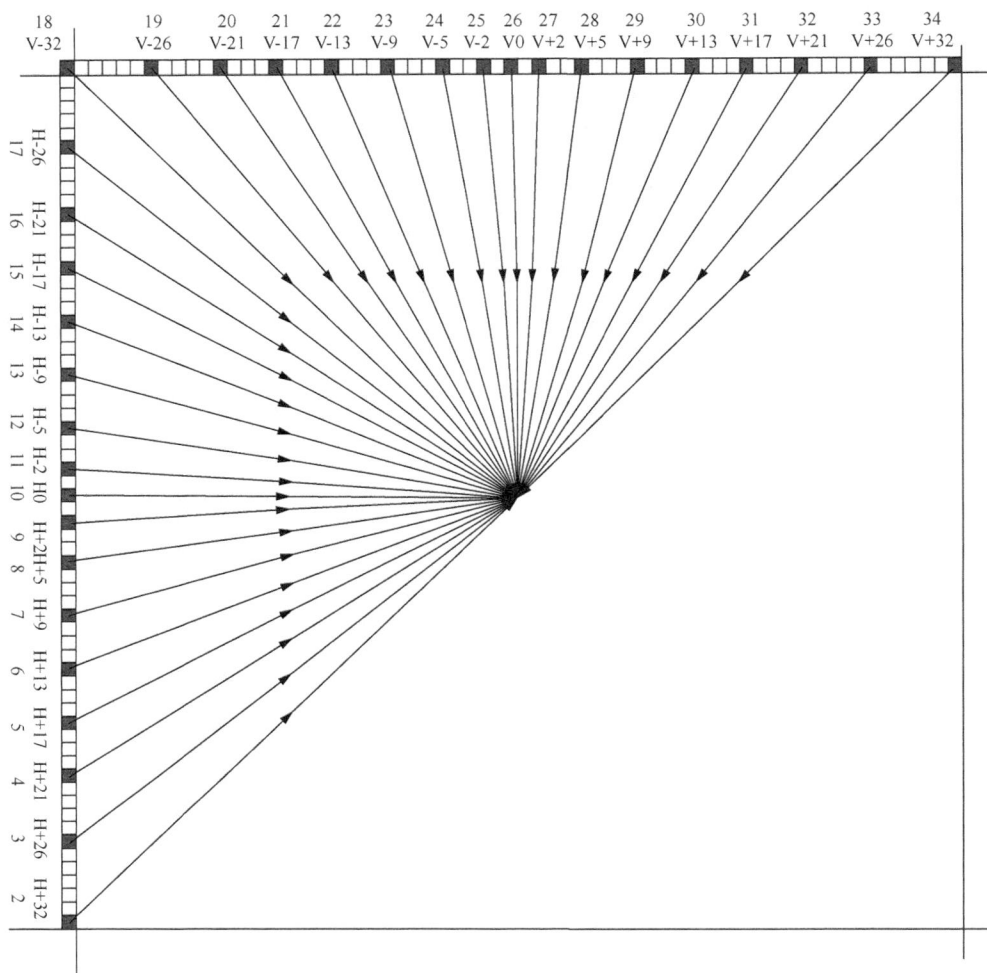

图 3-30　33 种角度模式的预测方向示意图

表 3-7　亮度分量插值滤波器抽头系数

亚像素位置	抽头系数
1/4 像素	{−1，4，−10，58，17，−5，1}
1/2 像素	{−1，4，−11，40，40，−11，4，−1}
3/4 像素	{1，−5，17，58，−10，4，−1}

表 3-8　色度分量插值滤波器抽头系数

亚像素位置	抽头系数
1/8 像素	{−2，58，10，−2}
2/8 像素	{−4，54，16，−2}
3/8 像素	{−6，46，28，−4}
4/8 像素	{−4，36，36，−4}
5/8 像素	{−4，28，46，−6}
6/8 像素	{−2，16，54，−4}
7/8 像素	{−2，10，58，−2}

图像相邻块之间具有很高的相关性，不同块对应的运动矢量也有很强的相似性。为了减少解码所需要的辅助信息的开销、节省编码比特数，HEVC 充分利用相邻帧与相邻块在时域及空域上的相关性，采用 Merge 及 Skip 模式表达运动信息。在这种模式下当前块的运动矢量直接由空域和时域上邻近的 PU 预测得到，不需要对运动矢量残差进行编码，只要将模式标识和运动信息索引编码即可。解码器使用相同的方式获得运动矢量，这样就节省了运动信息的编码比特数。但 Merge 模式还需要传输预测残差，而 Skip 模式则不需要。

除了 Skip 和 Merge 模式，HEVC 还在帧间预测时使用高级运动矢量预测 AMVP 技术，AMVP 类似 Merge 模式，也通过空域和时域相邻信息候选运动矢量，候选列表长度为 2，编码器从中选出最优的预测 MV，并对预测残差 MVD 进行编码。

3. HEVC 变换编码

HEVC 采用了有限精度的整数 DCT，包括从 4×4 到 32×32 不同的尺寸，变换核近似逼近 DCT，但仍然保持原有 DCT 正交变换所具有的对称性、内嵌结构以及各基矢量的范数几乎相等的特点，应用更加方便。在正交变换时，每次变换前后的数据只需要 16 位长度来表示；所有内部乘法运算也只需要 16 位的乘法器。因为不同的基矢量范数几乎相等，所以在量化或者反量化时不需要进行校正。

此外，调整后的整数 DCT 中，尺寸为 2^M 大小的变换矩阵是 2^{M+1} 变换矩阵的子集，而且 2^M 变换矩阵的基矢量为 2^{M+1} 变换矩阵偶数行基矢量的前半部分，这种特点使得在硬件设计时对不同尺寸大小的变换矩阵都可以重用相同的乘数，同时整个变换矩阵的各元素仅在若干个数内取值，$2^M \times 2^M$ 大小的变换矩阵有 $2^M - 1$ 个取值，非常有利于硬件设计。变换矩阵的偶数行基矢量为偶对称，奇数行反对称，非常有利于减少运算单元的数量。为了适应帧内预测时残差系数的分布特点，HEVC 还引入了 DST（离散正弦变换），与整数 DCT 类似，HEVC 也将其调整为整数 DST。

4. HEVC 环路后处理

为了降低复杂度，HEVC 等编码标准对视频信号都采用分块的方式进行编码，在分块 DCT 时，块与块之间的相关性被忽略，进一步对分块系数的量化操作使得一些高频细节被丢弃。当相邻块的量化误差不同且相关性减弱时容易造成块边界出现不连续的跳变，这种不连续跳变大于人眼的可识别阈值时将产生块效应。此外，振铃效应与模糊效应等也仍存在于 HEVC 标准中。为了提高视频的质量，HEVC 采用了去块滤波（Deblocking Filter，DBF）和样本自适应补偿（Sample Adaptive Offset，SAO）滤波两种方法。

HEVC 去块滤波与 H.264/AVC 去块滤波类似，但为了降低复杂度并支持并行处理，仅对所有位于 PU 和 TU 边界的 8×8 块进行滤波，边界两边最多各修正 3 个像素值，并且可以先处理整帧图像的垂直边界，再处理水平边界，使得 HEVC 解码顺序更加灵活。去块滤波具有自适应能力，对不同区域边界，如平滑区域与纹理区域能自适应选择滤波强度，在片级上还可以根据不同视频特征允许设置全局滤波参数，使用所选择的滤波强度与参数对边界进行修正处理。

量化过程可能使重构图像在强边缘周围区域出现波纹现象，这种人工效应即为振铃效应。HEVC 使用 SAO 技术克服振铃效应。SAO 在像素域进行处理，根据重构图像特点划分不同的类别，然后对波峰像素以负值进行补偿，而在波谷位置则施加正值补偿。SAO 有两类补偿方法：边界补偿（Edge Offset，EO）和边带补偿（Band Offset，BO）。边界补偿有 4 种模式，分别对应 4 个方向：水平方向、垂直方向、135°方向以及 45°方向，如图 3-31 所示。通过比较当前像素域与相邻像素的大小关系确定边缘形状，如谷状、峰状等，然后对像素增加或减少一定的补偿值。边带补偿将像素范围等分为 32 条边带，因为在局部区域内像素的变化通常较小，所以 HEVC 使用连续的 4 个边带进行补偿。总之，SAO 技术从像素域出发，克服了强边缘位置因量化产生高频丢失而引起的波纹现象，提高了视频的主观质量。

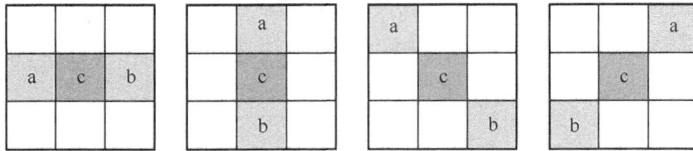

图 3-31　边界补偿的 4 种方向模式

5. HEVC 码率控制

码率控制不属于 HEVC 视频编码标准化的内容，但却是视频编码器必需的关键环节。提案 JCTVC-K0103 使用了基于 λ 域的码率控制方法，使 HEVC 的码率控制更为精确、比特波动更小。基于 λ 域的码率控制方法主要由目标比特分配与量化参数确定两个步骤组成，目前已成为 HEVC 预测模型的码率控制算法。

在码率控制过程中，HEVC 根据缓冲区的占有情况对每一级别的编码单元分配合适数量的比特，通常包括 GOP 级、图片级和基本单元级。为了达到目标码率 R，编码器根据下列公式分别确定相关联的 λ 值与量化参数 QP，并将 λ 以及 QP 用于编码过程。式中 α 和 β 参数与序列的特性相关，不同序列具有不同的取值。

$$\lambda = \alpha R^{\beta}$$

$$QP = 4.200\,5\ln\lambda + 13.712\,2$$

不同的序列往往拥有不同的 α 和 β，即使对于同一序列，处于不同级别的图片也可能拥有不同的 α 和 β。因此在编码过程中，编码器要自适应更新 α 和 β 值。总之，基于 λ 域的码率控制方法以 λ 为纽带，使用双曲线模型建立码率 R 与 λ 的关系，并进一步确定量化参数，最终实现 HEVC 的码率控制。

总之，与 H.264 编码标准相比，HEVC 仍采用混合编码框架，但在许多环节都引入了新的编码技术。基于四叉树的块分割结构使得 HEVC 编码器能够根据视频内容及应用场合自适应选择编码模式；更多的帧内预测模式能更好地匹配视频不同区域的纹理及角度特点，有效去除空间冗余；新的帧间预测充分利用相邻区域空间与时间上的相关性，节省辅助边信息的编码比特数；更精准的亚像素插值可以提高帧间预测的编码效率；样本自适应补偿的引入则减少了视频的振铃效应。HEVC 正是通过各个环节细致的优化，使得其压缩效率比 H.264 提高 40%～50%，这种技术细节的调整是以运算复杂度大幅增加为代价的。

3.2　数字音频压缩编码

在数字电视系统中，与视频信号同时传送的还有电视的伴音信号。数字电视的伴音通常有多个，除了常见的双声道的立体声伴音，可能还有多语言伴音。此外还有许多数字音频广播节目信号也利用数字电视的伴音通道进行传送。但无论是电视的立体声伴音、多语言伴音，还是音频广播信号，均属于音频范畴，其频率范围为 20 Hz～20 kHz。这种音频信号如果按照标准的数字化处理过程，每个声道经过采样、量化与编码之后，数字音频的码速率也将接近于 1 Mbit/s。如果采用多声道传输，则码速率将成倍增加。如果不进行音频数据的压缩处理，则多个数字伴音通道将同样需要占用较大的传输带宽，或占用较大的数据存储空间。因此，对数字电视系统来说，对数字化后的音频信号进行进一步的压缩编码也是非常必要的。

3.2.1 音频压缩编码的基本方法

音频信号的频率为 20 Hz～20 kHz，经过数字化变换后，其频谱范围大大扩展，但其振幅分布或频谱分布很不均匀，表明信号本身也具有很大的冗余度。例如，音乐信号的能量谱几乎全部集中在中频段和低频段，而在 10 kHz 以上的频段能量总是很少。因而，在码率压缩过程中，就可以通过对声音信号进行实时的频谱分析，去掉不存在频谱分量的频段，或者对频谱分量少的部分分配较少的量化比特数，从而达到压缩音频数据速率的目的。

心理声学和语言声学的研究表明，声音虽然客观存在，但人的主观感觉和客观存在并不完全一致。人耳的听觉有其独有的特性。研究发现，人耳对声音具有高度的感知性。例如，人耳能够分辨出响度、音高和音色，具有空间感和一定的抗干扰能力；对于声音强度的感知呈现对数特性，故能感知很大的音响范围；对于声音频率的感知具备较强的选择性，例如，人耳最敏感的频率在 1 000 Hz 左右，而对于 50 Hz 以下和 5 000 Hz 以上的频率，人耳的敏感度呈快速下降趋势。

人耳的感知特性中还有一种特殊的现象——掩蔽效应。当两种声音同时到达耳际时，一种声音常常会被另一种声音所掩盖，这种现象称为人耳的掩蔽效应。例如，在寂静的环境里，人耳可以分辨出轻微的风声或小虫的鸣叫声，但在嘈杂喧闹的环境中却听不到这些声音。在掩蔽声存在的条件下，纯音最小听阈要比在寂静环境下的听阈高得多。对人耳掩蔽效应的研究表明，低频声能掩蔽高频声，而高频声掩蔽低频声则较难；频率接近的纯音容易相互掩蔽，但是如果频率过于接近则会产生差拍，掩蔽作用反而减弱；掩蔽声的声压提高，掩蔽的范围随之拓宽。图 3-32 给出了两个纯音之间的掩蔽效应。第一个纯音的频率固定为 1 200 Hz，声压级固定为 60 dB；曲线代表第二个纯音在不同的频率上的掩蔽值。

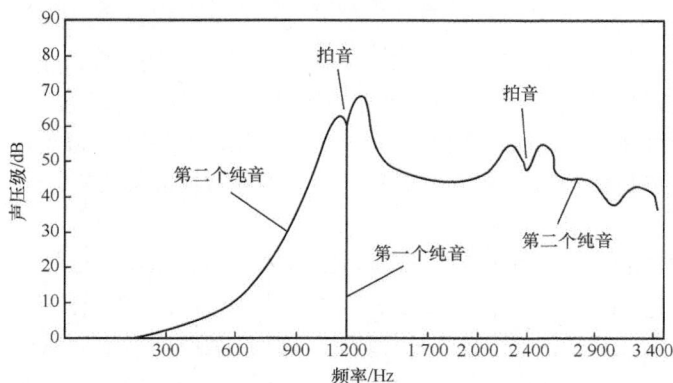

图 3-32 两个纯音之间的掩蔽效应

基于上述分析，音频信号的压缩可以从以下两个角度进行。一是从音频信号的信息冗余角度入手。冗余包括时间冗余、空间冗余、结构冗余、知识冗余和编码冗余等。常见的音频编码，如预测编码、结构编码、参数编码和霍夫曼编码等，都是从消除这些冗余的角度出发的。二是利用人耳的主观感知特性（包括人耳的掩蔽效应）来降低比特率（数据量）。基于人耳听觉特性的压缩编码方法称为感知音频编码器，具有代表性的有自适应变换编码和子带编码等。高效率的数字音频压缩编码方法就是同时综合了这两个方面的方法来实现的。

1. 自适应变换编码

变换编码是对输入信号进行线性变换，以提高功率集中度，然后通过量化来改变编码的效率。对于能够进行自适应比特分配的变换编码，称为自适应变换编码，其原理结构框图如图 3-33 所示。对于声音信号的统计特性而言，线性变换主要使用 DCT。经数字化后的音频信号是一串连续的数值，进行 DCT 之前应先进行分组，这可理解成把一串数据进行加窗。于是音频的变换编码是把输入信号乘以窗函数后再进行 DCT。时域能量分布比较均匀的音频信号，经过 DCT 后，其频域能量主要集中在中低频。这与视频信号的 DCT 编码的原理是一样的，也就是说，对变换后的数据进行编码，可达到压缩码率的效果。

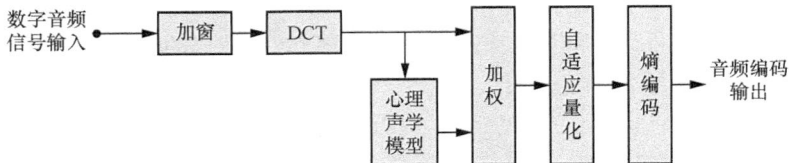

图 3-33　自适应变换编码原理结构框图

变换编码的一个重要的问题就是变换长度（即分组长度）的选择。一方面，分组长度越长，编码增益越高。但对于单一字组中幅度急剧变化的信号（如鼓声），在上升部分若采用长的分组，会使时域分辨率下降，导致严重的"前反射"。消除"前反射"的办法是缩短帧长，提高时域的分辨率，使之限制在一个较短的时间段内。某些算法的实现就是为了解决这个矛盾，例如，自适应频谱感知熵编码（Adaptive Spectral Perceptual Entropy Coding，ASPEC）采用动态长度的重叠窗函数，采用的窗函数共有 4 种，分别是长窗（1 024 点）、短窗（256 点）、起始窗和终止窗。在 48 kHz 采样率下，长窗和短窗分别对应约 21.3 ms 和 5.3 ms 的时间长度，相邻窗之间有 50%的重叠。起始窗和终止窗分别用于长窗向短窗和短窗向长窗的过渡。当声音能量突然增加时，在过渡段使用短窗，以保证足够的时域分辨率；其他时间使用长窗，以获得较高的编码增益，这就是自适应的概念。

变换编码过程中出现的另一个问题就是字组失真。字组编码的原则是，无论字组边界相邻的采样在时间轴上是否连续，都应按属于不同字组而进行不同精度的量化，因此人们容易感觉到字组边界附近量化噪声的不连续性，这就是加窗变换造成的边缘效应。为了消除这种边缘效应，往往采用具有部分重叠的变换窗，而这样又会带来时域混叠，降低编码性能。因此，实际上需要使用改进的离散余弦变换（MDCT），用于消除时域混叠现象。

2. 子带编码

与变换编码器相同，子带编码器也在频域上寻求压缩的途径。与前者不同之处在于它不对信号进行直接变换，而采用带通滤波器组把听觉范围内的信号割裂成许多子带，利用各子带内功率分布的不均匀，来对各子带分别进行编码。因为分割为子带后，减少了各子带内信号能量分布不均匀的程度，减小了动态范围，所以可按各子带内信号能量来分配量化比特数。解码端分别对各子带进行解码，内插后再逆滤波，重建声音信号。这种方法通过对子带信号的高效量化和编码来获得编码增益。比特分配依然基于心理声学模型进行，量化因子作为边带信息被传送，供解码器恢复量化阶段。图 3-34 给出了基于子带编码的音频编码器原理结构框图。

频带的分解主要有两种方法：一种是由多个正交镜像滤波器（QMF）组成的树形结构滤波器组（TSFB），该结构实现对频率的反复分割；另一种是与 TSFB 等效的多相滤波器组（PFB）。TSFB 和 PFB 都可以使用 FIR 或 IIR 数字滤波器来实现。使用 FIR 滤波器组进行隔一取一处理，PFB 的运算量小于 TSFB，并且 PFB 的延时也小于 TSFB，因此通常使用那些利用 FIR 滤波器的 PFB 来实现子带滤波。

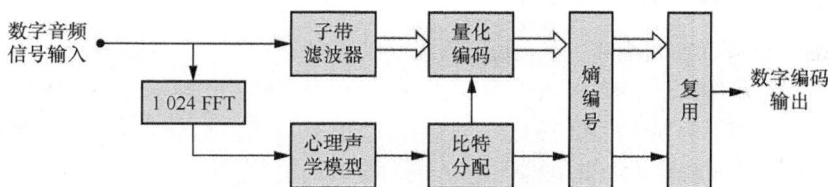

图 3-34 基于子带编码的音频编码器原理结构框图

20 世纪 80 年代末，许多文献便提出了子带编码的思想。ISO/IEC 最终采纳了德国无线电技术研究所（IRT）、荷兰飞利浦和法国电视与电信研究中心（CCETT）的建议，制定了子带掩蔽编码的标准 MUSICAM（掩蔽模式通用子带集成编码与复用），并用于 MPEG-1 和 MPEG-2 的音频编码中。MUSICAM 采用了多相滤波器取代了树形 QMF，将信号分割为带宽统一的 32 个子带，算法复杂度和时延都减小了。所有这些改进，都是以次最佳滤波器为代价的。也就是说，带宽恒定与临界频带不吻合。即使这样，MUSICAM 增强了心理声学模型的分析，仍然获得了良好的音质。1 024 点 FFT 成为心理声学模型时频分析工具，进而求出每个子带更精确的信号掩蔽比（SMR）用于限制量化噪声。比特分析信息也作为边带信息传送。MUSICAM 的声音质量相当好，被 ISO/IEC 选用为 MPEG 音频编码的主要算法。

3. 多声道/多语种音频的编码方法

以上介绍的编码方法是针对最多两声道的声音而设计的。但众所周知，只有多声道、环绕声才能给听众更好的空间感和临场感。特别是高清电视的出现，对多声道环绕声的伴音及其编码提出了迫切的要求。

测试表明，5 声道或 5.1 声道能提供满意的听觉效果。这一结论已被 ITU-R 所接受，这就是 3/2 立体声的多声道方式，它是在普通的左右（L、R）扬声器的中间，加入一个中间扬声器 C，并在后方增加左右两个环绕声扬声器 LS 和 RS。如果是多语种方式，如两个语种，则左右各有两个声道，分别与两个语种相对应。多声道格式还可附加低频加强声道（LEF），这是为了与电影界的 LEF 声道相适应而设计的。LEF 声道包含 15～120 Hz 的信息，称为 0.1 声道，与上述 5 个声道构成 5.1 声道，0.1 声道的采样频率是主声道的采样频率的 1/96。

为了减少多声道数据的冗余度，采用了声道间的自适应预测，计算出各自频带内的 3 种声道间的预测信号，只将中间声道及环绕声道的预测误差进行编码。目前，有两种主要的多声道编码方案——MUSICAM 环绕声和 Dolby AC-3。MPEG-2 音频标准采用的就是 MUSICAM 环绕声方案，它是 MPEG-2 音频编码的核心，是基于人耳感觉特性的子带编码算法。而美国的高清数字电视伴音则采用 Dolby AC-3 方案。

MUSICAM 环绕声的突出优点是其后向和前向的兼容性。后向兼容是指普通 MUSICAM 解码器能处理码流中的双声道信息。实际上，MPEG-2 是 MPEG-1 的扩展，它保留了 MPEG-1 的双声道结构，而把扩展的声道数据放在附加数据上传送，因此具有很好的兼容性。

虽然，Dolby AC-3 不具备与 MPEG-1 的兼容性，但在 ISO/MPEG 所做的主观评测中，Dolby AC-3 在总体上略优于 MUSICAM 环绕声；同时，在总速率约为 320 kbit/s 时，所有参加测试的系统与透明的质量要求都有一定的差距，这促使 ISO 决定再建立一套非后向兼容（NBC）的多声道编码标准，其中 Dolby AC-3 就是具有竞争力的一种。

3.2.2　MPEG 音频编码技术

1. MPEG 音频标准的组成

MPEG-1 音频标准基于二声道，采样频率为 32 kHz、44.1 kHz 或 48 kHz；MPEG-2 与 MPEG-1 在音频方面的差别要小于视频、系统部分。可以说，MPEG-2 音频标准是 MPEG-1 音频标准的扩充，它们具有很好的兼容性，MPEG-2 具有多个音频标准，如 MPEG-2 LSF（低采样率）标准（采样频率为 MPEG-1 采样标准的一半，即采样频率为 16 kHz、22.05 kHz 或 24 kHz）、MPEG-2 MC（多声道）标准、MPEG-2 2C（两声道）标准和 MPEG-2 HSF（高采样率）标准等。MPEG 的音频标准都由层 I、层 II、层 III 3 种算法组成，层 I 至层 III 逐渐复杂，但同时质量逐渐提高。层 I 是 MUSICAM 算法的简化版本，层 II 是 MUSICAM 算法，层 III 是基于 MUSICAM 和 ASPEC 的子带和变换编码的结合。音质不仅取决于算法的层，还和使用的比特率有关，比特率与 32 kbit/s 成倍数关系，共 14 种，最大为 448 kbit/s，各层限定的目标比特率是不同的。

MPEG 音频标准的算法以子带编码为基础，经 16 bit 均匀量化的 PCM 信号，由时域变换为频域 32 个子带，再根据心理学特性（心理声学模型）进行比特分配，完成量化编码后，与辅助数据（可由使用者任意定义的数据，但数据量是有规定的）一起形成帧。解码时，先进行帧分解，分离出辅助数据，按照作为辅助信息的比特分配进行解码和反量化，再经反变换恢复为时域信号。

2. MPEG 音频编码器结构

MPEG-1 和 MPEG-2 的技术内核基本相似，不同之处在于 MPEG-2 增加了多通道扩展，最大可达 5.1 配置声道。MPEG 音频编码器的结构如图 3-35 所示。下面简要说明各功能模块的作用及信号的编码处理过程。

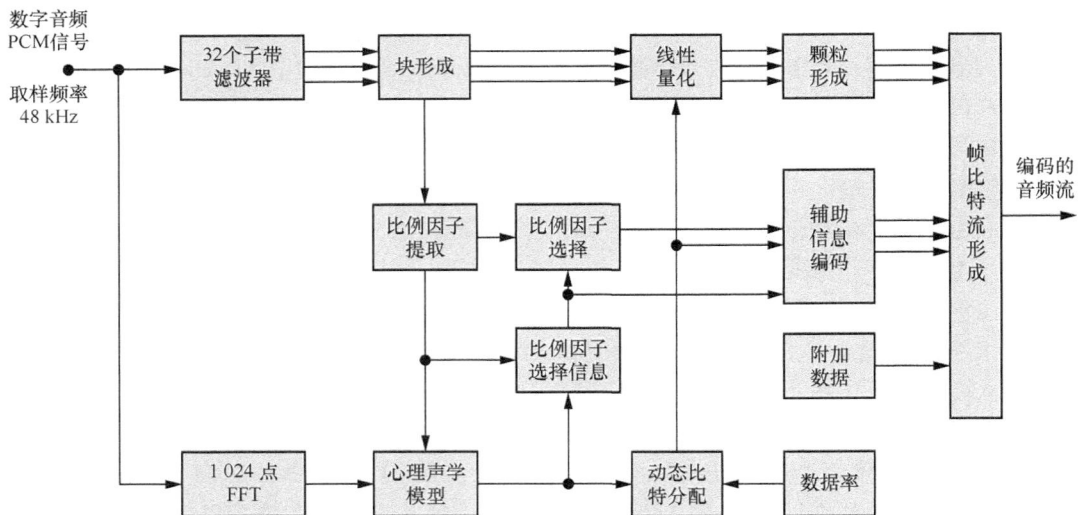

图 3-35　MPEG-1/2 音频编码器的结构

（1）滤波器组

MPEG 音频编码器采用多相滤波器组，也称子带分析滤波器，它由 n=32 个子带组成，具有等效频率间隔宽度 $\Delta f = f_s / (2n)$，其中 f_s 为采样频率。编码算法提供了最低到 0 Hz 的频率响应，但在不希望有这种响应的应用中，编码器的声音输入端要有一个高通滤波器，其截止频率处于 2～10 Hz。使用它可以避免读取低子带时不必要的高比特要求，可以整体提高音频质量。

（2）快速傅里叶变换

快速傅里叶变换（Fast Fourier Transform，FFT）是完成离散余弦变换的一种快速算法。要模拟在低频率范围内听觉分析所需的频谱分辨率，仅仅使用上述有限数量（32 个）和恒定带宽（750 Hz）的滤波器组是不够的。为了补偿滤波器组（主要是在低频段上）频谱分解的不准确性，与滤波器组平行实施一种 1 024 点的 FFT。但在 FFT 之前应有一个延时单元，作为滤波器时延的均衡。延时时间为 256 个样值，在 48 kHz 采样频率时，相当于 5.3 ms。若窗口宽度为 $\Delta t = 1\,024/f_s$，得到的频率分辨率为 $f_s/1\,024 = 46.875$ Hz。

FFT 与滤波器组联合使用的优点在于，既有高的时间分辨率（通过多相滤波器组）使得即使在短的冲击信号情况下，编码的声音信号也可以有高的声音质量，同时又有高的频率分辨率（通过 FFT），以便实现尽可能低码率的数据流的处理。

（3）心理声学模型

心理声学模型是模拟人类听觉掩蔽特性的一个数学模型，相当于对 1 152 个输入样值的每一帧（24 ms）都要确定比特分配。32 个子带的比特分配均以各子带内的 SMR 为依据进行计算。该模块利用 FFT 的输出值，按一定的步骤和算法计算出 SMR。

（4）比例因子

每个子带中的 12 个相继的采样值被归并为一个块，这是由人类听觉的时间掩蔽性所确定的。在对各子带进行量化前，滤波器组的输出值应被归一化，归一化因子是一个系数。每个子带的归一化因子的计算是在 12 个子带样值的块上进行的。各比例因子可以在相应的表中找到，共 63 个，可用 6 bit 的自然二进制进行编码。

一个音频帧有 24 ms，相应的有 36 个子带样值，因此，每个子带有 3 个比例因子，原则上，必须传送这 3 个因子，但为了降低用于传送比例因子的数据率，采用了一种附加的编码手段。对比例因子的统计试验表明，在较高频率时频谱能量分布是典型下降型的，因此比例因子从低频子带到高频子带出现连续下降；此外，在一个子带中，相继的比例因子可能出现大于 2 dB 的差别的概率小于 10%。基于以上两个原因，同一个子带的 3 个比例因子总是被共同考虑的，传送 3 个、2 个或 1 个。与此同时，还应传送一个相应的比例因子选择信息（SCFSI）。

通常，静态的声音信号多数情况下只要传送一个比例因子；而在短的冲击信号下，3 个比例因子通常都要传送。采用这种编码思想，可使得用于传送比例因子所需的数据率下降 1/2～2/3。

（5）比例因子选择信息及其编码

如前所述，比例因子选择信息是描述每个子带需要传送的比例因子的数量和位置的信息。它由一个无符号的 2 bit 二进制数表示，分别对应比例因子不同的传输形式，如"00"代表 3 个比例因子都传，"01"代表传输第一个和第三个，"10"代表只传输其中任一个，"11"代表传输第一个和第二个（或第三个）。

（6）量化器

量化器在动态比特分配模块的作用下，对每个子带进行线性量化。显然，虽然在子带内是线性量化的操作，但由于动态分配模块的作用，对于整帧或全部的信号来说，它却是根据信号的动态范围而自适应地量化，这样就达到了压缩数据率的目的。

3. MPEG 音频编码流程

层 I、II 编码过程基本相似，其流程如图 3-36 所示。下面介绍各个部分的工作原理。

（1）子带分析滤波器组

子带分析滤波器组把按 f_s 频率采样的宽带信号分解为 32 个均匀分布的子带，从而采样率

为 $f_s/32$，降低了采样率。

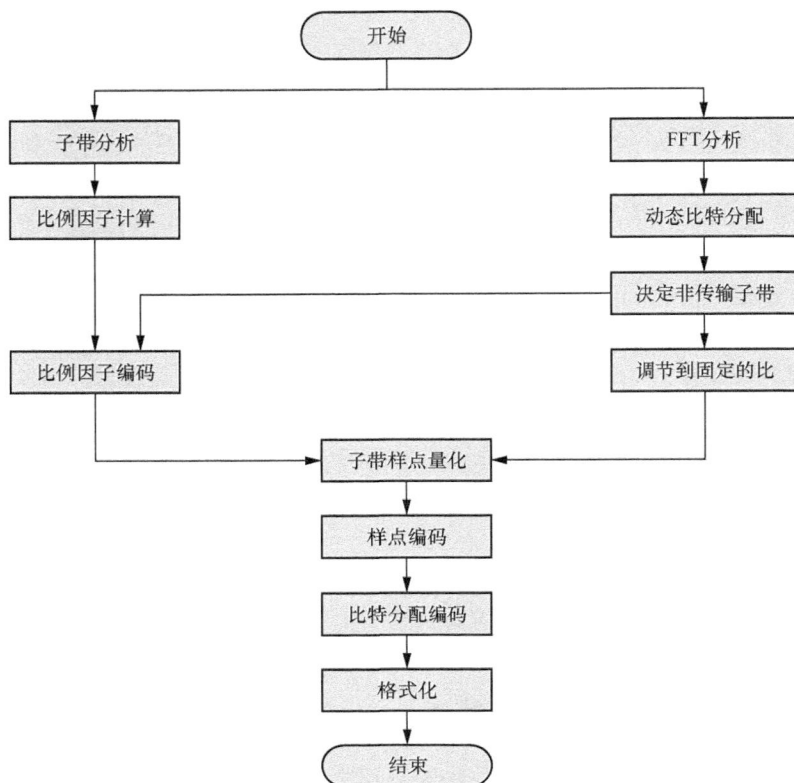

图 3-36　MPEG-1/2 音频编码流程图

（2）比例因子计算

对于层Ⅰ，各个子带按每 12 个子带样点进行一次比例因子计算。首先定出 12 个样点中绝对值的最大值，然后查 "层Ⅰ、Ⅱ比例因子表"，将大于此最大值的最小者作为比例因子。对于层Ⅱ，每帧有 36 个子带样点，故每个子带有 3 个比例因子，这 3 个比例因子不需要全部编码。经过表的调整，某些可能相同，相同的部分不需要传递，这个信息由比例因子选择信息来传递。

（3）动态比特分配

动态比特分配的目标是使整帧和每个子带的总掩蔽噪声比最小。在调整到固定的码率之前，先确定可用于样点编码的有效比特数，这个数值取决于比例因子、比例因子选择信息、比特分配信息以及辅助数据所需比特数。对各个子带每 12 个样点进行一次比例因子计算。先定出 12 个样点中绝对值的最大值。查比例因子表，将比这个最大值大的最小值作为比例因子，用 6 比特表示。层Ⅱ的一帧对应 36 个子带样值，是层Ⅰ的 3 倍，原则上要传 3 个比例因子。为了降低比例因子的传输码率，每帧中每个子带的 3 个比例因子被一起考虑，划分成特定的模式，用比例因子选择信息（每个子带 2 比特）表示，如果一个比例因子和下一个只有很小的差别，就只传送大的那个，这种情况对于稳态信号经常出现。比特分配的过程如下。

1）对每个子带计算 MNR（掩蔽噪声比），MNR=SNR（信噪比）−SMR（信号掩蔽比），其中 SMR=信号能量/掩蔽阈值。

2）对最低 MNR 的子带分配比特，使获益最大的子带的量化级别增加一致。

3）重新计算分配了更多比特子带的 MNR，循环步骤 2），直至没有比特可用。

（4）子带样点的量化和编码

输入以 12 个样本为一组，每组样本经过时间-频率变换之后进行一次比特分配并记录一个比例因子，比特分配信息告诉解码器每个样本用几比特表示，比例因子用 6 比特表示，解码器使用这个 6 比特的比例因子乘逆量化器的每个输出样本值，以恢复被量化的子带值，比例因子的作用是充分利用量化器的量化范围，通过比特分配和比例因子相配合，可以表示范围超过 120 dB 的样本。

（5）格式化

在层 I 中，每帧中的槽的大小为 32，而在层 II/III 中为 8，同时层 II 中引入了比例因子选择信息新块，而且比特分配信息、比例因子和样点都要进一步编码。

4. MPEG-2 音频码流结构

目前，MPEG-2 的音频编码常采用层 II 的压缩算法，即 MUSICAM 算法，它属于子带编码范畴。

经压缩后的音频数据，由编码器中的帧形成器将比特分配、比例因子选择信息、比例因子、帧头信息，以及一些用于差错检测的码字组合在一起，形成符合 ISO/IEC 13818-3 层 II 的音频基本流（它与 MPEG-1 音频标准 ISO/IEC 11172-层 II 是兼容的）。该比特流又进一步被分成音频帧，每个音频帧相当于 1 152 个 PCM 音频样值，持续时间为 24 ms。MPEG-2 的音频帧结构如图 3-37 所示。

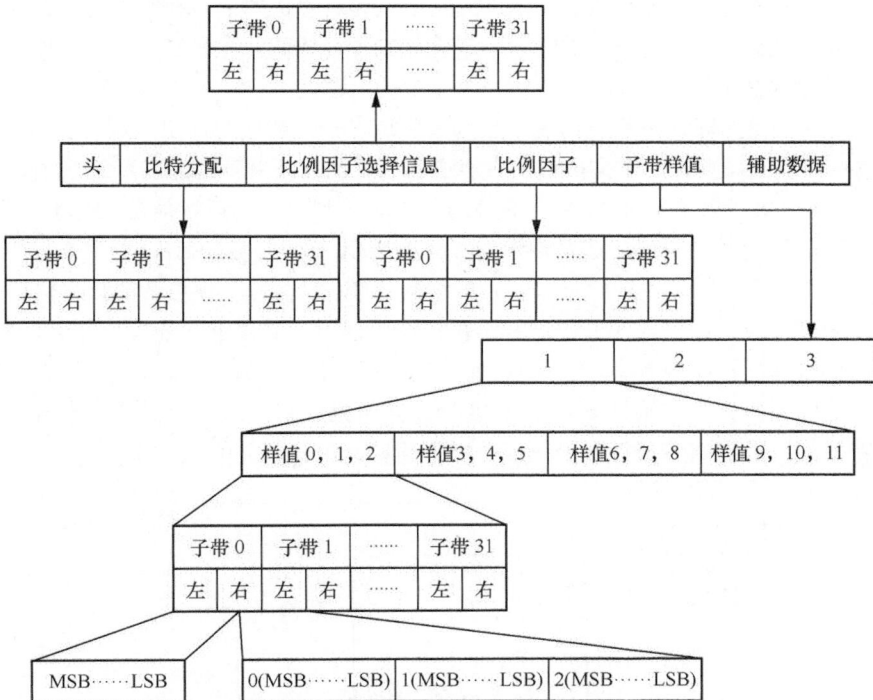

图 3-37 MPEG-2 的音频帧结构

每一帧中各部分的比特分配如下。

1）帧头为 32 bit，包括同步字 12 bit，以及某些信息识别码等。

2）比特分配：对于 MUSICAM 编码方案，在 48 kHz 采样、128 kbit/s 速率时比特分配信息为 93 bit。其中，子带 0～10 各 4 bit，子带 11～22 各 3 bit，子带 23～26 各 2 bit，子带 27～31 各 1 bit。

3）比例因子选择信息：它是利用声音信息的平稳特性来压缩比例因子信息而使用的。每个子带使用 2 bit，有 4 种状态，并且每个子带有 3 个比例因子，分别为 1、2、3。当比例因子选择信息为 0 时，分别传输 3 个比例因子；为 1 时，传输 1 和 3；为 2 时，只传输其中任一个；为 3 时，则传输 1 和 2（或 3）。

4）比例因子信息：每一子带帧中有 3 个比例因子，每个比例因子需 6 bit。若此子带分配比特为 0，则不传送比例因子；若不为 0，则根据比例因子选择信息传送 1 个、2 个或 3 个比例因子。

5）声音样点的量化编码：此部分的比特数是浮动的，由动态分配比特情况决定。因此在质量允许的条件下，可以设计成任意的输出速率。量化过程分为两步，首先要对每个子带的样点使用比例因子进行归一化处理，然后根据量化系数做非线性变换，并根据分配的比特数直接截取最高有效位（MSB），反转最高有效位。附加数据主要用于帧填充，确保整个帧的数据比特数为某一固定值。当然，这部分也可用于传输透明数据。

3.2.3 杜比 AC-3 音频编码器

杜比 AC-3 是在 AC-1 和 AC-2 基础上发展起来的多声道编码技术，保留了原 AC-2 中如窗函数处理、指数变换编码、自适应比特分配等部分，还新增了运用立体声多声道编码技术策略的耦合和矩阵变换算法。一般而言，立体声的左声道和右声道的信号在听觉上十分相似，存在许多重复的冗余信息，将这两个声道的信号联合起来加以编码，可除去冗余的信号且不会影响原来的音质。这也是 AC-3 降低码率的又一个有效的方法。

杜比 AC-3 提供的环绕声系统由 5 个全频域声道加一个超低音声道组成，故称作 5.1 声道。5 个声道包括前置的左声道、中央声道、右声道和后置的左环绕声道和右环绕声道。这些声道均为全频域响应（20～20 000 Hz）。超低音声道包含了一些额外的低音信息，使得一些场景（如爆炸、撞击声等）的效果更好。这个声道的频率响应范围为 3～120 Hz，称为 0.1 声道。

杜比 AC-3 是根据人耳主观感觉来开发的编码系统。它将每一种声音的频率根据人耳的听觉特性区分为许多窄小频段，在编码过程中再根据心理声学原理进行分析，保留有效的音频，删除多余的信号和各种噪声频率，使重现的声音更加纯净，分离度极高。

杜比 AC-3 编码器的结构框图如图 3-38 所示，分别由窗处理、分析滤波器组、频谱包络编码、比特分配、数据帧格式等部分组成。以下简要介绍各部分的工作原理。

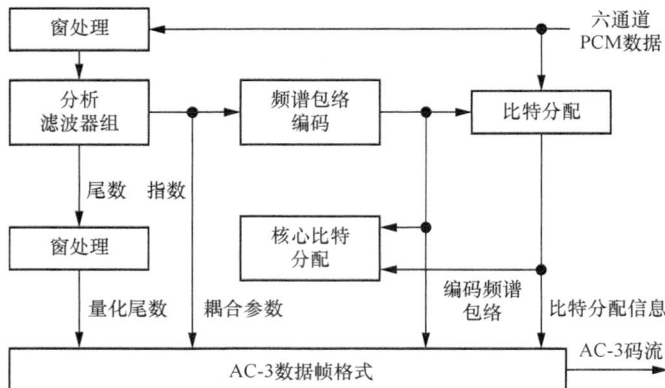

图 3-38 杜比 AC-3 编码器的结构框图

1. 分析滤波器组

AC-3 的编码属于变换编码范畴。它把脉冲编码调制（PCM）的音频时域值转换为频域分量，再对其进行编码。时频转换是通过滤波器组来实现的，方法是先进行加窗再进行 MDCT。可见，滤波器组的实现是编码过程的基础。

在编码端，首先对输入的音频进行高通滤波以去除信号中的直流分量。因为直流分量能量很大，会占据很多的编码比特，但是人耳却感觉不到。去除直流分量可以节约一些比特，用来对高频分量进行编码。

在 AC-3 中，采用了时域混叠消除（Time Domain Aliasing Cancellation，TDAC）技术，以防止块效应的产生。因为在编码一帧的过程中，AC-3 人为地将音频数据分为 6 块，每块包含 256 个样点，以块为最小单位进行编码。虽然块边界在变换时是连续的，但在后续编码过程中会引入噪声，而且不同的块变换之间的噪声是不相关的，对于原来连续的前后两块数据，在解码端经过反变换后，有可能在块的边界上变得不连续，而且这种不连续性很容易被人耳捕捉到，造成编码感知质量的下降。

为了消除这种块边界上的不连续性，AC-3 使用了时域混叠消除技术。该技术对长度为 512 个样点的数据块进行处理，相邻块之间存在 256 个样点的重叠，即每块的前 256 个样点实际重复了前一块的音频信息，后 256 个样点才表示新的音频信息。随后对此 512 个样点进行加窗处理和 MDCT。这样，因为各窗口数据间存在 50%的重叠，所以可以有效地消除块效应。

为了满足完全重建原始信号的要求，窗函数必须满足偶对称和重叠部分的平方和等于 1 两个条件。在进行时频变换以前，先要进行暂稳态判决以确定使用长窗还是短窗。当采样频率不变时，窗口宽度增加，频率分辨率上升，但是时间分辨率下降；如果使用短窗，频率分辨率下降而时间分辨率上升，所以两者是矛盾的。长窗更适合时域静态的信号压缩，但是对于那些幅度变化较快的信号，效果会很差；短窗对瞬态信号的编码音频质量较好，但是它的总体编码压缩效率较低，故对音频变换块大小的选择是对编码效率和音频质量的折中。

在 AC-3 算法中，对于稳态音频信号，它的频谱在时间上保持稳态，或者变化缓慢，需要高的频率分辨率，选择 512 个样值的长块；反之，对于快速变化的瞬态信号，要求有高的时间分辨率，选择 256 个样值的短块。

2. 频谱包络编码

在分析滤波器中 512 个（对于快速变化的信号可以是 256 个，以下数据以 512 个为例进行说明）时间样本的相互重叠样本块被乘以时间窗而变换到频域。因为样本块相互重叠，所以每个 PCM 输入样本将表达在两个相继的变换样本块中。频域表达式则可以二取一，使每个样本块包含 256 个频率系数。这些单独的频率系数用二进制指数记数法表达为一个二进制指数和一个尾数。这个指数的集合被编码为信号频谱的粗略表达式，称为频谱包络。

核心比特分配模块对系统的全局功能产生重要的控制作用。它需要接收指数包络提供的信息作为控制的依据，直接作用于尾数量化过程，从而控制尾数信息的编码。最后，指数和尾数信息形成单元输出恒定码率的码流。

3. 声道耦合

分析滤波器组输出耦合参数。声道耦合技术是人耳的高频定位特性在多声道数字音频压缩技术中的应用。人耳的高频定位特性也是心理声学现象。当音频信号频率高于 2 kHz 时，人耳感觉不到声音波形的单个周期，而只能感受到时域波形的包络，高频信号的波长小于人脑的尺寸，信号到达两耳的时间不相同，人脑产生"阴影效应"，从而使两耳接收到的声音的声压级有一定的差别，人耳由此来定位高频音源的方向。时域包络变化快的音频信号对声音定位的作用大，时域包络比较平稳的音频信号对声音定位的作用小。当两个信号频率很接近时，人耳就不能独立地定位其方向，在音频编码中就可以利用此特性，把多个声道中的高频部分耦合到一个公共信道，称为耦合声道，各个声道特有的信息就被粗略地保留下来。

图 3-39 是声道耦合示意图。假设 LS 和 RS 声道满足声道耦合的条件，把两个声道中高频部分耦合成一个耦合声道后，LS 和 RS 声道的低频部分被原样保留，它上面特有的信息就会被粗划分以及粗量化成耦合坐标（被耦合声道与耦合声道相应的带化功率比值）来作为边信息数据打包。而 L、C 和 R 声道不符合耦合条件，则不进行耦合处理。整个声道原样保留。因为声道耦合技术只考虑中高频，所以 LFE 声道一定不进行耦合处理。耦合声道可以沿用单声道的心理声学模型和比特分配技术，原样保留部分（被耦合声道的低频、未耦合声道和 LFE 声道）继续使用心理声学模型和比特分配技术。可见声道耦合技术对单声道压缩技术是透明的，无论单声道压缩技术如何改进，都不需要对声道耦合算法进行很大的改动。

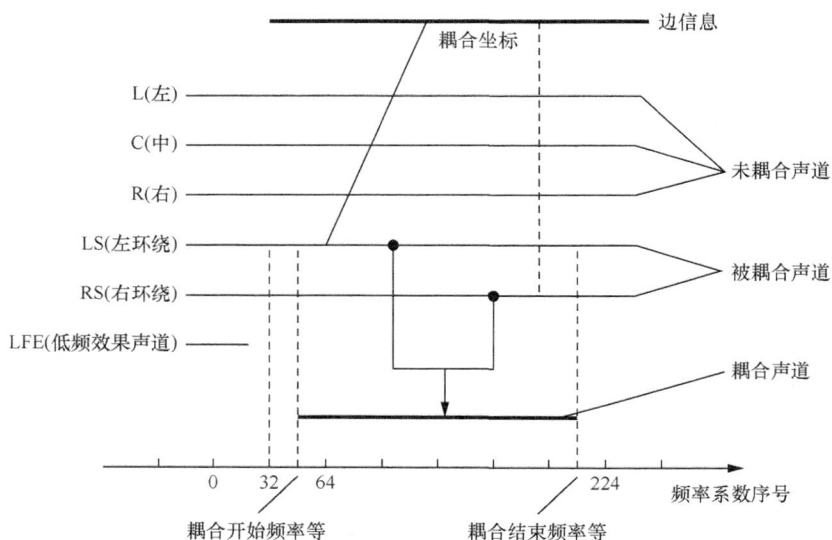

图 3-39 声道耦合示意图

4. 比特分配

比特分配是 AC-3 编解码系统代码的核心部分，它的性能直接影响着 AC-3 音频编码系统的性能。基于心理声学模型的尾数比特分配是影响 AC-3 编码质量的重要模块，也是最消耗计算资源的处理过程。首先，编码器根据一组标准算法模块在临界频带单位下估计出功率谱和掩蔽效应的相对强度，从而为每个线性频点计算出比特分配指针，然后依据比特分配指针为每个频点的尾数分配相应的量化级并编码。

5. 杜比 AC-3 音频编码流程

图 3-40 是杜比 AC-3 音频编码流程图。下面介绍其中的主要处理模块。

（1）瞬时检测

经滤波的全带宽输入信号被送入一个高频带通滤波器进行瞬时检测。检测的信息用来调节 TDAC 滤波单元的尺寸，以及决定编码器何时使用长块变换、何时使用短块变换，把与瞬时值相关的量化噪声限制在很小的临时区域中，以避免瞬间的噪声无法掩蔽，使得频域和时域分辨率的综合性能随信号的变化特征达到最佳。

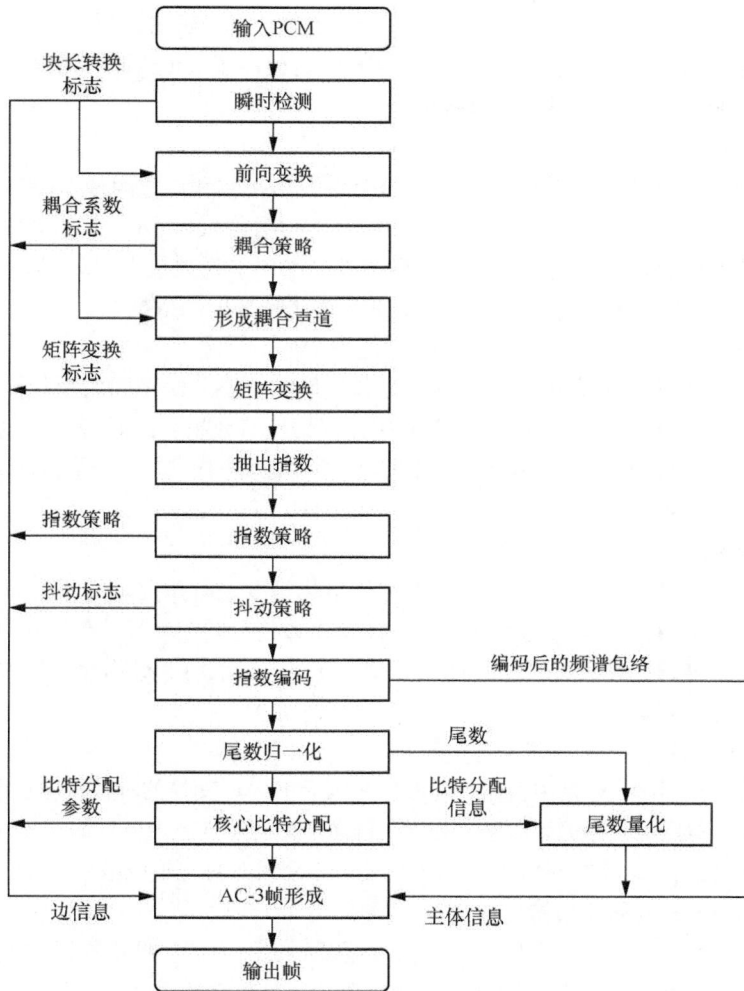

图 3-40　杜比 AC-3 音频编码流程图

（2）前向变换

若块长转换标志为 0，编码系统进行一个 512 个点的 TDAC 变换，便可以得到 256 个频率系数。否则，将 512 个点的长信号块分为两个 256 个点的短信号块，分别进行 TDAC 变换，就可以得到两组 128 个点的频率系数。将这两组系数一一交叠形成 256 个频率系数后，下面的处理就与一个单一的长信号块相同。

（3）耦合策略

主要利用声道耦合技术，在运用心理声学原理的基础上，将高频子带信号分为频谱包络和载波两个部分，用较高的精度编码包络信息，也可有选择性地将不同声道的载波进行组合。目的是将参与耦合的声道频率系数的平均值作为一个共同的耦合声道系数，而每个被耦合声道则保留一组独立的耦合系数，用来保存其原始声道的高频包络。

（4）矩阵变换

矩阵变换也叫矩阵重置，是一种声道组合技术，是对高度相关的声道之和与差进行编码，而不是对原来的声道本身进行编码。即不是在两声道编码器中将左和右编码和打包，而是建立关系 left'= 0.5×（left+ right）和 right'= 0.5×（left−right），然后对 left'和 right'声道进行通常的量化和数据打包操作。显然，假设在这两声道中原始的立体声信号完全一样（即双重单声道），这一技术将导出完全等同于原始左和右声道的 left'信号，以及恒等于零的 right'信号。结果是能用很少的比特对 right'声道进行编码，而更重要的是提高了 left'声道中的精确度。这一技术对保存杜比环绕兼容性特别重要。

（5）指数编码

先将频率系数转换为浮点数的形式，即每个系数由指数和尾数组成，指数部分由二进制前导 0 的个数来表示，其范围限定在 0～24。对每一个声道，首先分析其指数序列随时频的变化情况所采用的编码策略，然后对指数序列进行差分编码（最大值为±2），第一个指数总是用 4 位表示。编码的指数代表编码的频谱包络，是计算比特分配的依据。

（6）比特分配

对多声道统一编码的最大优点是根据声道和频率的需要分配不同的量化比特数，以满足信号的不同需要，称为比特分配。AC-3 比特分配器根据掩蔽效果和绝对听力阈值来分析 TDAC 变换系数，计算编码的比特数。分配比特数时首先要保证每一声道的音频比特数足够多，其次考虑声道间的噪声掩蔽。

（7）尾数量化

所有归一化的尾数需要根据比特分配确定的量化精度进行量化。它不是以保留尾数的 n 位最有意义的比特数直接量化作为其编码值，而是将该值分割。如果该值小于 4，则采用对称均匀量化的方式，使得量化误差最小。如果该值大于 4，则采用非对称量化的方式，并用一般的二进制补码形式表示。

（8）AC-3 帧形成

在编码处理的最后阶段，把由上述处理形成的包括 TDAC 变换的阶数和尾数数值、比特分配信息、耦合系数、高频抖动标记等信息合并为主信息。把同步信息、开头信息、多样可选信息和纠错信息等合并成边信息。以一定的逻辑性对两部分信息进行打包形成最后的 AC-3 数据帧。

6. 杜比 AC-3 音频码流结构

AC-3 音频压缩技术的数据流是依据数据压缩帧制定的，每个帧都有固定大小，视最合适的代码比率和编码数据比率而定。同样，每个帧都是一个独立的实体，部分没有数据的帧也交叠在 MDCT 中。图 3-41 为 AC-3 音频帧结构。每个 AC-3 帧的起始位置都是同步信息区（SYNC）和可变的数据流信息区（BSI），这两种数据信息流都包括采样频率信息、声道数量信息、其他基本系统层原理信息。每个帧在开始位置和结束位置还有两个循环冗余校验码（CRC#1、CRC#2），用来预防和检查可能出现的错误信息。任何一种辅助设备数据（AUX 数据）都可以放在 AC-3 帧所有音频块之后，它允许系统设计特殊的控制编码或者身份证明编码，将和 AC-3 数据一起随着信息流发射出去。

SYNC	CRC#1	BSI	音频块0	音频块1	音频块2	音频块3	音频块4	音频块5	AUX数据	CRC#2

图 3-41　AC-3 音频帧结构

每个 AC-3 帧内部是 6 个音频块（音频块 0～音频块 5），每个音频块都包含编码后的频域参数。如图 3-42 所示，每个音频块都包含了块开关标志、耦合坐标、指数及尾数等参数。

块开关标志	抖动标志	动态范围控制	耦合策略	耦合坐标	指数策略	指数	数据分配参数	尾数

图 3-42　AC-3 音频块结构

第 *4* 章
数字电视多路复用与条件接收

4.1 多路复用技术

视频编码器和音频编码器输出的码流分别为视频基本码流和音频基本码流，简称基本流或原始流（Elementary Stream，ES）。ES 经过打包后输出的是打包基本流，即 PES（Packetized Elementary Stream）。打包基本流的包长度是可变的，视频通常是一帧（即一幅图像）一个包；音频包长度通常为一个音频帧，不超过 64 KB。

为了把同一个电视节目的视频、音频和辅助数据信息合成为一路节目流进行传送，需要将视频基本流、音频基本流和辅助数据信息进行合成，这一过程称为节目级复用，或单节目复用。单节目复用的结果可以形成两种不同结构的码流：一种称为节目流或程序流（Program Stream，PS），另一种称为传输流或传送流（Transport Stream，TS）。PS 和 TS 的码率都是可变的，但 PS 的码率是由系统时钟基准（System Clock Reference，SCR）定义的，而 TS 的速率则是由节目时钟基准（Program Clock Reference，PCR）定义的。PS 一般适合在误码比较小的演播室、家庭环境和存储媒介（如 DVD 光盘）等场合使用，而 TS 则适合在存在较大干扰、容易产生误码的远距离传输中使用。卫星信道传播距离远、信号衰减大、容易受到各种干扰和噪声影响，故需要采用 TS 进行传送。

在实际应用中，为了提高信道的利用率，通常还需要将多个不同电视节目的传输流进一步合成为一路码率更高的传输流，这一过程称为系统级复用，或多节目复用。这种多节目的传输流理论上可以包含数百路数字电视节目，但实际受带宽限制。在卫星直播数字电视系统中常用的多路单载波方式就是采用这种多节目传输流。

不管是单节目复用还是多节目复用，都需要按照一种通用的规则进行，以保证数字电视码流在不同国家和地区的不同应用系统中的通用性。MPEG-2 标准 ISO/IEC 13818-1 中的"第一部分：系统"是其最重要的部分，它定义了数字电视多路复用与同步的标准，是目前世界上大多数国家和地区（如欧洲、美国、日本等）的数字电视系统都采用的技术规范。我国目前也采用这一技术标准。

MPEG-2 系统层的主要任务包含以下 4 个方面：

1）规定以包方式传输数据的协议；

2）为收发两端数据流同步提供条件；

3）确定将多个数据流合并和分离（即复用和解复用）的规则；

4）为进行加密数据传输提供条件。

尽管近年来数字视频和音频标准不断更新发展，但 MPEG-2 系统标准由于其框架的完善性和灵活性而具有超强的向前和向后兼容性，不仅适用于 MPEG-2 音视频格式，还可兼容

H.264/AVC、H.265/HEVC 和 AVS 系列等视频格式，以及杜比 AC-3 等音频格式。因此，本章重点介绍 MPEG-2 系统标准的相关内容。

4.1.1　MPEG-2 传输流结构

MPEG-2 传输流结构是为系统复用和传输所定义的，属于系统传输层结构的一种。通过与 MPEG-2 系统时序模型的建立、节目特殊信息（Program Special Information，PSI）及服务信息（Service Information，SI）共同作用，实现在恶劣的信道环境中灵活可靠地复用、传输与解复用。MPEG-2 标准中的系统部分给出了多路音频、视频的复用和同步标准，系统层的结构可以用图 4-1 来描述。

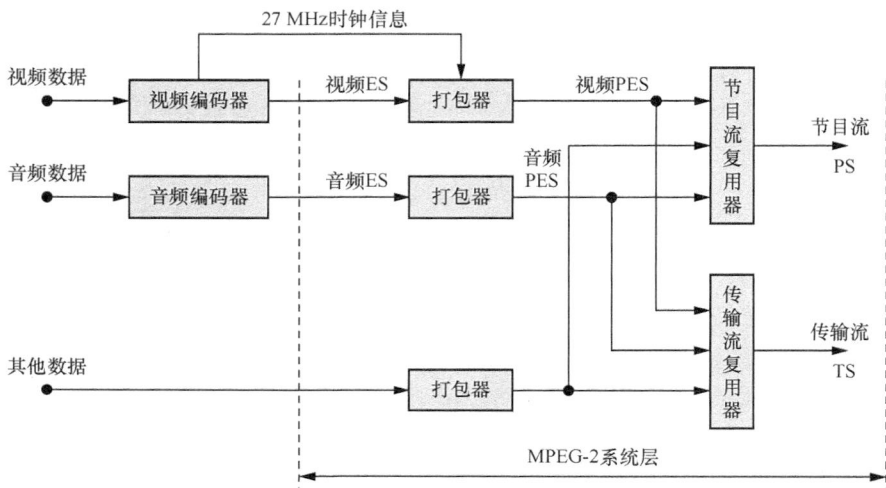

图 4-1　MPEG-2 系统层结构框图

在图 4-1 中，数字视频和音频分别经过视频编码器和音频编码器编码之后，生成视频 ES 和音频 ES。在视频 ES 中还要加入一个时间基准，即 27 MHz 时钟信息。然后，分别通过各自的打包器将相应的 ES 转换为 PES。最后，节目流复用器和传输流复用器分别将视频 PES、音频 PES 及经过打包的其他数据组合成相应的 PS 和 TS。实际应用中，不允许直接使用 PES，只允许存储或传输 PS 和 TS。PES 是 ES 和 PS 或 TS 转换的中间步骤，也是 PS 和 TS 之间转换的桥梁，PES 是 MPEG-2 数据流互换的逻辑结构，本身不能参与交换和互操作。

TS 分组的结构如图4-2所示，TS 的系统层可分为两个子层。一个对应特定数据流操作（PES 分组层，可变长度），该层是为编解码的控制而定义的逻辑结构，PES 头包括流的性质、版权说明、显示时间戳（Presentation Time Stamp，PTS）和解码时间戳（Decoding Time Stamp，DTS）、说明数字存储介质（Digital Storage Media，DSM）的特殊模式等；另一个对应多路复用操作（TS 分组层，188 B 固定长度结构），该层是针对交换和互操作而定义的。在 TS 头中加入同步头、说明有无差错和有无加扰、加入连续计数和不连续性指示（因为 TS 的包相互交叉）、加入 PCR 和 PID 等。

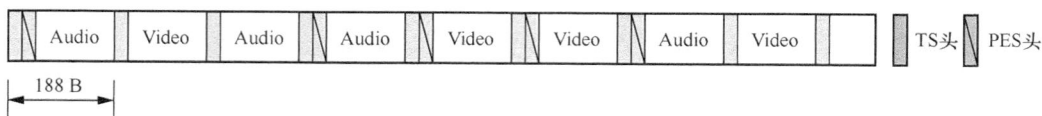

图 4-2　TS 分组的结构

两个子层间的复用关系是通过将 PES 结构切割成一个个小包作为 TS 包的净荷嵌入 TS 结构中而建立起来的。这种结构可以直接从 TS 中解出原始音视频和其他数据，也可以从一个或多个 TS 中抽取想要的 ES 来进行解码或构造新的 TS 再次传输。

TS 包结构如图 4-3 所示，由分组首部（即 TS 包头）、调整字段（自适应区）和有效负载（包数据）3 部分组成。每个包长度为固定的 188 B，包头长度为 4 B，调整字段和有效负载长度共 184 B。

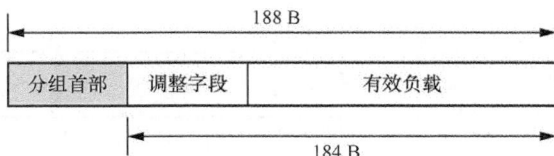

图 4-3 TS 包结构

1. 分组首部

分组首部（TS 包头）的结构如图 4-4 所示。它以固定 8 位字段的同步头开始，同步字为 0x47。同步头后是多个重要的标志，如"传输差错指示""负载单元起始指示""传送优先级""包标识 PID""传送加扰控制""调整字段控制""连续计数器"。其中的 PID 是辨别传输流分组的重要参数，PID 通过 PSI 表来识别传输流分组中所带的数据。一个 PID 值的传输流分组只带有来自一个原始流的数据。"调整字段控制"表示分组首部中是否有调整字段，调整字段中含有 PCR 的重要信息。

图 4-4 TS 包头的结构

2. 调整字段

为了传送打包后不足一包长度的 TS，或者为了在系统层插入有用信息，需要在 TS 包中插入可变长字节的调整字段。调整字段包括对较高层次解码有用的相关信息，调整字段的格式是采用若干标识符，以表示该字段的某些特定扩展是否存在。调整字段由 8 位的调整字段长度，1 位的间断指示符、随机存取指示符、基本码流优先级指示符、PCR 标识符、OPCR 标识符、拼接点标识符、传送专用数据标识、调整字段扩展标识，以及相应标识符有效的可选字段等组成。图 4-5 为调整字段的语法结构。

在图 4-5 中，最重要的是 PCR 字段，TS 的某个字节进入系统目标解码器（STD）的时间可通过对该字段的解码恢复。调整字段的 PCR 域共有 42 位有效码字，由两部分组成：一部分以系统参考时钟的 1/300（90 kHz）为单位，称为 PCR_base，33 位字段；另一部分称为 PCR_ext，以系统参考时钟（27 MHz）为单位，9 位字段。因此，整个 PCR 补偿计数模块分为两大部分：一部分是 9 位字段的 PCR 域补偿计数模块，计数时钟为 27 MHz 时钟；另一部分为 33 位字段的 PCR 域补偿计数模块，计数时钟为 27 MHz 时钟 300 分频后得到的 90 kHz 时钟。

在节目编码时，由编码器的系统时钟驱动，节目的时间信息以系统参考时钟采样值的形式编码于 PCR 字段中；在节目解码或复用时，传输流系统目标解码器（T-STD）可以根据这些 PCR 值以及它们到达的时间重建系统时钟，以此获得 TS 的时间及速度信息。

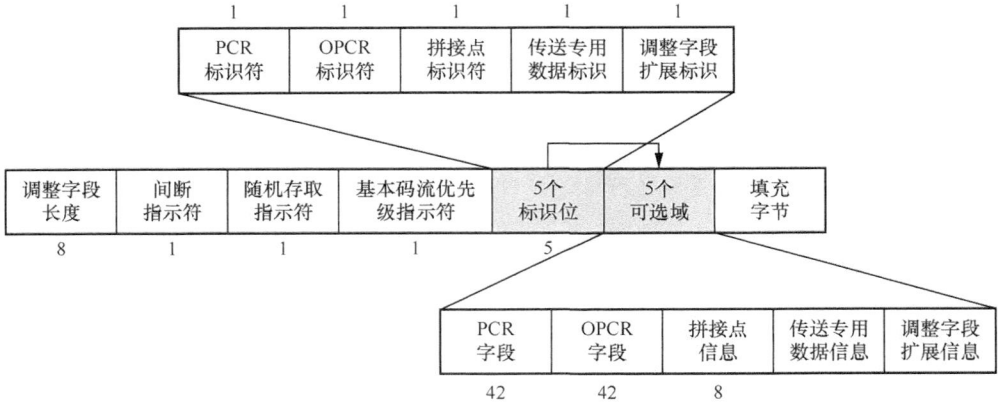

图 4-5　调整字段的语法结构

3. 有效负载

分组有效负载带有 PES 数据，或者带有 PSI 或 SI，或者带有私有数据。原始流数据加载在 PES 中，PES 分组由 PES 分组首部及其后的分组数据组成。PES 分组插在传输流分组中，每个 PES 分组首部的第一个字节就是传输流分组有效负载的第一个字节。也就是说，一个 PES 包的包头必须包含在一个新的 TS 包中，同时 PES 包数据要充满 TS 传送包的有效负载区域，若 PES 包数据的结尾无法与 TS 包的结尾对齐，则需要在 TS 的自适应区域中插入相应数量的填充字节，使得两者的结尾对齐。PES 分组的结构如图 4-6 所示。

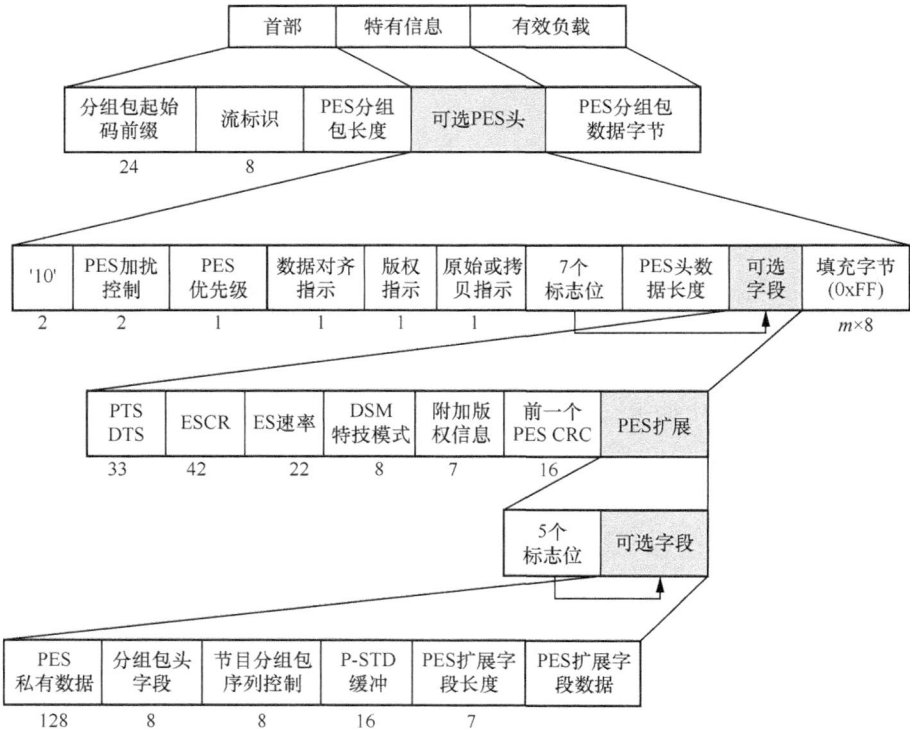

图 4-6　PES 分组的结构

（1）首部（PES 包头）

PES 分组的首部由分组包起始码前缀、流标识及 PES 分组包长度 3 部分构成。24 位的分组包起始码前缀（packet_start_code_prefix）由 23 个连续的 0 和 1 个 1 构成；流标识（stream_id）是 1 个 8 位的整数，用于表示有效负载的种类（如视频、音频）。这二者共同组成一个 32 位的包起始码，用于识别数据包所属的数据流的性质及序号。

PES 分组包长度用以表明在此字段之后的 PES 分组末尾的字节数。因为 PES 包长为 16 位字宽，所以其后包长最大为 $2^{16}-1=65\ 535$ 字节。

（2）特有信息（可选 PES 头）

PES 分组特有信息是由值为 10 的 2 位固定保留位、13 位 PES 包头信息位、8 位 PES 头数据长度和 PES 头数据 4 部分组成的 PES 包控制信息。其中，PES 包头信息位由以下部分组成：2 位的 PES 加扰控制、1 位的 PES 优先级、1 位的数据对齐指示、1 位的版权指示、1 位的原始或拷贝指示和 7 个标志位。7 个标志位包括 PTS 和 DTS 标志、基本流时钟基准（ESCR）标志、ES 速率标志、DSM 特技模式标志、附加版权信息标志、循环冗余校验（Cyclic Redundancy Check，CRC）标志、PES 扩展标志。

PES 头数据长度表示其后的 PES 头数据可选字段的字节数。

PES 头数据包括 PES 包头信息位中 7 个标志位所指定的特有信息。倘若某个标志位指示含有某种特定信息，则 PES 包头数据按顺序罗列出其所标识的信息内容，故 PES 头数据的长度可变。其中，PTS 和 DTS 分别用来指示音视频显示时间以及解码时间，PTS/DTS 是解决音视频同步显示、防止解码器输入缓存器上溢或下溢的关键所在。

（3）有效负载

包数据即编码数据，用一种类型的 ES 填充，长度可变，通常一个 PES 包可携带一个视频帧或一个音频帧的 ES 数据。

PSI 表可以被分割成一段或多段置于传输流分组的有效负载部分中。分段长度可变，一个分段的最大长度为 1 KB，分段的开始由传输流分组有效负载中的指针字段（pointer-field）指示。

私有数据在传输流分组中的运载方法是私自定义的，它可以按用于携带 PSI 表的方法构造，一个私有分段的最大长度为 4 KB。

4.1.2　系统时序模型

在数字视频压缩编码系统中，因为视频编码方式和画面复杂度不同，压缩编码后每一帧图像所占的数据量也不同，所以对于活动图像而言，各帧的传输时延是可变的，传输和显示之间没有自然的同步概念。也就是说，数字电视传输系统不可能像模拟电视传输系统那样，图像信息以同步方式传输，接收机可以从图像同步信号中直接获得时钟信号，并由此控制显示。

建立 MPEG-2 的系统时序模型就是为了解决以上不定时延的问题。它是一个编码输入端与解码输出端之间的恒定时延模型，通过每个编码器、解码器缓冲区的延迟可变的方法来实现。为了解决同步问题，MPEG-2 系统在 ES、PES 和 TS 三个码流层次中设置相关的时钟信息，分别为视频缓冲检验器延迟（VBV_delay）、PTS 和 DTS、PCR，并通过其联合作用达到编解码的同步和音视频显示的同步。

在 ES 层中，和同步有关的主要是 VBV_delay 域，表示 MPEG-2 假定的目标解码器的视频缓冲检验器（VBV）接收到图像起始码后，到当前解码帧解码开始所等待的 90 kHz 系统时钟的周期数。它用来在播放开始时设置解码器缓冲区的初始分配，以防止解码器的缓冲器出现上溢或下溢。

　　在 PES 层中，和同步有关的主要是在 PES 包头信息中出现的 PTS 和 DTS。PTS 用来指示一个显示单元在系统目标解码器中被显示的时刻，DTS 用来指示一个存取单元在系统目标解码器中被解码的时刻。PTS/DTS 是保证音视频准确同步的必要信息，PTS、DTS 表示 90 kHz 系统时钟的周期数，均为 33 位，编码成 3 个独立的字段，以分组数据开始的第一个访问单元为基准来编码。

　　在 TS 层中，和同步有关的就是 PCR，指示采样间隙中系统时钟本身的瞬时值，共有 42 位，包括 33 位基于 90 kHz 时钟计数的 PCR_base 字段，9 位基于 27 MHz 采样的 PCR_ext 字段。MPEG-2 标准规定 PCR 在 TS 中的最大间隔≤100 ms（DVB 中为 40 ms），PCR 抖动必须在 500 ns 以内。只有将 PCR 按一定时间间隔精确插入 TS 中，才能保证解码器精确重建系统时钟，以保持解码器与编码器的准确同步。

　　在 MPEG-2 中，所有的时序都统一为一个共同的系统时钟，并建立了一个编码输入端与解码输出端之间的恒定延迟模型。MPEG-2 系统层时间模型的端到端延迟从信号进入编码器到输出解码器是一个常数，信号总共经过编码器、编码缓冲器、多路复用器、传输或存储、解复用器、解码缓冲器以及解码器等器件的延迟，如图 4-7 所示。

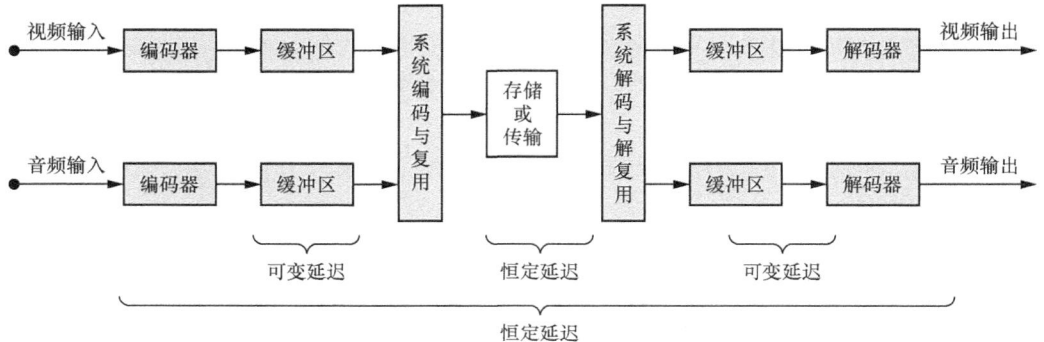

图 4-7　MPEG-2 编解码系统恒定延迟模型

　　此时序模型表明：所有的视频和音频采样进入编码器后，经一恒定的端到端的延迟在解码器分别输出显示，采样后的码率在编码器和解码器中应严格相等。此时序模型要求编码器、解码器的系统时钟（STC）必须同步，解码器的系统时钟应由编码器的系统时钟经恒定延迟后恢复出来，以服从于编码器。

　　整个编解码同步的过程如图 4-8 所示，音视频数据经过 A/D 采样后，分别进行视频编码和音频编码生成音视频 ES。接着进行 PES 打包，以分组数据开始的第一个访问单元为基准生成 33 位的 PTS 和 DTS，并插入 PES 分组头中。然后音视频 PES 复用并封装成 TS，编码系统每隔一定的传输时间就将其自身系统时钟的采样瞬时值量化为一个 42 位的 PCR，并插入经过选择的 TS 包调整字段传输给接收端，作为解码器的时钟参考信号。解码端通过解复用分离出音视频 PES 并送入相应的解码器，同时由 PCR 恢复出 STC 瞬时值，通过比较 PES 头中的 DTS 及 PTS 决定进行相应帧的解码和回放。

　　在解码端按照以下步骤可以实现端到端的同步：

　　1）解码器接收到 PCR 时，恢复 STC；

　　2）解码器接收到 PTS/DTS 时，存入对应的堆栈；

　　3）每幅图像解码前，用其对应的 DTS 与 STC 进行比较，当两者相等时，就开始解码；

　　4）每幅图像播放前，用其对应的 PTS 与 STC 进行比较，当两者相等时，就开始播放。

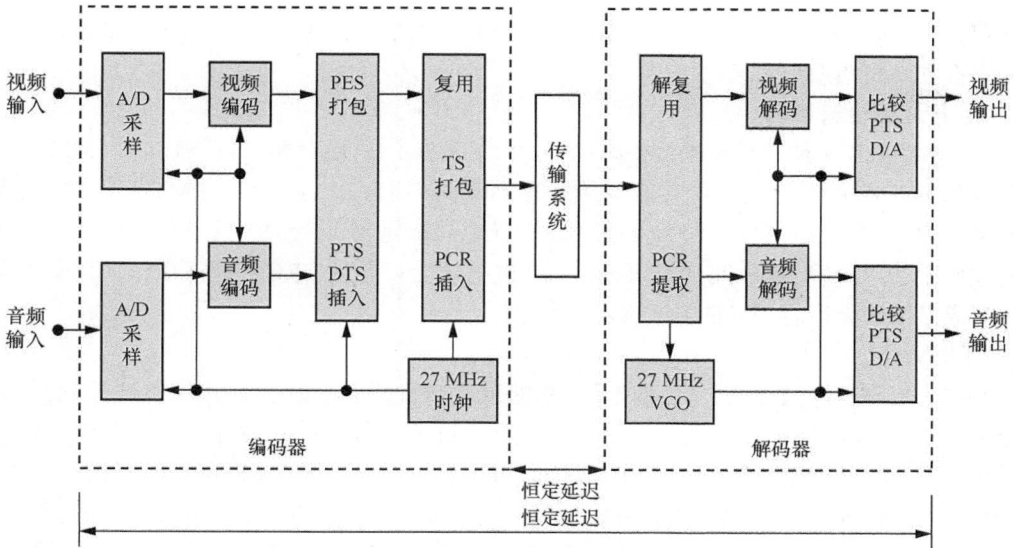

图 4-8 编解码系统的同步机制

在解码器中，STC 的恢复是同步的关键，如果解码器的时钟频率与编码器的时钟频率严格匹配，那么音频和视频的解码和播放将自动地与编码器保持相同的速率，这时端到端的延迟将是常数。有了这种匹配，任何正确的 PCR 都可以用来设置解码器 STC 的瞬时值，而且不需要进行更多调整就可以实现解码器的 STC 与编码器相匹配。

PCR 的数值所表示的是在读取完这个采样值的最后那个字节时解码器本地时钟所处的状态。通常情况下，PCR 不直接改变解码器的本地时钟，而是作为参考基准通过锁相环（Phase Locked Loop，PLL）来调整本地时钟，使之与 PCR 趋于一致。

解码端的时钟控制模型如图 4-9 所示，每当一个新节目的 PCR 到达解码器时，此值被认为是锁相环的参考频率，用来和 STC 的当前值进行比较，产生的差值 e 经过脉冲调制后被输入低通滤波器并被放大，输出控制信号 f，用来控制压控振荡器（Voltage Controlled Oscillator，VCO）的瞬时频率，VCO 输出的频率在 27 MHz 左右振荡信号，作为解码器的系统时钟。

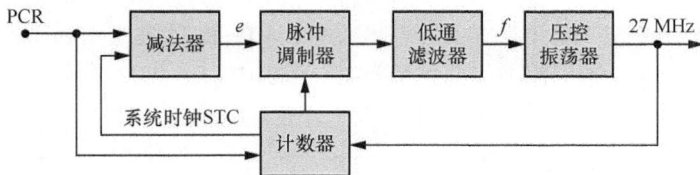

图 4-9 解码端的时钟控制模型

4.1.3 PSI

由上文可知，TS 除了用于传送已编码音视频数据流的有用信息，还需要传输节目附加信息及解释有关 TS 特定结构的信息，即 PSI。PSI 用于说明 TS 中含有多少套节目、每套节目是由多少种 ES 组成的。由于每种 ES 都有对应的 PID，这些信息在 PSI 中都有对应的字段表示，故相应的解码器能根据 PSI 快速找到 TS 中的各个数据包。PSI 主要包括节目关联表（Program Association Table，PAT）、节目映射表（Program Map Table，PMT）、条件接收表（Conditional Access Table，CAT）和网络信息表（Network Information Table，NIT），它们以打包的形式存在于 TS 中，并借助一串描述了各种节目相关信息的表格来实现。其中 NIT 是可选的，其内容是私有的，可由用户定义。

1. PSI 的语法结构

PSI 对接收端解码起着至关重要的作用，为了确保 PSI 能被解码器正确识别，MPEG-2 标准不仅为 PAT 和 CAT 分配了特定的节目标识（PID），还为 PAT、CAT、PMT 3 个 PSI 表指定了专用的表标识（table_id）。此外，在每个 PSI 表末尾都包含该分组的 32 位的 CRC 校验数据。只有接收到的 PID 和 table_id 值与其对应的 PSI 表吻合，并且 CRC 校验正确，才说明接收到的 PSI 表是准确无误的，接收端对该表进行分析。

（1）PAT

PAT（也称程序关联表）中定义了 TS 的顶层节目信息。PAT 的 PID 值恒为 0x0000，PAT 表标识恒为 0x00，要查找节目信息必须从 PAT 开始。PAT 列出了 TS 中的所有节目号（包括所有 PMT 和 NIT 的编号）及其对应的 PID 值，根据这些 PID 值可以找到相应的 PMT 和 NIT。NIT 只有一个，PMT 的数目则根据节目数量的增加而增加。整个 PAT 按照图 4-10 所示的语法结构分成一个或多个分段，图中"N 循环"表示 NIT 和 PMT 的个数一共有 N 个，其展开的每个循环都包含一个节目号及 PID。

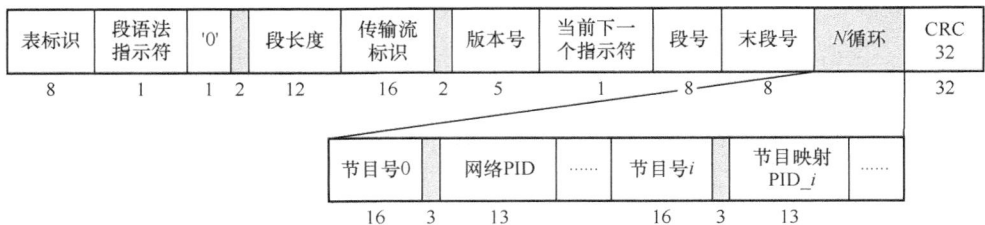

图 4-10　PAT 的语法结构

（2）PMT

PMT 提供节目号与组成它们的 ES 之间的映射关系，这种映射表是一个 TS 中所有节目定义的集合。此表将在分组中传送，其 PID 值由 PAT 指定，PMT 表标识恒为 0x02。如果需要，可以使用多个 PID 值。在 TS 中，每个节目源都有一个对应的 PMT，是借助装入 PAT 中的节目号推导出来的，用于定义每个在 TS 上的节目源，即将 TS 上每个节目源的 ES 及其对应的 PID 信息、数据的性质、数据流之间的关系列在一个表中。在 PMT 插入 TS 分组之前，此映射表将按图 4-11 所示的语法结构分成一个或多个分段。

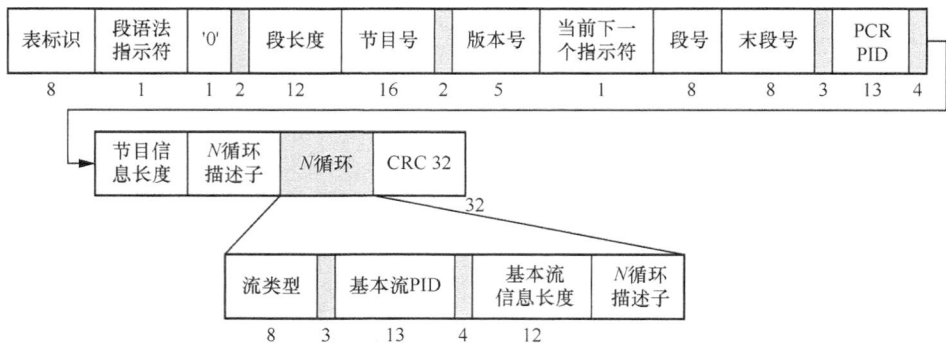

图 4-11　PMT 的语法结构

PMT 中的流类型（stream_type）用来表示携带在分组中基本流元素的类型，可能是 MPEG-1

或 MPEG-2 的音频或视频，也可能是私有数据或辅助数据等，如表 4-1 所示。

表 4-1　MPEG-2 的 stream_type 取值

值	描述
0x00	ITU-T ｜ ISO/IEC 保留
0x01	ISO/IEC 11172 视频
0x02	ITU-T Rec.H.262|ISO/IEC 13818-2 视频
0x03	ISO/IEC 11172 音频
0x04	ISO/IEC 13818-3 音频
0x05	ITU-T Rec.H.222.0|ISO/IEC 13818-1 私有分段
0x06	含有私有数据的 ITU-T Rec.H.222.0|ISO/IEC 13818-1 PEC 分组
0x07	ISO/IEC 13522 MHEG
0x08	ITU-T Rec.H.222.0|ISO/IEC 13818-1 DSM CC
0x09	ITU-T Rec.H.222.0|ISO/IEC 13818-1/11172-1
0x0A～0x7F	ITU-T Rec.H.222.0|ISO/IEC 13818-1 保留
0x80～0xFF	用户私有

（3）CAT

如果对任何 ES 进行了加扰处理，那么在该 TS 中一定要插入 CAT。该表提供了正在使用的加扰系统的细节，还提供了包含条件接收管理与授权信息的传送包的 PID 值。CAT 的 PID 值恒为 0x0001，CAT 的表标识恒为 0x01。图 4-12 为 CAT 的语法结构。

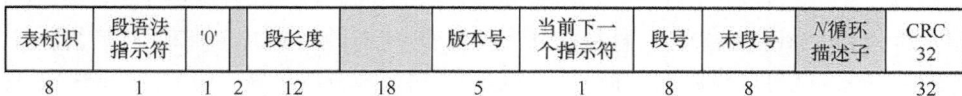

表标识	段语法指示符	'0'		段长度		版本号	当前下一个指示符	段号	末段号	N 循环描述子	CRC 32
8	1	1	2	12	18	5	1	8	8		32

图 4-12　CAT 的语法结构

（4）NIT

NIT 可传送网络数据和各种参数，如频带、转发信号、通道宽度等。MPEG-2 尚未规定其语法结构，仅在 PAT 中保留了 1 个既定节目号"0"。MPEG-2 中的 NIT 属于用户私有，可参照私有段的语法结构构造，如图 4-13 所示。

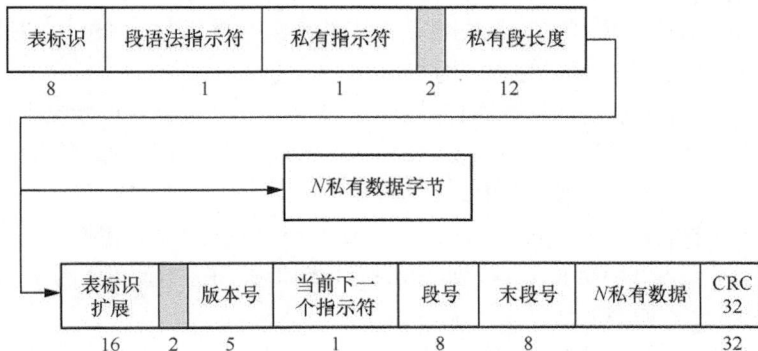

图 4-13　私有段的语法结构

2. PSI 在解码中的应用

PSI 作为 MPEG-2 的特有的说明信息，可以用来自动设置解码所需的参数和引导解码器进行解码，并提供音视频同步信息。下面通过一个解码器在解码过程中所调用的各种信息表的例子来说明 PSI 的应用方法，具体如图 4-14 所示。

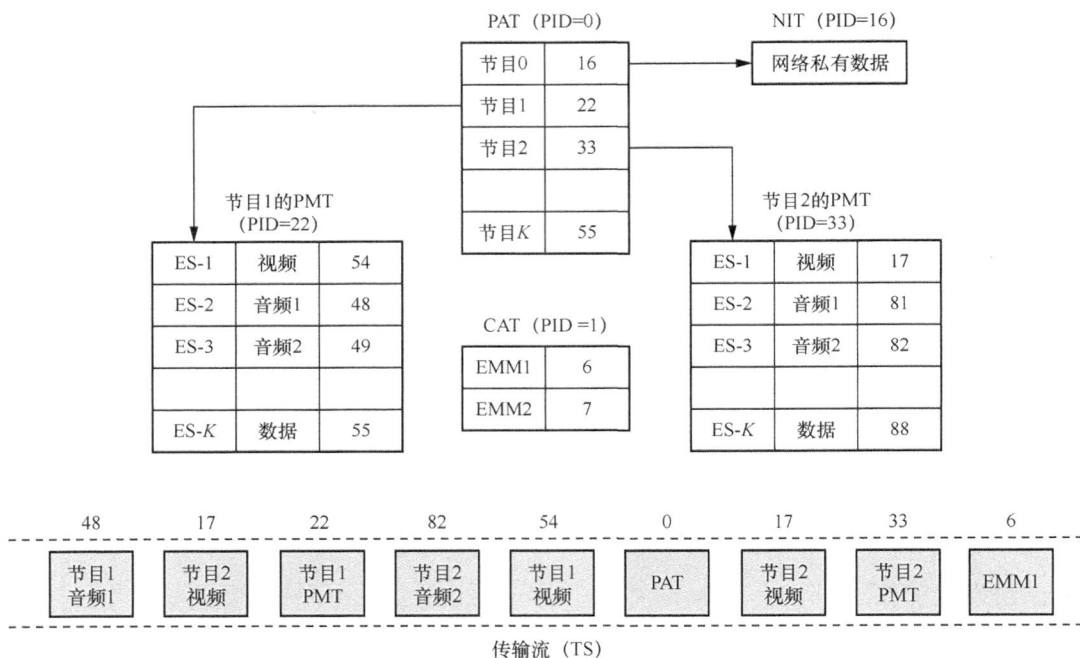

图 4-14　PSI 表的映射关系

解码器先在 TS 中找到 PAT，找出相应节目的 PMT 的 PID，再由该 PID 找到该 PMT，然后在相应的 PMT 中找到相应码流的 PID 值，才能找到所需的码流进行解码。有了 PAT 及 PMT 这两种表，解码器就可以根据 PID 将 TS 上不同类型的 ES 分离出来。从 TS 上分离 ES 可分两步进行。

1）从 PID=0 的 PAT 上找出带有 PMT 的那些节目源的节目号和 PID。如节目 1 的 PMT_PID 为 22，节目 2 的 PMT_PID 为 33……从 PAT 中还可读出节目 0 的 PID 为 16，即 NIT 的 PID，以便获取调制信息。

2）从所选择的 PMT 中找到组成该节目源的各个 ES 的 PID。如节目 1 的视频基本流，即 ES-1 所对应的视频 PID 为 54，ES-2 所对应的音频 1 的 PID 为 48，ES-3 所对应的音频 2 的 PID 为 49；或如节目 2 的视频基本流，即 ES-1 所对应的视频 PID 为 17，ES-2 所对应的音频 1 的 PID 为 81，ES-3 所对应的音频 2 的 PID 为 82。

这样，根据 TS 包中的 PID 追踪到它属于不同类型的节目信息。如接收到一段连续的 TS 包中 PID 分别为 48、17、22、82、54、0、17、33、6，解码器就可根据上述分析结果将某个节目的音视频送到对应的解码器进行解码。

另外，CAT 授权管理信息（Entitlement Management Message，EMM）的 PID 固定为 1，可直接从 CAT 读出各种 EMM 的 PID，如 EMM1_PID 为 6，EMM2_PID 为 7，以便终端解码器读取授权信息，回放加密节目。

MPEG-2 标准规定的节目专用信息都必须以一定的频率发送，每秒不得少于 20 次，以保证解码器能及时得到 PSI，从而能正确解码。因此，解码器只要获取 MPEG-2 的 PSI，就能正常工作。换句话说，只要有 PSI 的正确插入，解码器即可正常工作。

4.1.4 SI

如果 TS 中仅有 MPEG-2 的 PSI，综合接收解码器（Integrated Receiver Decoder，IRD）并不能自动接收某一业务并提供相应的节目信息，因为 PSI 仅包含信源层面的信息。因此，各国的数字电视行业都引入了 SI 规范，作为 MPEG-2 PSI 的补充。SI 不属于 MPEG-2 标准的范畴，但因为 SI 数据是数字电视广播码流的重要组成，提供各类服务和事件信息，所以同 MPEG-2 PSI 一样均匀插入 TS 中和电视节目一起传送。

1．DVB-SI

欧洲电信标准 ETS300468 中规定了 DVB 的 SI 规范。作为 MPEG-2 PSI 的拓展，DVB-SI 主要提供接收解码的设置信息，如节目的种类、节目的时间及来源等。DVB-SI 标准规定了 4 个基本表。

（1）NIT

NIT 描述网络的物理参数、网络提供的服务（服务名称与服务 id）和服务类型［数字电视服务、数字广播服务、图文服务、准视频点播（Near Video on Demand，NVOD）服务等］。物理参数包括频率、前向纠错（Forward Error Correction，FEC）编码［是否采用 RS（204/188）、卷积码是 1/2、2/3 或 7/8］、调制方法（16QAM、32QAM、64QAM）。MPEG-2 没有规定 NIT 的 PID，但是 DVB 规定其 PID 为 0x0010。

（2）SDT

服务描述表（Service Description Table，SDT）具体描述某个特定 TS 内所包含的服务，指出每个服务的运行状态、是否加密、采用的 CA 系统、服务的提供者、服务类型、显示类型（马赛克显示时间）等。若是 NVOD 服务，给出组成 NVOD 服务的服务列表以及参考的服务。

（3）EIT

事件信息表（Event Information Table，EIT）给出按时间顺序排列的事件信息，分别用不同的 EIT 子表来表示现在、下一个、将来的事件信息，由 table_id 区分。信息包括事件的起始时间、持续时间、运行状态、是否加密、组成事件的元素类型、内容、观看等级等。

（4）TDT

时间日期表（Time and Date Table，TDT）以协调世界时（Universal Time Coordinated，UTC）格式给出当前时间，以修正儒略日（Modified Julian Day，MJD）格式给出当前日期。

SI 应用非常广泛，为解码器构成的电子节目指南（Electronic Program Guide，EPG）及频道自动搜索提供了各种各样的信息。此外，DVB-SI 还定义了其他可选表，如下所示。

- 业务群关联表（Bouquet Association Table，BAT），提供与某个服务组有关的信息，如服务组名、服务组是否加密、采用的 CA 系统，以及组成服务组的各个服务与服务类型。
- 运行状态表（Running Status Table，RST），当播出时间表改变（节目提前或延迟播出）时，可通过运行状态表指出。
- 时间偏移表（Time Offset Table，TOT），给出当前时间（UTC）、日期（MJD），同时给出与当地的时间差。
- 填充表（Stuffing Table，ST），用于将现有的段标记为无效，例如在传输系统边界时。
- 选择信息表（Selection Information Table，SIT），仅用于码流片段（例如，记录的一段码流）中，它包含了描述该码流片段的 SI 的概要数据。
- 间断信息表（Discontinuity Information Table，DIT），仅用于码流片段（例如，记录

的一段码流）中，它将插入码流片段 SI 间断的地方。

- 传输流描述表（Transport Stream Description Table，TSDT），在数字卫星新闻采集（Digital Satellite News Gathering，DSNG）应用中，比特流中必须包含 TSDT，并且在 TSDT 描述符循环中包含 ASCII 编码的 TSDT 描述符。在 DSNG 应用中，TSDT 必须包含至少一个 DSNG 描述符。

DVB 标准提供的 SI 适用于 DVB 系统的不同传输信道（如卫星、有线、地面等），便于 IRD 接收电视节目，DVB 还支持条件接收，提供各类双向服务。

2. GB/T 28161—2011

因为 DVB-SI 比 ATSC-PSIP 定义的 SI 表更具有一般性，所以我国广电行业的数字电视广播 SI 规范 GB/T 28161—2011 采用了 DVB-SI 和 GB/T 17975.1—2010 中规定的 PSI 一起作为 TS 的系统信息，帮助用户从码流中选择业务或事件信息，使 IRD 能自动设置可供选择的业务。该标准所规定的 SI 中包含的数据也是我国数字电视广播电子节目指南的基础，适用于地面、有线、卫星等数字电视广播业务。

GB/T 28161—2011 规范定义了符合 GB/T 17975.1—2010 规范的 NIT，还提供了其他复用流中的业务和事件信息。这些数据由 BAT、SDT、EIT、RST、TDT、TOT、ST、SIT 和 DIT 9 个表构成。

GB/T 28161—2011 在符合 MPEG-2 系统层的 TS 中插入 SI，占用某些特定的包标识（PID）及表标识（table_id），如表 4-2 和表 4-3 所示。

表 4-2　GB/T 28161—2011 的 PID 分配表

表	PID 值
PAT	0x0000
CAT	0x0001
TSDT	0x0002
预留	0x0003～0x000F
NIT，ST	0x0010
SDT，BAT，ST	0x0011
EIT，ST	0x0012
RST，ST	0x0013
TDT，TOT，ST	0x0014
网络同步	0x0015
预留使用	0x0016～0x001B
带内信令	0x001C
测量	0x001D
DIT	0x001E
SIT	0x001F

相较于 DVB-SI 为 SI 分配的 PID，表 4-2 增加了 0x001C 和 0x001D 的保留 PID 值，用于标识带内信令和测量信息。相较于 DVB-SI 的 table_id 分配表，表 4-3 增加了 table_id 从 0x80 至 0x8F 分配给 CA 系统使用的规定。

表 4-3 GB/T 28161—2011 的 table_id 分配表

值	描述
0x00	节目关联段
0x01	条件接收段
0x02	节目映射段
0x03	传输流描述段
0x04～0x3F	预留
0x40	现行网络信息段
0x41	其他网络信息段
0x42	现行传输流业务描述段
0x43～0x45	预留使用
0x46	其他传输流业务描述段
0x47～0x49	预留使用
0x4A	业务群关联段
0x4B～0x4D	预留使用
0x4E	现行传输流事件信息段，当前/后续
0x4F	其他传输流事件信息段，当前/后续
0x50～0x5F	现行传输流事件信息段，时间表
0x60～0x6F	其他传输流事件信息段，时间表
0x70	时间-日期段
0x71	运行状态段
0x72	填充段
0x73	时间偏移段
0x74～0x7D	预留使用
0x7E	不连续信息段
0x7F	选择信息段
0x80～0x8F	CA 系统使用
0x90～0xFE	用户定义
0xFF	预留

基于该规范,我国的数字电视 EPG 规范将 EPG 信息分为基本 EPG 和扩展 EPG:基本 EPG 信息指以文本格式表示与节目描述相关的网络信息、业务群信息、服务信息和时间信息,可以完全通过该规范中规定的 NIT、BAT、SDT 和 EIT 进行表示和传输;扩展 EPG 信息是在基本 EPG 信息基础上的扩充,包含了基本 EPG 信息的全部内容,以及以多媒体文件格式表示的与节目描述有关的信息。

MPEG-2 的 PSI 和作为其重要补充的 SI 是多路数字电视节目、数据广播及用户数据的复用/解复用、节目加扰、条件接收与收费、电视节目指南必不可少的重要信息。它们在宽带多媒体通信、多媒体家庭平台（Multimedia Home Platform，MHP）、数据广播、点播数字电视系统、数字电视节目制作等方面具有特殊而又重要的地位。

4.1.5　双层复用过程

在多路单载波方式下，MPEG-2 TS 的复用过程可分为两个层次：打包后的音视频数据 PES 合成单个节目的 TS，以及多个单节目的 TS 合成总的 TS，如图 4-15 所示。在单路单载波方式下，只含第一个层次的复用。无论是哪一级的复用，都要满足实时要求；不论是硬件复用还是软件复用，均要考虑速率上的实时要求。因而，目前大多数复用设备都采用了 DSP 实时处理技术。

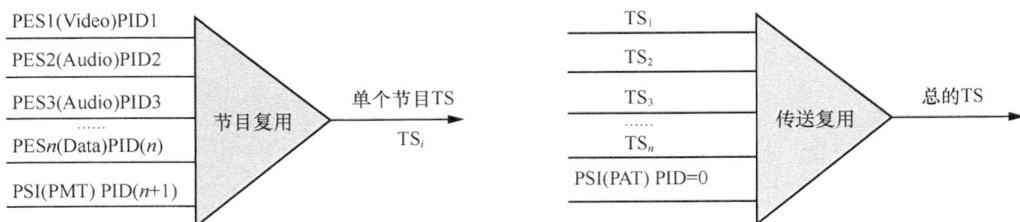

图 4-15　TS 双层复用模型

下面以目前较为常用的 TS 复用方案为例说明双层复用思想及其过程。

1. 从 PES 到单节目 TS

复用思想：通过两级缓冲，对同一节目源的各个 PES 分组流先进行速率均衡，而后将 PES 拆分为 TS 包净荷大小，并插入 TS 包头（含 PCR 信息），打包成固定长度的 TS；同时定期地插入以 PSI 分段为净荷的 TS 包。处理过程如图 4-16 所示。

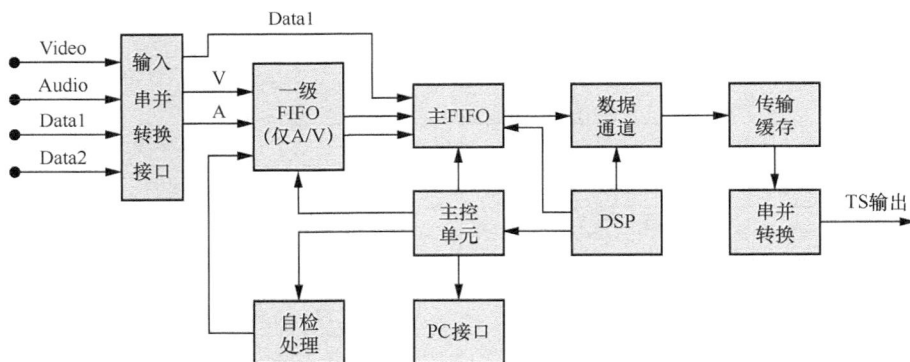

图 4-16　从 PES 复用到 TS 的复用处理

（1）各种 TS 包的速率均衡

视频流的输入速率远大于音频和数据的输入速率，因而必须采用二级缓存和 DSP 轮询技术。当一级 FIFO 中的值大于预定的门限时，将其移入主缓存，与数据一同进入主数据通道，完成 TS 包头的插入和 TS 的成形，从而使视频 TS 包、音频 TS 包和辅助数据 TS 包均匀交织于最终的系统传送码流中，保证解码端的音视频解码器的缓冲器不会上溢或下溢。

（2）PES 准确嵌入 TS 包框架中

从语法分析可知，PES 分组包的包头必须与封装它的 TS 包的净荷数据首字节对齐。因此，当 DSP 轮询中检测到 PES 包头时，应将已缓存的数据（长度为 N）分别封装在相邻的两个 TS 包的净荷中，使前一个 TS 包经填充（182-（N-4））字节后，达到 PES 包与 TS 包的末尾对齐；而后一个 TS 包的净荷的首字节与该 PES 包头对齐。

（3）系统 PCR、PSI 的插入

为简便起见，规定 PCR 与 PSI 具有相同的重复间隔（为 40 ms）。根据复用器输出速率恒定的机制，可用计数器计数已生成的 TS 包个数的方法间接定时。一旦 DSP 轮询前监测到时间间隔标记，则在打包的下一视频 TS 包中，插入 PCR 时间标记，同时在随后的两个 TS 包中放入 PSI 分段信息。而 PCR 的真正插入是在检测到 PCR 域的标志字后，在 PCR 域最后离开复用器的那一刻完成。

2. 从单节目 TS 到多节目 TS

复用思想：将各个单节目 TS 以时分的方式复合成总的 TS，并将各节目的 PSI 经分析合成，形成总的 PSI（构造新的 PAT）。

复用过程：如图 4-17 所示，输入接口存储的各路单节目 TS，经复用预处理提取各自的 PSI 和码率信息后，分别设置到输入进程和复用进程中；启动输入进程和复用进程，输入进程把各路 TS 以预置码率读到缓冲区 B_i（$i=1\sim n$）中，并同时进行 PCR 修正；复用进程控制对各路 TS 的选择发送。具体过程如下。

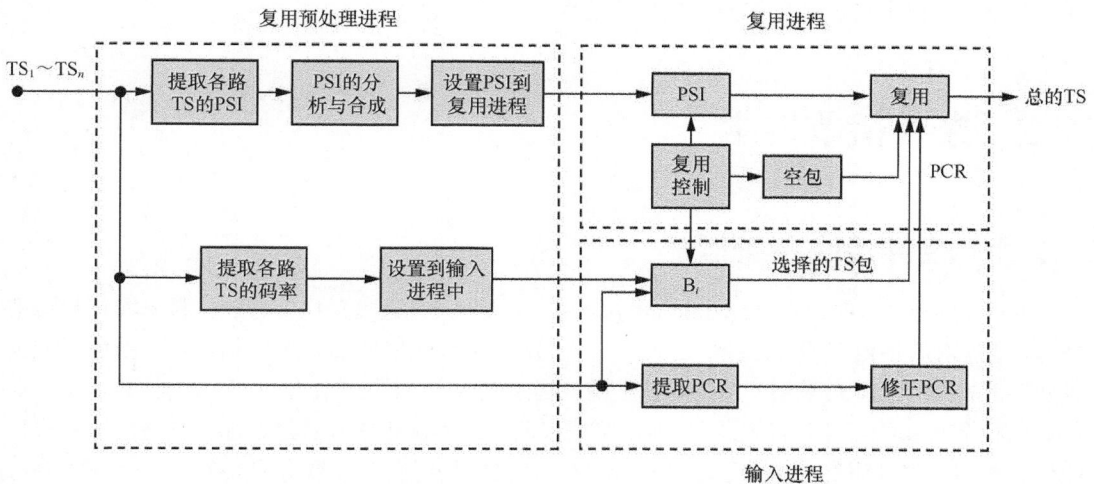

图 4-17 从单节目 TS 到总的 TS 的处理过程

（1）TS 的信息分析

1）码率（R）的提取：

$$R=\frac{\Delta L}{\Delta \text{PCR}}\times 系统时钟（27\ \text{MHz}）$$

其中，ΔL 为相邻两个 PCR 间的比特数；ΔPCR 为相邻两个 PCR 间的差值。在实际场景中，取平均码率为该 TS 的输入码率。

2）PSI 的提取：从各个单节目 TS 的 PMT 中合成总的 TS 的 PAT（PID=0），即给出总的 TS 中所包含的所有节目流的 PMT 对应的 PID。

（2）输入和输出 TS 的调度

1）输入调度：为保证 TS 按设定的码率被提取，以多路轮询方式将获取的当前系统时间分别与当前 TS 包时间进行比较，以决定是否提取该 TS 包到复用进程中。

2）输出调度：为保证输入缓冲区 B_i 既不上溢也不下溢，复用进程采取轮询转发策略。当所有缓冲区 $B_1\sim B_n$ 均无 TS 包时发送空包（PID = 8 191）；同时实时地调整包的发送速度，使合成的 TS 码率近似为各路 TS 码率之和，以尽量减少合成 TS 中空包的数目。

（3）TS 的 PCR 修正

由于时分复用，各路 TS 在合成 TS 中由不连续的 TS 包构成，其相对时域位置发生了改变。TS 包的 PCR 字段反映的是复用前发送 PCR_base 的时刻，因此产生了 PCR 的抖动。处理策略是：当输入进程检测到当前 TS 包中含 PCR 字段时，采样当前系统时间；当复用进程发送该包时，再次采样当前系统时间。根据两次时间差值计算出复用所导致的 PCR 实际延时，并据此修正 PCR 的值，以恢复到与 PTS 和 DTS 有相同的时间起点。又考虑到 PCR 信息的插入周期大于复用软件从检测到 PCR 到发送该 PCR 的时间间隔，因而对各个 PCR 的修正处理不会交错。

在各国卫星直播数字电视系统中，付费节目占绝大多数。为了达到收费管理的目的，运营商需要借助各种技术手段对电视节目的内容进行加密处理，使得非授权用户无法正常接收付费频道。因为数字电视信号在进行处理、传输、存储和控制等过程中均采用二进制的数字信号形式，所以通过运用各种数字处理技术，数字电视系统不仅可以获得比模拟电视系统更高的技术性能，还可以通过采用各种灵活、复杂和安全的方法对节目信号进行加扰和保密处理，从而为高质量的增值业务服务的展开提供可靠的保证。

4.2 条件接收技术

4.2.1 条件接收系统概述

广播电视的条件接收（Conditional Access，CA）系统通过采用信号加扰技术和信息加密技术，实现对广播电视和其他相关业务的授权管理和接收控制，从而为广播电视系统的运营提供必要的技术手段。在采用 CA 技术的广播电视系统中，经过授权的用户可以合法地、正常地收看电视节目或使用某些特定业务，而未经授权的用户不能正常收看经过加扰处理的电视节目或使用未被允许使用的业务。因此，条件接收技术能够为运营商开展有偿业务、提供增值服务、实现系统正常运营提供有力的技术保障。

在国际上，广播电视条件接收系统的运行已有约 40 年的历史。随着数字电视的飞速发展，CA 技术也在不断更新。第一代的模拟 CA 系统是针对模拟电视而设计的，它以加扰硬件设备为核心，对模拟电视信号实施加扰处理，使得未授权用户的电视机无法收到清晰稳定的电视画面；而授权用户通过加装解扰硬件设备可以正常收看。模拟 CA 系统的最大问题是保密性低、硬件设备复杂、成本高，并且对电视信号质量存在一定的影响。新一代数字 CA 系统则完全基于数字化技术，以软件处理为核心，具有可靠性高、保密性强、成本低、对电视信号无任何损伤，并可方便、灵活地支持多种类型的增值业务等特点，目前已被世界各国广泛采用。

通过将数字 CA 技术与用户授权管理系统配合可以实现多种功能。

1）提供多种授权方式。可提供的授权方式包括节目定期预订、节目分次预订和节目即时购买等。利用这 3 种基本授权方式，可以将节目源进行任意定制组合，从而为不同的观众群体提供多种类型的个性化选择。

2）实现地区阻塞功能。节目提供商可以使用地区阻塞功能禁止特定地区内的用户收看节目（尽管他们可能有授权）。借助这一功能可以对不同区域的用户实现基于地理位置或行政划分的管理。

3）发送短消息。运营商可以通过条件接收系统向用户发送短消息，该消息可在用户的电视机屏幕上停留一定的时间后自动消失。短消息可以分为全局消息和寻址消息两种。全局消息发给所有属于该节目提供商的用户，可用于节目预报或节目介绍等；寻址消息可发送给特定用户，用于通知用户及时缴费等。这些消息还可用作广告用途。

4）发送邮件。运营商可以通过条件接收系统向用户发送邮件，邮件到达用户端后，将在电视机屏幕上提醒用户有新邮件。用户查看邮件时，邮件的内容才会显示在屏幕上。邮件可以分为唯一寻址邮件和全局邮件。唯一寻址邮件是指发送给指定用户的邮件，邮件存储在机顶盒中不会丢失，除非用户手动删除邮件或存储的邮件数目超过最大数目的限制。

5）节目等级分类。对于不同类型的节目，可按照适合收看的年龄段进行等级分类、按照不同的收费等级对节目进行分类或按照不同的收视群体对节目进行分类。在接收端，按照不同的等级对用户密码进行验证，保证符合授权的人群收看特定的节目。

6）机卡绑定方式。通过增加机顶盒与智能卡之间的匹配验证，限制用户将持有的智能卡用于他人的机顶盒进行节目收视。这种方式可保证用户仅使用特定合法的机顶盒与智能卡。

随着数字电视由单向广播方式向双向互动方式转变、由基本业务向增值服务拓展，各种特色需求将不断涌现，作为业务支撑系统关键技术之一的条件接收技术正在数字电视系统的应用中发挥越来越重要的作用。

4.2.2 条件接收系统原理

1. 条件接收系统的基本构成

条件接收系统通过对传送的视频、音频和数据等信息进行加扰，并通过公开信道向终端用户传送经过加密的用于终端设备进行节目解扰所需的密钥，使合法用户可以正常接收视频、音频和数据等信息。因此，条件接收系统的核心是加、解扰处理和加、解密处理（接收控制）这两个相对独立的信息处理过程。这里的加扰处理实际上是将视频、音频和数据等信源信息进行扰乱的一种加密处理过程，使得非授权用户无法获取正常的节目数据；而这里的加密处理则是指将解扰所需的密钥进行加密处理的过程，使得授权的终端用户可以通过使用其由运营商授予的唯一用户代码解密获得运营商传递过来的解扰节目数据所需的密钥，而其他非授权用户无法从公开信道上传送的信息中获取这一密钥。

通常，条件接收系统由加扰器、加密器、控制字发生器、伪随机序列发生器、用户管理系统、授权管理系统、节目管理系统、解扰器等部分组成，如图 4-18 所示。

在发送端，数字化的音视频节目流传送到加扰器中，加扰器开始加扰时，首先要由控制字发生器产生加扰控制字（Control Word，CW），并在使用 CW 加扰 TS 之前，先将 CW 传送给控制字加密器，并等待控制字加密器返回授权控制信息（Entitlement Control Message，ECM），此 ECM 已经将 CW 及有关节目属性信息以密文形式封装到数据包内，并按照特定的时序关系将 ECM 插入 TS 中，将 CW 传送给加扰模块。而加扰模块按照事先设定好的规则使用 CW 加扰相关的音视频节目流。同时复用器还可将收到的 EMM 插入 TS 中，并将复用好的包含 ECM、EMM 的 TS 传送到调制器中，然后通过卫星直播数字电视系统发送出去。

在接收端，接收到加扰的 TS 后，按照接收机中智能卡提供的相关参数过滤出 ECM 和 EMM，并按照一定的规则要求将 ECM 和 EMM 传送给接收机智能卡。智能卡接收到 ECM 和 EMM 后，分别对其进行相关的处理，将授权写入智能卡的用户授权数据区，并根据授权条件及指定的密钥解出加扰 CW，将 CW 传送给接收机。接收机接收到 CW 后，将其传送给解扰器。如果解扰 CW 正确，就可解出加扰节目。

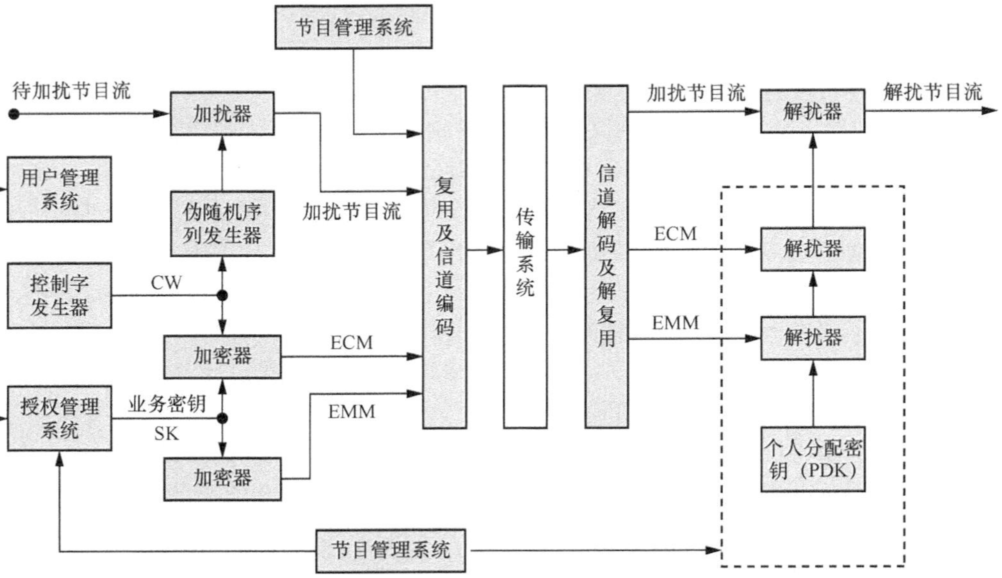

图 4-18 条件接收系统原理框图

用户管理系统主要实现数字电视广播条件接收用户的管理，包括对用户信息、用户设备信息、用户预订信息、用户授权信息、财务信息等进行记录、处理、维护和管理。授权管理系统负责用户业务开通前的授权预处理操作，主要包括对用户信用度的确认、对用户业务与智能卡有效性的确认等。节目管理系统为即将播出的节目建立节目表，节目表包括频道、日期和时间安排，也包括要播出的各个节目的 CA 信息。节目管理信息被 SI 发生器用来生成 SI/PSI，被播控系统用来控制节目的播出，被 CA 系统用来做加扰调度和产生 ECM。

从以上分析及图 4-18 可以看出，条件接收系统采用了 3 层加密结构，如图 4-19 所示。第一层保护是用控制字对复用器输出的视频、音频和数据的比特流进行加扰，以扰乱正常的比特流次序，使得接收端如不解扰就无法收看、收听正常的视频、音频和数据信息。第二层保护是用业务密钥加密控制字，这样即使控制字在传送给用户的过程中被盗，也无法对加密后的控制字进行解密。第三层保护是对业务密钥的加密，其增强了整个系统的安全性，使非授权用户在即使得到加密业务密钥的情况下，也不能轻易解密。解不出业务密钥就解不出正确的控制字，没有正确的控制字就无法解扰数据比特流。

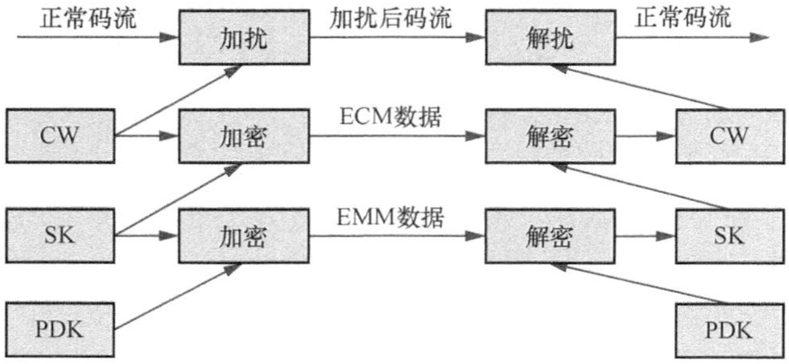

图 4-19 3 层加密结构

2. 码流加解扰技术

通用的加解扰技术有两种：一种是在用户终端通过预先约定的方式对接收的码流进行解

扰而无须由前端进行寻址解扰，另一种是通过前端对用户寻址控制来解扰。在现有的数字电视 CA 系统中，大多是采用寻址模式，用户终端根据前端发送过来的解扰信息来决定是否对加扰业务进行解扰。

因为伪随机序列具有随机序列的随机特性，在一定的长度范围内具有预先的不可确定性和不可重复性，而且这种随机性随着序列长度的加长表现得越发明显，所以在采用寻址模式加扰的 CA 系统中，为了提高 CA 系统的安全性，通常采用伪随机二进制序列（Pseudo-Random Binary Sequence，PRBS）对数字信号进行加扰。寻址模式的加解扰过程如下。

发送端的原始信息通过 PRBS 进行实时的扰乱控制，即伪随机地改变数据的存取地址。在接收端的解扰器中有一个和发送端完全相同的 PRBS 发生器。我们假设发送端的原始信息为二进制序列 a，PRBS 发生器产生的伪随机二进制序列为 b，原始信息和 PRBS 进行模 2 加扰运算后产生的二进制序列为 $a \oplus b$。当发送端和接收端的初始值一致时，发送端的 PRBS 发生器同步产生二进制序列 b，对加扰序列进行解扰有 $a \oplus b \oplus b = a$，这样就可以获取原始的信息序列 a。

3. 条件接收系统的加解密

为了让接收端和发送端达到同步，即两端的 PRBS 发生器的初始值一致，必须由发送端向接收端发送一个起始控制字去同步，PRBS 发生器的控制字是系统安全性的基本因素，它的值在不断变化。但因为控制字是随加扰信息一起传送的，所以任何人都可以读取研究，一旦控制字被窃密者读取破解，那么整个 CA 系统就瘫痪了，所以对控制字本身要用一个加密密钥通过加密算法进行加密。

现有的加密算法有两种：机密密钥算法和公开密钥算法。机密密钥算法又称为对称密钥算法，它在加密和解密过程中采用的是同一种算法、同一个密钥来控制完成，具有完全的可逆性和对称性。机密密钥系统保密性高，它对密钥的安全传输要求也很高。公开密钥算法又称非对称密钥加密算法，它的加密密钥和解密密钥不同，可以公开加密密钥。以下是两种在 CA 系统中有代表性的加密算法。

（1）对称密钥加密算法——DES 算法

美国商用数据加密标准（Data Encryption Standard，DES）算法是对称密钥加密算法中具有代表性的一种。DES 算法是 1977 年美国国家标准局公布的、由 IBM 公司研制的一种加密算法，属于分组加密算法，用于对二进制数据进行加密。它的数据分组长度为 64 位，加密后的密文分组长度也为 64 位。密钥的长度也为 64 位，其中 8 位为奇偶校验位，56 位为有效密钥位数。DES 算法是公开的，系统的安全依靠密钥的保密机制，接收端和发送端的加密算法互逆，使用相同的密钥。算法概要：DES 对 64 位的明文分组进行操作。通过初始置换将明文分组分成左半部分和右半部分，各 32 位长。然后进行 16 轮完全相同的运算，这些运算通常被称为函数 f（f 是实现代替、置换及密钥异或运算的函数），在运算过程中数据的密钥结合在一起。经过 16 轮运算以后，左半部分和右半部分合在一起，经过一个末置换（初始置换的逆置换），完成整个算法。

对称密钥加密算法的优点是加解密速度快。控制字是数字电视条件接收系统中至关重要的信息，由于数字电视节目码流的数据量很大，如果一个控制字长时间用来对码流进行操作，就会给攻击者提供大量的分析样本，这就会影响系统的安全性。因此多数 CA 系统的控制字都会几秒到十几秒改变一次，控制字序列的随机性越高，攻击者就越难进行攻击。所以对控制字的加密一般采用对称密钥加密算法。

（2）非对称密钥加密算法——RSA 算法

非对称密钥加密算法的加密密钥和解密密钥不同，并可公开加密密钥。典型的非对称密钥加密算法是 RSA 算法，其特点是有两个密钥，即公开密钥和私有密钥，只有两者配合才能完成加密和解密的全过程。

RSA 算法的基本出发点是：可以很容易地把两个素数相乘，但从该乘积分解出这两个素数却是非常困难的。RSA 的安全性完全来自"大数难以分解"这一断言。其加解密的运算过程如下。

- 取两个大素数 p 和 q（保密）。
- 计算 $n = p \times q$（公开），欧拉函数 $\varphi(n) = (p-1) \times (q-1)$（保密），$\varphi(n)$ 表示不超过 n 且与 n 互素的数的个数。
- 从[0, $\varphi(n)-1$]中选择一个公钥 e（公开），且满足 gcd(e, $\varphi(n)$)=1，计算出一个大于 1 的数 d，使其满足 $d \times e \equiv 1(\mod \varphi(n))$（保密），$d$ 即为解密密钥。
- 加密消息时，首先将明文 m 分成比 n 小的数据分组，假设 p、q 为 100 位的素数，那么 n 将有 200 位，则每个消息 m 应小于 200 位长。加密后的密文 C 将由相同长度的密文分组 c 组成，加密公式可表示为 $c = E(m) = m^e(\mod n)$。
- 解密运算为 $m = D(c) = c^d(\mod n)$。

在 CA 系统中，业务密钥 SK 的改变频率远小于控制字，因此对其加密的算法处理速度可以较慢，但由于一个业务密钥要使用比较长的时间，其安全性要求也更高，需要选用一些高强度的加密算法。公开密钥体制的加密算法在此可以得到较好的应用，其加密速度比较慢，但具有较高的加密强度，只要将公钥传送给发送端核实即可，而私有密钥不需要进行传输。RSA 算法应用比较广泛，业务密钥采用 RSA 算法进行加密。

4.3 条件接收的相关标准

我国卫星直播数字电视和有线数字电视的信源编码采用 MPEG-2 国际标准，信道传输采用欧洲的 DVB 标准，因此采用的条件接收技术必须符合这些标准的相关规定，以满足前端设备和终端接收系统的兼容性要求。

4.3.1 MPEG-2 标准对条件接收的相关规定

MPEG-2 覆盖了广泛的应用范围，具有较强的通用性。从功能上说，MPEG-2 标准主要分为系统层和压缩层两个部分。系统层主要负责对 TS 的组织和控制，以方便传输和解码；压缩层则是实现对原始数字电视信号的低失真压缩。MPEG-2 对数字电视的各种应用和系统层都做出了详细的规定，但是在条件接收方面只给出了相关语法上的定义，提出了条件接收系统的最基本框架。

TS 是将视频和音频的 PES 包作为固定长度的 TS 包的净荷，然后对 TS 包进行复用形成的，在发生传输误码时，它可以从固定的包结构中方便地找出同步字，恢复同步。为了能从 TS 中正确取出一个特定节目的数据，解码系统应该知道 TS 中节目的组成及分配情况等必要信息。为此，MPEG-2 标准定义了一个用来描述 TS 所携带内容的 PSI，并将其插入特定的 TS 包来传送。它的 3 个核心信息表是 PAT、PMT 和 CAT。其中，PAT 和 PMT 是确定当前 TS 中各节目内容最关键的两个表。PAT 是解复用的基础，它列出了各节目的 PID 码；PMT 则用于寻找负载各个节目的码流（如音频、视频等），它列出了各码流的 PID 码；CAT 则包含了表示 EMM 的所有 PID 码。

下面举一个 PSI 各表相互关系和相关结构的实例，如图 4-20 所示。

PAT (PID=0)

节目0	17
节目1	22
节目2	33
……	……
节目k	35

节目1的PMT

流1	PCR	31
流2	视频	54
流3	音频1	48
流4	音频2	49
……	……	……
流k	数据k	66

节目2的PMT

流1	PCR	41
流2	视频	19
流3	音频1	81
流4	音频2	82
……	……	……
流k	数据k	88

CAT(PID=1)

CA分段1(节目1)	EMM PID(99)
CA分段2(节目2)	EMM PID(109)
CA 分段3(节目3)	EMM PID(119)
……	……
CA分段k(节目k)	EMM PID(k)

图 4-20 PSI 各表的相互关系和相关结构

为了重建 PES，PSI 使用了一系列的标识符，这些标识符即节目的包标识符 PID，一旦已知要解码的节目，解码器首先要搜索 PID 为 0 的 PAT。PAT 中包含了所有节目的 PMT 的 PID。假设解码器已选择了节目 1，通过其 PID（=22）识别出节目 1 的 PMT，从 TS 中提取该 PMT 并进行解析。节目 1 的 PMT 包括它的视频、音频与数据包的所有 PID。将这些音频、视频等组织在一起重建 PES。对于解码所需的节目 1 的同步信息包含在 TS 包中，由 PCR PID（=31）来识别。每个节目都有一个 PCR。PID=1 用来标识 CAT，使用该表，可以查明是否允许观众解码与收看节目 1。对于所有节目来讲，CAT 包含表示 EMM 的所有 PID。

由上面实例所组成的多节目 TS 如图 4-21 所示。

0	PAT	22	节目1，PMT	33	节目2，PMT	99	节目1，EMM	
31	节目1，PCR	48	节目1，音频1	54	节目1，视频	109	节目2，EMM	
41	节目2，PCR	81	节目2，音频1	19	节目2，视频	119	节目3，EMM	……

图 4-21 多节目 TS

4.3.2　DVB 标准对条件接收的相关规定

MPEG-2 标准在 TS 的链接头上预留了 2 bit 的加扰控制,但它只是规定了没有加扰的情况,对于加扰情况并未给出具体的定义。而 DVB 标准对此做出了补充,如表 4-4 所示。

表 4-4　DVB 加扰控制字段

取值	描述
00	TS 包净荷不加扰
01	预留
10	用偶密钥加扰 TS 包
11	用奇密钥加扰 TS 包

为了简化用户端的解扰设备,DVB 对在 PES 层实施加扰规定了如下一些限制:加扰不能同时在两个层次上实施;加扰的 PES 包头不能超过 184 B;除最后一个 TS 包,携带加扰 PES 包的 TS 包不能有自适应段;在同一个 TS 包中,两个 CA 提供商不应使用相同的 CA_PID。

另外,DVB 还规定了用一个表来传输 CA 信息的机制。将 ECM 和 EMM 以及将来的授权数据放在 CA 消息表中,更便于过滤。

此外,DVB 组织还专门制定了 DVB-CI 标准,用于指导有条件接收多密方式以及其他数字视频广播解码的应用。

4.3.3　条件接收系统的信息传输方式

条件接收信息传输的核心问题实际上就是如何控制 CW 的传输。MPEG-2 TS 中系统层定义的 ECM 和 EMM 是与 CW 传输相关的两个数据流。加密后的控制字信息、授权密钥信息仍分别是 CW、ECM。ECM 和 EMM 与 CW 加扰后的节目码流复用后在 TS 中传输。对 CW 加密的业务密钥也要在 EMM 中传输。

CW 有 16 B,其中前 8 B 是偶密钥,后 8 B 是奇密钥。解扰器轮流采用奇密钥和偶密钥对加扰信号进行解扰。因为解扰器对某一个数据包进行解扰时,必须提前获知其对应的解扰密钥,所以每个解扰器在每个时段必须完成两个任务:一是根据当前所用的密钥对码流进行解扰,得到可供解码器解码的音视频码流;二是要对 ECM 进行解密,得到下一时段所用的密钥,为下一个码流的解扰做好准备。即解扰器在当前时刻获得的奇(偶)密钥应该用于下一时段的解扰,而当前时段的解扰使用的则是前一个时段所获得的偶(奇)密钥。CA 系统正是采用这种奇偶密钥交替传送的机制来实现对加扰信号的连续解扰。

图 4-22 展示了 CW 的传输与使用过程。

CW 信息是被加密在 ECM 中传输的,而要从 ECM 中获得 CW,又必须用 EMM 中带有的 SK 业务密钥。ECM 可通过分析 PMT 来获得,EMM 可通过 CAT 来获得。

CAT 描述的是该转发器上的条件接收系统及其关联的 EMM,一般是 EMM 数据的 PID。CAT 中所含的描述符一般是 CA_descriptor(),描述符中的重要信息有 CA 系统标识符、EMM_PID、CA 私有数据等。对于集成多个条件接收系统的前端而言,其发送的 CAT 中将含多个 CA_descriptor(),分别用于说明各自提供商的 CA 系统信息。PMT 描述一个节目,其中含有节目的音视频流、相关数据内容的 PID 及相应的描述信息。在条件接收系统中,ECM 的参数信息就存储在 PMT 中的 CA_descriptor()描述符中。通常，在 PMT 的 CA_descriptor()中会给出该节目的加密系统 ID 和相对应的 ECM_ PID。

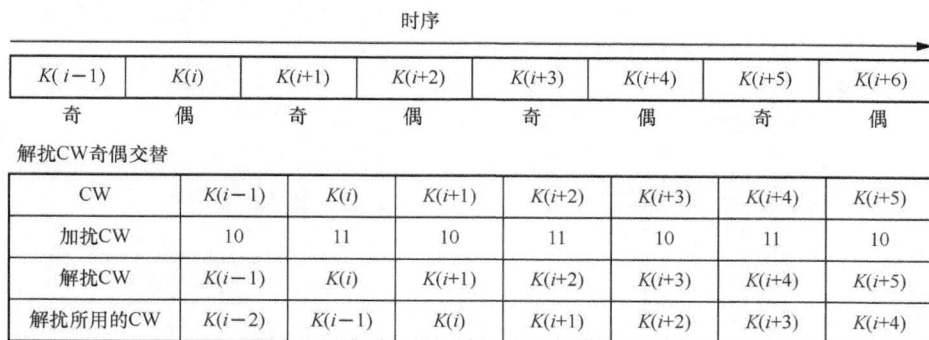

时序 →

K(i−1)	K(i)	K(i+1)	K(i+2)	K(i+3)	K(i+4)	K(i+5)	K(i+6)
奇	偶	奇	偶	奇	偶	奇	偶

解扰CW奇偶交替

CW	K(i−1)	K(i)	K(i+1)	K(i+2)	K(i+3)	K(i+4)	K(i+5)
加扰CW	10	11	10	11	10	11	10
解扰CW	K(i−1)	K(i)	K(i+1)	K(i+2)	K(i+3)	K(i+4)	K(i+5)
解扰所用的CW	K(i−2)	K(i−1)	K(i)	K(i+1)	K(i+2)	K(i+3)	K(i+4)

图 4-22 CW 的传输与使用过程

值得注意的是，在 PMT 中有两个描述符循环——节目级循环和流级循环，分别用于描述节目信息和基本流信息（如音频流、视频流和私有数据流），CA 描述符在任何一个循环中或者两个循环中都可能出现，出现的位置与其含义有重要关系。分以下 3 种情况：①只在节目级描述符循环中出现，表示节目流加密，并且音频和视频使用相同的控制字加扰，此时在 CA_descriptor()中出现的 CA_PID 为节目流的 ECM_PID；②只在流级描述符循环中出现，表示相应的基本流被加扰，这个描述符不说明其他基本流的加扰情况，在实际中存在只有音视频或数据的其中一个基本流被加扰的情况；③在节目级描述符循环和流级描述符循环中都出现的情况，这种情况表示节目的所有基本流都被加扰，但流级 CA 描述符比节目级 CA 描述符优先级更高。这就表示存在流级 CA 描述符的基本流使用该描述符中所示的 CA_PID 作为 ECM_PID，其余没有流级 CA 描述符的基本流使用节目级 CA 描述符所示的 CA_PID 作为 ECM_PID。这种情况在实际中出现比较少。

ECM 按 MPEG-2 私有段数据的格式插入 TS，隔几秒在 TS 中出现一次，频率与 CW 更新的速度有关。它不仅用来传送加密的控制字，也常被用来传送与 CA 相关的其他信息，如用来传送节目的收看级别（当前节目适合收看的年龄段）。EMM 不仅可以用来传送加密后的业务密钥，还可以用来传送电子邮件。这种邮件可以用来通知用户缴费、告知用户账单余额以及告知用户新增和删除业务等；使用 EMM 修改解密模块中的信息，如授权日期，甚至是个人分配密钥。

4.4 多系统条件接收技术

在数字电视广播条件接收市场中，在网络中仅采用一种条件接收系统不符合开放的市场需要。但是，各个厂家都希望保守自己的 CA 系统秘密，很难达成一致意见，更难制定一个统一的标准。为了网络中的 CA 系统具有良好的开放性，DVB 为数字电视条件接收系统制定了两种接收方式：同密（simulcrypt）方式和多密（multicrypt）方式。

4.4.1 同密方式

同密方式是指通过使用同一种加扰算法和相同的控制字,使多个不同的 CA 系统共同工作于相同数据流的技术。DVB 为同密方式规定了通用的加扰算法，所有实现同密的 CA 系统厂商可以开发各自加密的 ECM 和 EMM，但都要遵循通用加扰算法。在同密情况下，用相同的控制字控制加扰算法，而这个控制字可以通过不同的 CA 系统经过加密后传输给终端不同的 CA 系统的机顶盒用户。同密方式的 CA 系统如图 4-23 所示。

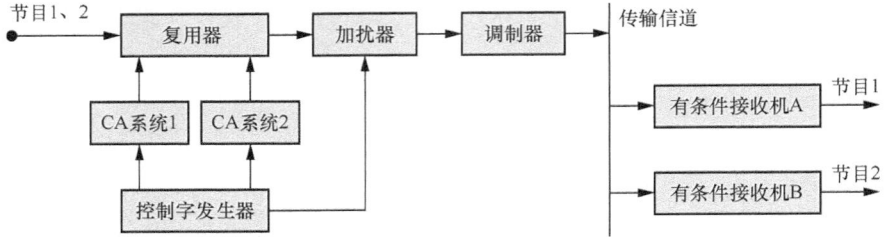

图 4-23 同密方式的 CA 系统

由图 4-23 可知，前端 CA 系统 1 和 CA 系统 2 同时对节目码流进行条件接收控制，它们使用相同的控制字发生器和加扰器，但是对控制字的加密方式和授权信息各不相同，因而产生不同的授权控制信息 ECM1 和 ECM2，以及不同的授权管理信息 EMM1 和 EMM2，它们与被加扰的节目码流复合后一同传送给用户。

在接收端，机顶盒必须遵循通用解扰算法实现对节目码流的解扰。如果用户的机顶盒中装有 CA 系统 1 的接收部分，就可以得到授权，则可以对 ECM1 和 EMM1 进行解密，从而接收到 CA 系统 1 授权的节目。如果用户的机顶盒中装有 CA 系统 2 的接收部分，同样也可以接收到 CA 系统 2 授权的节目。

同密方式的好处是能够充分保证运营商的独立和冗余安全性。当某一 CA 系统由于某种原因不能正常运转时，就可以使用另一 CA 系统保证商业运行不被中断，营造了公平竞争的环境，能够满足广播电视运营者的商业要求。但是由于针对不同 CA 系统，机顶盒中需嵌入不同的 CA 软件，一款机顶盒一般只能捆绑接收一种特定 CA 系统加密的节目，对用户和运营商来说，存在更换 CA 系统就需要更换机顶盒的风险。此外，在同密的接口上对重要的加解扰信息（如 CW）进行交换会使系统的安全性受到威胁。

4.4.2 多密方式

DVB 多密方式的基本思想是将解扰、CA 以及其他需要保密的专有功能集中于一个可拆卸的模块（PC）中，并可插入机顶盒的插槽上。机顶盒（又称主机）的功能趋于通用，其中只包含调谐器/解调器、MPEG-2 解码器、解复用等必需的功能，具有接收未加扰或已解扰的 MPEG-2 音视频、数据的功能。在主机和模块之间定义一个标准通用接口（Common Interface，CI）进行连接和通信。这种方案的好处在于，同一机顶盒可接收任意 CA 系统加扰控制的节目，当选择更换 CA 时只需更换相应的 CA 模块，机顶盒可以保持不变。一般机顶盒扩展有多个通用接口，可同时与多个 CA 模块相连，并自动或在人机交互的基础上选择使特定的 CA 模块处于工作状态。

多密方式的 CA 系统如图 4-24 所示。在前端，不同的节目供应商的节目分别用各自的 CA 系统加扰后经调制输出。在接收端，用户只要在机顶盒中分别插入不同的 CA 系统控制模块，就可以接收到相应的节目。

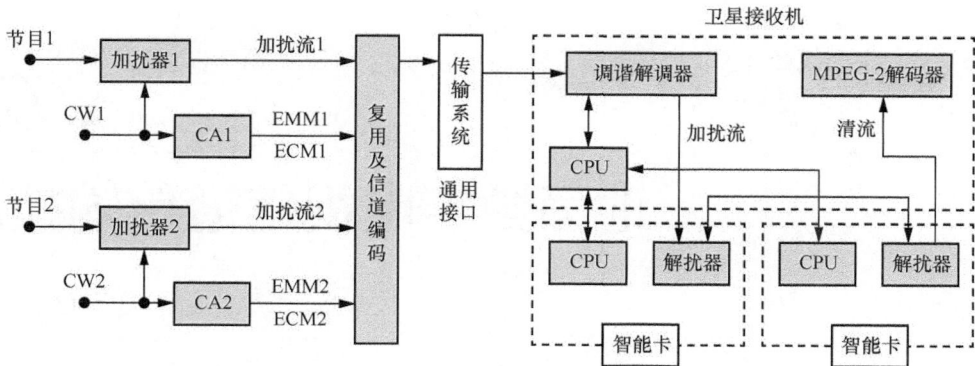

图 4-24 多密方式的 CA 系统

在多密系统中，为实现机顶盒设计的标准化，DVB 标准将 CA 模块与主机的接口标准化。从功能可以看出，这个物理上的同一个接口包含两个逻辑接口的定义。第一个接口用于传输解扰前后的 MPEG-2 码流，DVB 规范中定义了传输系统的物理层与数据链路层。第二个接口为命令接口，用于在主机和模块之间传递命令。在这个接口上，通信协议被定义在几个层中，以提供必要的功能。这些功能包括：在同一主机上提供多个模块的能力；在主机和模块之间提供复杂交流联合。逻辑上的分层结构使设计和实现更加容易。

多密方式的主要特点是从功能上简化了接收机的设计，接收机不需要包含解扰和解密控制模块，只需要设计符合多密规范的通用接口，即可选择任意厂商的多密模块，当 CA 系统需要更新时，只需要更换 CA 模块，不需要更换机顶盒。

第 *5* 章

地面数字电视信道传输技术

地面数字电视信号的传输属于无线传输，传输通道通常是多径的，而且发射机与接收终端之间可能还有相对速度和位移，并存在各种噪声和干扰，因此信号会产生严重的失真，导致接收错误并影响接收质量。故而，在信号传输前，应先对信号进行信道编码和调制等处理，使信号具有一定的检错纠错能力，提高传输可靠性。

5.1 信道传输技术简介

5.1.1 波形编码与成形滤波

在信源编码过程中，并未涉及数字符号的波形。在实际应用中，承载信息的符号必须转换成具体波形才能在信道中传输，但并不是所有的波形都适合在信道中传输，因为不同的波形有不同的特性。传输通道的带宽总是有限的，信号波形的带宽超过限制就不能进行有效的传输；有的信号波形含有直流分量，而通常的传输信道不能传输带有直流分量的信号，其结果就会使信号产生失真；此外，接收端通常需要从接收的信号中提取数字码元的同步信息，但有些信号波形缺乏同步信息携带能力。因此，在数字信号被送入信道传输之前，应当选择带宽小、无直流分量、便于提取同步信息且具备唯一性的信号波形，对所传输的数字信号进行编码，以便使数字信号具备良好的特性，从而避免信号在传输过程中出现失真或同步信息丢失。

例如，若符号"1"表示有脉冲，"0"表示无脉冲，那么脉冲序列的平均直流电平与连"0"和连"1"的个数有很大的关系。当连"0"和连"1"的个数相差太多时，就会产生直流分量和低频分量。因为大部分信道（如卫星信道）是不适合传送直流分量和低频分量的，所以需采用适当波形表示"0"和"1"，使得不管"0"和"1"的数目相差多少，都能保证有很低的直流分量和低频分量。同时，对于波形编码的要求还应该包括对信源具有透明性和唯一的可解码性，以便在接收端还原出原序列。

目前通信系统中常使用的码型有 CMI、DMI、Miller 和双相码等。它们都是 1B2B 码，即用两个二进制码表示原来的一个二进制码。此时，线路传输速率要提高一倍，所需的传输带宽也要随之增大。为了降低传输速率，可以把 1B2B 码推广到 $mBnB$ 码，即将 m 个二进制码按一定规则变换为 n 个二进制码，且 $m<n$。理论推导得出，码序列中相邻两个电平转换之间的最大距离越大，低频下限频率就越低；码序列中相邻两个电平转换之间的最小距离越小，高频上限频率就越高。

另外，还可以采用一种称为扰码（或频谱扩散）的方法来处理信源序列，如图 5-1 所示。

该方法是将信源序列与一个伪随机序列进行模 2 相加。伪随机序列是一种有规律的周期性二进制序列，其统计特性呈现很好的随机特性。以 m 序列为例，它在一个周期内出现"1"和"0"的个数接近；每个周期有 $2n-1$ 个游程（n 为生成该 m 序列的线性移位寄存器长度），且长度为 i 的游程出现的次数比长度为 $i+1$ 的游程出现的次数多一倍；等等。

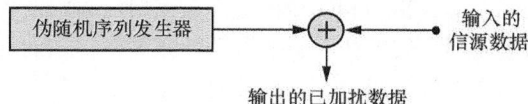

图 5-1　数据加扰电路原理

当把 m 序列与串行的数据序列进行模 2 相加时，输出序列将保留 m 序列的大部分统计特性。例如，连"0"数据与 m 序列相加后，输出就是 m 序列；连"1"数据与 m 序列相加后，输出就是 m 序列的反序列。而只有当数据流与 m 序列相同或相反时，才会变成连"0"或"1"，但这种情况出现的概率很小。因此，经过扰码后的数据"0"和"1"的数目基本相同，改善了信号的统计特性，去除了直流分量，并具有一定的保密性。

此外，另一种波形编码技术是把信源编码输出的信号通过一个滤波器，使信号频谱发生改变，该滤波器称为成形滤波器。成形滤波器通过改变信号的频率特性，使之适合在信道中传输，保证传输信息的有效性和可靠性，并且可以减少码间干扰。常使用的成形滤波器是平方根升余弦滤波器，它与接收端具有同样参数的平方根升余弦滤波器一起构成升余弦滤波器。只要滤波器的参数选择恰当，在没有多径传输的情况下，可以避免码间干扰。

5.1.2　差错控制技术

传输信道存在各种噪声和干扰，会使信号出现失真和变化，使得接收端在恢复信号时产生误码，影响信号的接收质量。因此，在传输信号中插入一些固定的、容易识别并与原始信号存在某种特定关系的编码，即所谓的差错控制编码，就可以在接收端通过判定接收信号中这种编码与原始信号的特定关系是否被破坏，来判断信号在传输过程中是否已经发生错误，并最大限度地改正传输中出现的错误。

差错控制编码是提高数字传输可靠性的一种技术，其基本原理是通过对信息序列做某种变换，使原来彼此独立、相关性很小的信息码元产生某种相关性。在接收端利用这种规律来检查或纠正信息码元在信道传输中所造成的差错。

差错控制方式基本上分为两类：前向纠错（Forward Error Correction，FEC）和自动请求重发（Automatic Repeat reQuest，ARQ）。前者在发射端发送纠错码，在接收端能检出并纠正全部或部分错误。它不需要反馈信道，解码实时性较好，但解码设备较复杂。后者在发射端发送检错码，接收端若检出错误，通过反馈信道告诉发射端，发射端根据指令重发出错的部分，直到正确接收。这种方式需要反馈信道，实时性较差，但解码设备简单。前向纠错特别适用于移动通信、卫星通信、电视广播等长距离的信号传输。前向纠错编码的种类有很多，最常用的是线性分组码和卷积码。

1．线性分组码

分组码把信源输出的信息序列按 k 个相继码元分为一组，并利用生成矩阵生成 $r = n - k$ 个校验码元，组成长度为 n 的码字。在二进制情况下，k 个码元可组成 2^k 个信息码，通过编码后，就有 2^k 个码字，这些码字的集合称为 (n, k) 分组码。在多进制的情况下，这构成了多进制的分组码，如里德-所罗门（Reed-Solomon，RS）码就是一种多进制的分组码。

　　由分组码的定义可以看出，校验码与信息元之间是通过特定关系生成的，如果这种关系是线性关系，则这类分组码就称为线性分组码，这种线性关系可由生成矩阵来表示。生成矩阵不同，信息码生成的校验码也不同，相应的码字也不同，从而构成不同的线性分组码。生成矩阵的选取对线性分组码的编码效率、检错和纠错性能非常重要。编码效率说明了在一个码字中信息位所占的比重。编码效率越高，码的传输信息有效性越高，信道的利用率越高。分组码的另一个重要参数是汉明距离。在线性分组码中，任意两个码字之间都有一定的距离，但其中存在一个最小的距离，称为该分组码的最小距离 d_{min}，它表明了该分组码中每两个码字之间的差别程度。显然 d_{min} 越大，则一个码字错为另一个码字的可能性就越小，因而其检错、纠错能力越强。

　　在接收端，利用接收的码流和分组码的校验矩阵，可以计算出该接收码流的错误图样 S，根据该错误图样是否为 0，可判断出接收码流是否错误。当发生错误的个数在可纠正和可检错的范围内时，错误图样指出了接收信号码字的错误个数和错误位置，因此利用错误图样可以进行纠错或检错。校验矩阵与生成矩阵是一一对应的关系。也就是说，如果找到了码的生成矩阵，则编码的方法就完全确定了。或者说，只要校正矩阵给定，编码时的校验位和信息位的关系就完全确定了。

　　线性分组码有多种类型，如汉明码、循环码等。汉明码是一种可纠正单个随机差错的线性分组码，它的主要优点是编码效率较高，当码长 n 较大时，其编码效率接近 1。循环码具有循环移位特性，循环码中任一码组循环移动一位以后，仍为该码中的一个码组。循环码的编码和解码设备都不太复杂，检错和纠错能力较强，所以这种码在实践中得到了广泛应用。

　　图 5-2 是一个简单的循环码生成电路的例子，该生成电路可以用多项式 $f(x)=x^3+x+1$ 来表示（设该电路的原始状态为 010）。循环码生成电路的状态可以用 Galois 域中的运算关系进行分析。在 Galois 域中，每个元素 a 与移位寄存器的状态一一对应，并且都应满足上述的多项式关系，即 $f(a)=a^3+a+1=0$。根据这一关系，a 的幂次方能产生 Galois 域中的所有元素，如 a=010，a^2=100，当 a 的幂次方超过 2 时，就应根据以上的约束多项式来求解：

$$a^3=a+1=011$$
$$a^4=a \cdot a^3 = a~(a+1) = a^2 + a = 110$$
$$a^5 = a \cdot a^4 = a \cdot (a^2 + a) = a^3 + a^2 = a^2 + a + 1 = 111$$
$$a^6 = a^3 \cdot a^3 = (a+1)(a+1) = a^2 + 1 = 101$$
$$a^7 = a \cdot a^6 = a~(a^2 + 1) = a^3 + a = a + 1 + a = 1 = 001$$
$$a^8 = a \cdot a^7 = a = 010$$

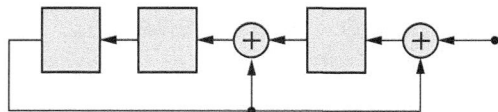

图 5-2　循环码的生成电路

　　由此可见，$a \sim a^7$ 所对应的值就是原始状态为 010 的电路中移位寄存器在每个时钟作用下的状态。在循环码中，检查是否有错码的方法是，用输入码字除以多项式，检查余式是否为零来判断传输中是否出错。如果出现错误，则根据余式可以计算出其错误图样，进而确定错误的位置。

2. 卷积码

　　从前面的介绍中可以看到，分组码在编码和解码中，前后码组之间是无关的。编码时，一个码组的校验位只取决于本组的信息位。解码时，也只要从长为 n 的一个接收码组中还原出本组的信息位即可。为了增强分组码的纠错能力，需要增加分组码的校验位，这不仅会降低编码效率，还会使编、解码设备更加复杂，特别是增加解码的困难。

卷积码可以克服分组码中存在的编码效率与纠错能力之间的矛盾。在卷积码中，一个码组的校验码元不仅取决于本组的信息元，还取决于前 m 组的信息元，通过这种规则构成的码记为 (n,k,m) 卷积码。其中，m 称为编码记忆，表示输入的信息组在编码器中所需的存储单元数；$m+1$ 称为编码约束度，说明编码过程中互相有约束关系的码组数；$(m+1)n$ 称为编码约束长度，说明编码过程中互相约束的码元个数。

卷积码也可以用生成矩阵来表示信息元与校验码之间的生成关系，但卷积码的生成矩阵是一个半无限矩阵。因为在这个半无限的生成矩阵中，到一定列后，其数值和前面各列分别相同，所以可以只研究前几列所组成的矩阵，这个矩阵称为截短生成矩阵。

在卷积码的解码过程中，不仅要根据当前时刻输入解码器的码组，还要根据以后的一段时间内接收的所有码组，才能译出一个码组的信息元。

卷积码的解码可分为代数解码和概率解码两大类。前者最主要的方法是大数逻辑解码，在卷积码发展的早期普遍采用代数解码。现在概率解码已越来越受到重视，概率解码中普遍采用的是维特比解码。在编码的过程中，可以用码树图来形象地表示卷积码的编码过程，具体来说就是，编码器的编码过程可以看成根据输入信息元通过码树的某一条路径而生成带有校验元的码字，这种编码过程和原理提供了维特比解码的算法原理。在接收端解码时，可以看成解码器根据接收到的序列、信道统计特性和编码规则，寻找原来编码时所通过的那条路径。只要找到了这条路径，就完成了解码，并纠正了传输中的错误。在概率解码中，我们往往是通过计算各条路径所对应的序列和接收序列的偏差，做出最大似然估计来寻找这条路径的。但码树的路径随着输入信息元的增加按指数规律增加，因此，按码树的路径来计算，其计算量随解码的约束长度的增加而快速增加，实现起来很困难，维特比解码利用了码树的重复特性使计算量大大减少。

因为卷积码充分利用了各组之间的相关性，n 和 k 可以用比较小的数，所以在与分组码有着同样的编码效率和设备复杂性的条件下，卷积码的性能比分组码好。但对卷积码的分析至今还缺乏分组码那样有效的数学分析工具，一些分析和解码的工作往往还需借助计算机。

5.1.3 数字调制技术

数字调制起到了频谱搬移的作用，即将信号从低频段搬移到高频段，并在一定程度上改变了原来信号的频谱分布。调制是信号要在带通信道中传输的不可缺少的基本步骤，也是抵抗信道干扰的重要途径。

因为传输信道的频带资源总是有限的，所以在充分地利用现有资源的前提下，提高传输效率就是通信系统所追求的重要指标之一。常用的数字调制方式有幅移键控（Amplitude Shift Keying，ASK）、频移键控（Frequency Shift Keying，FSK）、相移键控（Phase Shift Keying，PSK）和正交振幅调制（Quadrature Amplitude Modulation，QAM）等。不同的数字调制方式都可以采用多进制的调制信号（如 16ASK、8PSK、64QAM 等），使得数字传输系统所能够达到的传输效率远远高于模拟传输系统，从而大大提高用户根据实际应用需要选择系统配置的灵活性。

信息与承载它的信号之间存在着对应关系，这种关系称为"映射"。接收端根据事先约定的映射关系从接收信号中提取发射端发送的信息。信息与信号间的映射方式可以有很多种，调制技术不同是因为它们所采用的映射方式不同。实际上，数字调制的主要目的在于控制传输效率，不同的数字调制技术正是由其映射方式区分的，其性能也是由映射方式决定的。

数字调制过程实际上是由两个独立的步骤（映射和调制）实现的，这一点与模拟调制不同。映射将多个二元比特转换为一个多元符号，这种多元符号可以是实数信号（在 ASK 中），也可以是二维的复信号（在 PSK 和 QAM 中）。例如，在正交相移键控（Quadrature Phase Shift Keying，QPSK）的映射中，每两比特被转换为一个四进制的符号，对应着调制信号的 4 种载波。多元符号的元数就等于调制星座的容量。在这种多到一的转换过程中，实现了频带压缩。

5.1.4　地面数字电视传输标准简介

地面数字电视传输技术主要包括信道编码和数字调制两方面的技术。经过多年研究与发展，国外已形成了 4 个成熟的数字电视地面广播（Digital Television Terrestrial Broadcasting，DTTB）标准，分别是美国的 ATSC 8-VSB（1996 年发布）、欧洲的 DVB-T（1997 年发布）与 DVB-T2（2008 年发布）和日本的 ISDB-T（1998 年发布）；我国于 2006 年也发布了自己的 DTTB 标准——DTMB，并在全国强制性推广。随着 DTTB 标准的推广，与之相关的技术也成为研究的热点。不同标准的信号发射处理流程相似，区别在于流程中的各环节采用的信号处理技术或者参数不同。图 5-3 是各标准通用的发射信号处理流程。

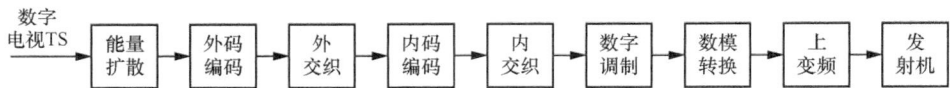

图 5-3　各标准通用的发射信号处理流程

5.2　DVB-T 传输标准

DVB 提供了一套完整的适用于不同媒介的数字电视广播标准。该套标准选定 MPEG-2 作为音频、视频的压缩编码和多路复用标准，并针对卫星、有线及地面电视等不同媒介传输制定了不同的传输技术标准，是当前国际上广泛应用的数字电视广播信道传输标准。其中，DVB-T 和 DVB-T2 是针对地面传输的数字电视广播传输标准。DVB-T 和 DVB-T2 标准都采用编码正交频分复用（Coded Orthogonal Frequency Division Multiplexing，COFDM）的多载波调制方式，通过循环前缀（Cyclic Prefix，CP）作为保护间隔，具有很好的抗多径效果，同时，它在频域插入大量导频用于同步及信道估计。相较于 ATSC 标准，DVB-T 以部分频谱效率和功率效率为代价，解决了复杂环境下的固定接收和移动接收难题。目前已有数十个国家或地区采用 DVB-T 或 DVB-T2 标准。

DVB-T 在使用 COFDM 技术的同时，还使用了强大的纠错码，达到频谱利用效率与传输可靠性的平衡，支持小范围和大范围的单频网（Single Frequency Network，SFN），同样一路数字电视节目，可以通过多台发射机的同一频率同时接收，以提高接收效果。系统可以支持目前模拟电视系统的 8 MHz、7 MHz 和 6 MHz 带宽；支持等级调制，以适应不同环境的传输。

DVB-T 标准的主要参数如下：能量扩散使用的伪随机序列与 DVB-S 相同，外编码使用与

DVB-S 相同的 RS 码，外交织深度为 12，内编码使用卷积码，码率分别为 1/2、2/3、3/4、5/6、7/8，子载波调制方式分别是 QPSK、16QAM、64QAM、COFDM，保护间隔分别是 1/4、1/8、1/16、1/32，载波数量分别是 2K 模式有 1 705 个载波，8K 模式有 6 817 个载波。

图 5-4 是 DVB-T 标准发射信号处理流程。

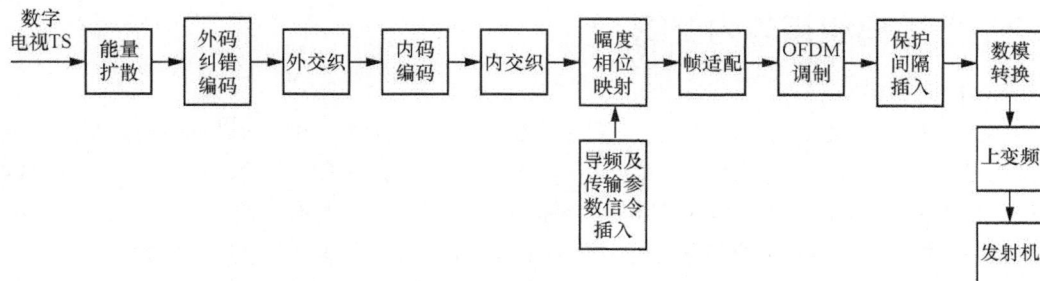

图 5-4　DVB-T 标准发射信号处理流程

从 MPEG-2 传输流复用器送来的 TS，经过扰码器进行数据随机化实现能量扩散，采用 RS 码作为外纠错码，然后进行深度为 12 的外交织；之后，采用卷积码作为内纠错码；接着，进行内交织，它包括为各种数字调制进行的比特交织和正交频分复用（Orthogonal Frequency Division Multiplexing，OFDM）调制而进行的符号交织；然后根据标准规定的格式进行导频和传输参数的插入，之后进行 OFDM 调制和保护间隔的插入，形成完整的 OFDM 符号，经过数模转换后，上变频为射频信号。

5.2.1　能量扩散

能量扩散也叫加扰。从复用器或单频网适配器出来的 TS 有可能包含连续的 0 和 1，使信号含有直流分量，造成接收解码困难，能量扩散的目的是采用随机的方法将这些连续的 0 或 1 分散开来。在 DVB 标准中，无论是 DVB-T、DVB-S 还是 DVB-C，都采用相同的伪随机序列进行能量扩散。伪随机二进制序列的生成多项式是 $g(x)=x^{15}+x^{14}+1$。

5.2.2　外码纠错与外交织

1. 外码纠错

外码纠错与 DVB-C 及 DVB-S 相同，采用 RS 码纠错。它在 MPEG-2 数字电视传输流 188 B 上加入 16 B 的冗余纠错码，构成一个 204 B 长度的传输流，该纠错码主要面向突发性连续错误。

RS 截短码（204，188，t=8）取自原始的系统 RS 码（255，239，t=8），将此码应用于随机化后的传输包（188 B），以产生一个误码保护包。

码生成多项式为 $g(x)=(x+\alpha^0)\ (x+\alpha^1)\ (x+\alpha^2)\ \cdots\ (x+\alpha^{15})$，其中 α=02$_{HEX}$，字段生成多项式为 $p(x)=x^8+x^4+x^3+x^2+1$。

2. 外交织

外交织也叫 Forney 卷积交织，其功能是将连续的错误打散，让它们平均分布在多个 188 B 的传输包码流中，以提高外码纠错效果。

卷积交织深度为 I=12，被交织的数据字节将使误码保护包排列有序，并被反转或非反转

MPEG-2 同步字节所分割（保持 204 B 周期）。交织器可以由 I=12 个分支组成，通过输入开关周期性地接到输入字节串。每个分支 j 都是一个深度为 $j \times M$ 单元的先进先出移位寄存器，其中 M=17=N/I，N=204。这个先进先出单元的大小是 1 B，输入和输出开关是同步的。

5.2.3　内码纠错与内交织

1. 内码纠错

内纠错码也称维特比纠错码。上面所说的 RS 纠错码是面向 188 B 长度的传输包进行纠错的，而维特比纠错码是面向比特的纠错码。根据加入的冗余码长度，可以分成 1/2、2/3、3/4、5/6、7/8 共 5 种。1/2 纠错码具有最强的纠错能力，但其保护码与有用码的比例为 1：1，带宽比较浪费；7/8 纠错码的保护码只占有用码的 1/8，带宽利用率高，但是纠错能力弱。

系统允许的收缩卷积码的范围以码率为 1/2 的主卷积码为基础。主卷积码的生成多项式是：对 X 输出为 $g_1(x)$ =171oct，对 Y 输出为 $g_2(x)$ =133oct。如果采用两电平分层传输模式，两个并行的信道编码器都可以具有相同的码率。

除 1/2 码率的主码，系统还允许 2/3、3/4、5/6、7/8 的收缩码率。收缩卷积码的抽取模式如表 5-1 所示，1 表示抽取，0 表示不抽取，表中 X 和 Y 是相对于卷积编码器的两个输出。

表 5-1　收缩卷积码的抽取模式

收缩码率	X	Y	发送序列（并-串变换后）
1/2	1	1	$X_1 Y_1$
2/3	10	11	$X_1 Y_1 Y_2$
3/4	101	110	$X_1 Y_1 Y_2 X_3$
5/6	10101	11010	$X_1 Y_1 Y_2 X_3 Y_4 X_5$
7/8	1000101	1111010	$X_1 Y_1 Y_2 Y_3 Y_4 X_5 Y_6 X_7$

2. 内交织

内交织包括比特交织及字符交织两种。比特交织是将从内纠错维特比编码输出的二路码流，分别按照 QPSK、16QAM 或 64QAM 的要求交织成为 2 路、4 路或 6 路比特流，然后将分别含有 2 bit、4 bit 或 6 bit 的字符映射到 2K 模式中的 1 512 个载波或 8K 模式中的 6 048 个载波中，再实现字符交织。

由高达两个比特流组成的输入解复用为 V 个子码流，其中对于 QPSK，V=2；对于 16QAM，V=4；对于 64QAM，V=6。在非分层模式中，单个输入码流解复用为 V 个子码流；在分层模式中，高优先权码流解复用为 2 个子码流，低优先权码流解复用为 V-2 个子码流。符号交织的目的是将 V 比特字符映射在每个 OFDM 符号的 1 512 个（2K 模式）或 6 048 个（8K 模式）有效载波上。

5.2.4　幅度和相位映射

将比特交织构成的 2 bit、4 bit 或 6 bit 字符，依据 QPSK、16QAM 或 64QAM 3 种不同的调制方式，采用格雷码映射方式，进行幅度和相位的映射，如图 5-5 所示。具体的星座映射关系可参见标准文档。

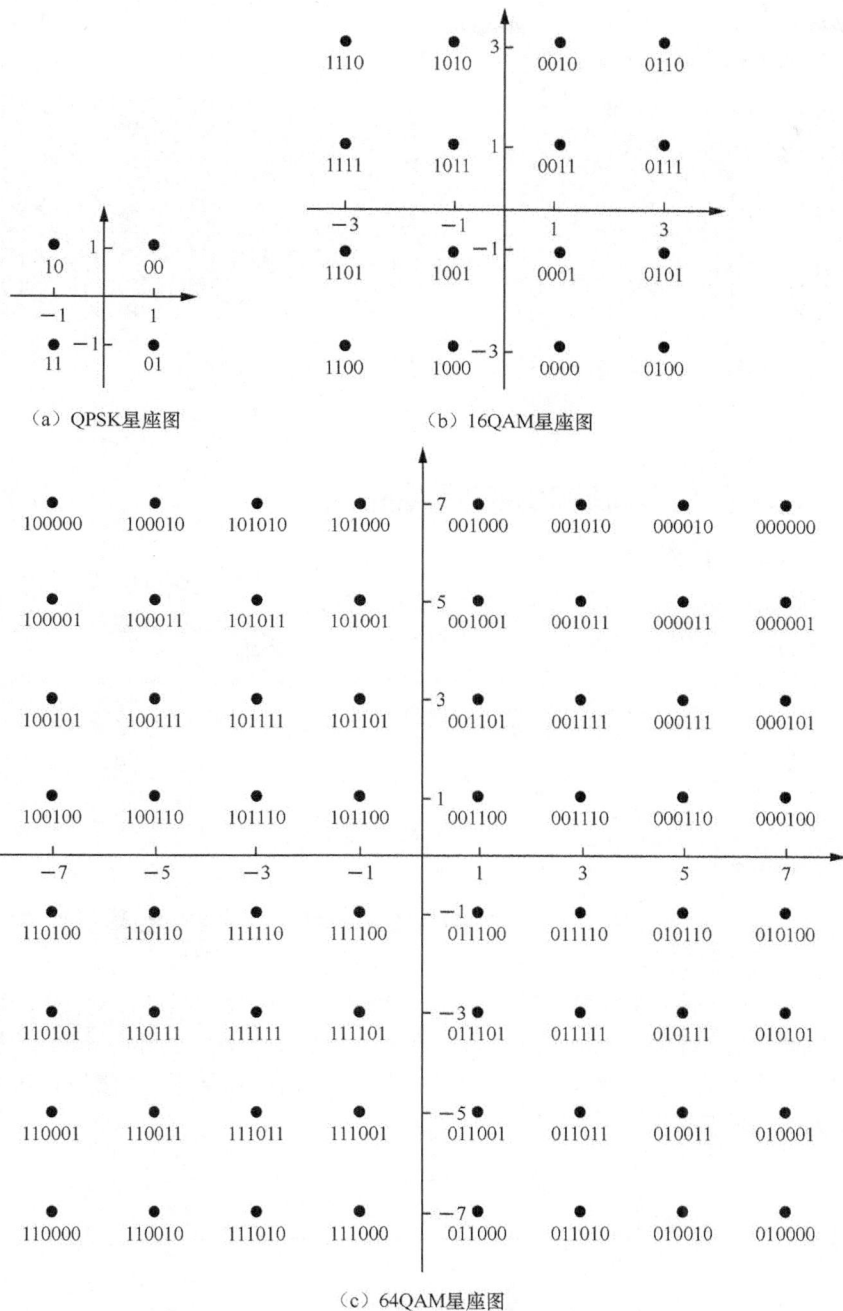

（a）QPSK星座图　　　　（b）16QAM星座图

（c）64QAM星座图

图 5-5　QPSK、16QAM 和 64QAM 星座图

5.2.5　导频及传输参数信令插入

传输参数信令（Transmission Parameter Signalling，TPS）描述 DVB-T 系统的主要传输参数，包括 2K 或 8K 模式，QPSK、16QAM、64QAM 调制方式，保护间隔，等级调制参数 Alfa，内纠错维特比码等。导频信号的插入是为了方便接收机对接收信号的幅度及相位进行估算，提

高接收质量。它包含连续导频信号和离散导频信号。DVB-T 标准规定了 TPS、连续和离散导频的载波位置。

图 5-6 为导频和数据载波示意图。

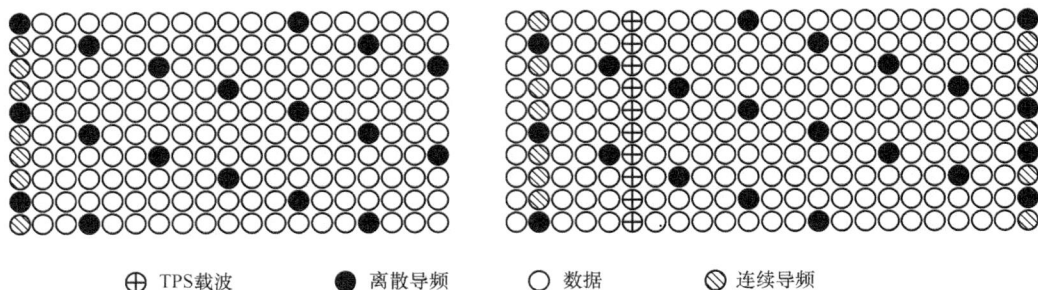

⊕ TPS载波　　● 离散导频　　○ 数据　　◎ 连续导频

图 5-6　导频和数据载波示意图

5.2.6　COFDM 调制和保护间隔插入

COFDM 调制通过 2K 模式（1 512 个载波）或 8K 模式 6 048 个载波对 I/Q 信号进行调制。为了克服反射波的干扰以及来自多台发射机的多波效应，将每一帧最后的若干字符进行重复，重复长度可以是有用字符长度的 1/4、1/8、1/16 和 1/32，这就是保护间隔。图 5-7 为保护间隔插入示意图。

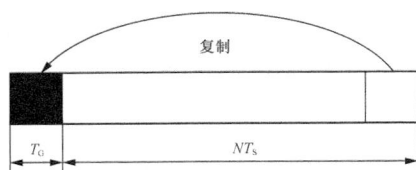

图 5-7　保护间隔插入示意图

5.2.7　组帧

被发送的信号组织在帧中，由 68 个 OFDM 符号组成，对 8K 模式，每个符号有 6 817 个载波；对 2K 模式，每个符号有 1 705 个载波。4 帧组成一个超帧。

OFDM 帧中的符号编号为 0～67，所有符号都包含数据和参考信息。OFDM 信号由许多单独调制的载波组成，每个符号都可以分为小单元，每个单元都对应于符号持续期内一个载波上的调制载波。除了被发送的数据，一个 OFDM 帧还包括离散导频、连续导频和 TPS。

图 5-8 为帧结构示意图。

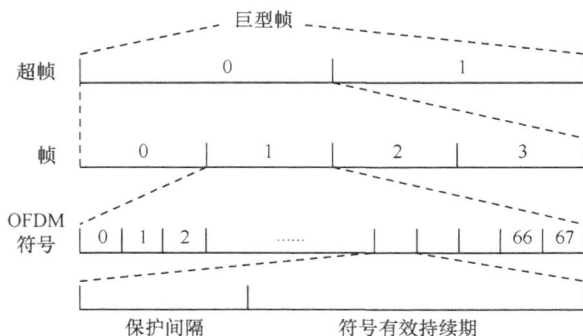

图 5-8　帧结构示意图

5.3 DVB-T2 传输标准

DVB-T2 是第二代欧洲地面数字电视广播传输标准,在 8 MHz 频谱带宽内支持的最高 TS 传输速率约为 50.1 Mbit/s（如果包括可能去除的空包,则最高 TS 传输速率可达 100 Mbit/s）。 DVB-T 设计目标是室内、室外固定接收,并且提供便携接收而非移动接收,因此它的移动接收效果并不好。DVB-T2 在物理层的处理技术、信号参数和帧结构上都做了改进,使其更适合移动接收,而且系统设计本质上具有内在适应性,以便适应所有的信道,不仅能处理高斯信道,还能适应莱斯信道和瑞利信道,能够抵抗高电平（0 dB）、长延时的静态和动态多径回波。

DVB-T2 与 DVB-T 共存但不兼容,两者基本技术路线的共同点是 COFDM 技术、频域导频技术和 QAM 调制技术,具体参数对比如表 5-2 所示。相较于 DVB-T,DVB-T2 的主要改进之一是支持物理层多业务功能,之二是采用各种技术提高传输速率,之三是采用多种提高地面传输性能的技术,包括很多可选项。其技术对比如表 5-3 所示。

表 5-2 DVB-T 和 DVB-T2 参数对比

比较项	DVB-T	DVB-T2
纠错编码及内码码率	RS+卷积码：1/2、2/3、3/4、5/6、7/8	BCH+LDPC：1/2、3/5、2/3、3/4、4/5、5/6
星座映射	QPSK、16QAM、64QAM	QPSK、16QAM、64QAM、256QAM
保护间隔	1/32、1/16、1/8、1/4	1/128、1/32、1/16、19/256、1/8、19/128、1/4
FFT 大小/K	2、8	1、2、4、8、16、32
离散导频额外开销/%	8	1、2、4、8
连续导频额外开销/%	2.6	≥0.35

表 5-3 DVB-T 和 DVB-T2 技术对比

比较项	DVB-T	DVB-T2
帧结构	1 层帧结构	3 层帧结构,包括 P1 符号
COFDM 参数	2 种 FFT 大小,4 种保护间隔,1 种离散导频图案（对应 1 种导频开销）	6 种 FFT 大小,7 种保护间隔,8 种离散导频图案（对应 4 种导频开销）
星座映射	3 种,采用规则映射	4 种,采用规则映射或星座旋转和 Q 延时
多天线技术	SISO	SISO 和 MISO（可选,采用改进的 Alamouti 编码）
信令传输	TPS	P1 信令和 L1 信令
交织技术	卷积交织和自然或深度交织	比特交织、符号交织、时间交织和频域交织
PLP（物理层管道）	等效为一个 PLP	多个 PLP,包括公共和数据 PLP
分片技术	无分片技术	时间分片、时频分片
峰均比降低技术	无	ACE 技术和预留子载波技术（可选）
FEF	无	有

在物理层支持多业务功能方面,主要包括以下 5 点:

1）由超帧、T2 帧和 OFDM 符号组成 3 层帧结构，引入子片（sub-slice）概念，提供时间分片功能；

2）引入分组级协议（Packet Level Protocol，PLP）概念，多个 PLP 在物理层时分复用整个物理信道；

3）增强的 L1 信令，包括 L1 动态信令，支持物理层多业务灵活传输；

4）支持更多的输入流格式，支持输入流的灵活处理，包括空包删除和恢复、多个数据 PLP 共享公共 PLP、多个传输流的统计复用等；

5）帧结构支持未来扩展帧（Future Extension Frame，FEF），支持未来业务扩展。

在提高最大传输速率方面，主要包括以下 5 点：

1）支持更高阶调制，高达 256QAM；

2）采用更优的 BCH+LDPC 级联纠错编码；

3）支持更多的 FFT 点数，高达 32 768，并增加了扩展子载波模式；

4）支持更多的保护间隔选项，最小保护间隔为 1/128；

5）优化的连续和离散导频，降低导频开销。

在提高地面传输性能和提供更多可选技术方面，主要包括以下 5 点：

1）P1 符号的引入，支持快速帧同步和对抗大载波频偏能力；

2）采用改进 Alamouti 空频编码的双发射天线多输入单输出（Multiple Input Single Output，MISO）技术（可选项）；

3）采用 ACE 或预留子载波的峰均比降低技术（可选项）；

4）支持多个射频信道的时频分片功能（可选项）；

5）支持多种灵活的交织方式，包括比特交织、单元交织、时间交织和频域交织等，以增强对低、中、高多种传输速率业务的支持。

5.4　DTMB 传输标准

我国从 1994 年开始发展地面数字电视广播，各高校和研究机构积极专注于数字电视的研究，2001 年在全国范围内广泛征集 DTTB 标准，共收到了 4 家单位（清华大学、电子科技大学、国家广播电视总局广播电视科学研究院和上海交通大学）提交的 5 套技术方案，其中，清华大学的多载波传输方案和上海交通大学的单载波传输方案最具影响力。

清华大学的 DMB-TH（Digital Multimedia Broadcast-Terrestrial/Handle）多载波方案采用了 PN 填充的时域同步正交频分复用（Time Domain Synchronous-Orthogonal Frequency Division Multiplexing，TDS-OFDM）调制技术，既继承了 OFDM 技术的优势，又避免了传统的 CP-OFDM 系统中频谱利用率较低的不足。该系统的优势主要包括频带利用率高、接收灵敏度高、支持高速移动接收、支持单频网等。

上海交通大学提出的 ADTB-T（Advanced Digital Television Broadcasting-Terrestrial）单载波方案，不仅继承了 ATSC 系统的峰均比低、传输容量大、接收门限低、发射功率低、对调谐器要求低、相位噪声不敏感等优点，而且通过突破技术难关，还拥有 DVB-T 系统的抗多径能力强、系统同步快、多模式多码率工作模式、支持移动接收等优点。

经过长达 5 年的讨论和研究，我国的国家标准化管理委员会于 2006 年 8 月确定了中国数字电视地面传输标准——DTMB（代号为 GB 20600—2006），融合了清华大学和上海交通大学

两家的方案，能够同时支持单载波和多载波两种模式。它能支持的系统净荷数据传输率为
4.813～32.486 Mbit/s，支持固定接收和移动接收，支持单频组网和多频组网，能满足标准清晰
度电视（SDTV）、高清晰度电视（HDTV）和多媒体数字广播等多种业务的需要。

5.4.1 DTMB 的系统构成

为了获得可靠高效的传输效果，DTMB 系统规定了一个严谨、完善的信道编码和数字调制方
案，使其适应地面传输信道的特性，保证可靠性和有效性。DTMB 标准的系统结构如图 5-9 所示。

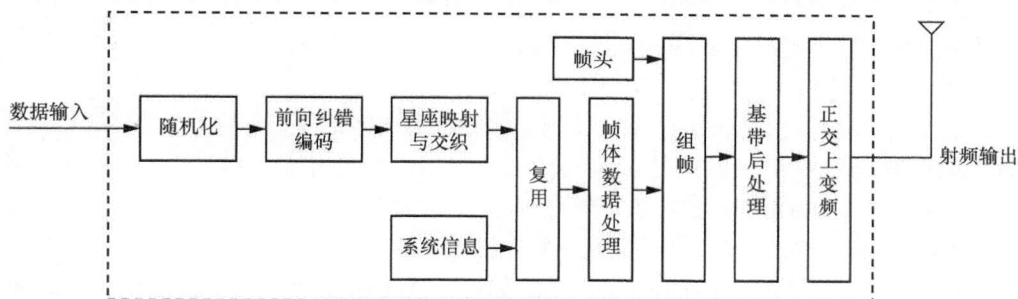

图 5-9 DTMB 标准的系统结构框图

从 MPEG-2 传输流复用器送来的 TS，经过随机化处理实现能量扩散、FEC 编码，然后进
行从比特流到符号流的星座映射和交织，形成基本数据块。基本数据块与系统信息复用后，经
过帧体数据处理形成帧体。帧体与相应的帧头（PN 序列）复接为信号帧（组帧），经过基带后
处理模块转换为基带输出信号（8 MHz 带宽内）。该信号经正交上变频转换为射频信号（UHF
和 VHF 频段范围内）。

5.4.2 随机化

为了保证传输数据的随机性以便于传输信号处理，输入的码流数据需要用扰码进行加扰。
扰码是一个最大长度二进制伪随机序列，其生成多项式定义为 $g(x) = x^{15} + x^{14} + 1$，由线性反馈
移位寄存器生成，初始相位为 100101010000000。

输入的比特码流（数据字节的 MSB 在前）与 PN 序列进行逐位模 2 相加后产生数据扰码。
扰码器的移位寄存器在信号帧开始时复位到初始相位。

5.4.3 FEC 编码

扰码后的比特流接着进行 FEC 编码。FEC 编码由外码（BCH 码）和内码（LDPC 码）级
联实现。FEC 编码的具体参数如表 5-4 所示。

表 5-4 FEC 编码的参数表

编号	块长/bit	信息比特/bit	对应的码率
码率 1	7 488	3 008	0.4
码率 2	7 488	4 512	0.6
码率 3	7 488	6 016	0.8

BCH（762，752）码由 BCH（1 023，1 013）系统码缩短而成。在 752 bit 数据前添加 261 bit 0 成为 1 013 bit，编码成 1 023 bit（信息位在前）。然后去除前 261 bit 0，形成 762 bit BCH 码。BCH 码的生成多项式为 $g(x)=x^{10}+x^3+1$。3 种码率的 FEC 编码使用同样的 BCH 码。

LDPC 码的生成矩阵 $\boldsymbol{G}_{qc}$ 的结构如式（5-1）所示：

$$\boldsymbol{G}_{qc} = \begin{bmatrix} \boldsymbol{G}_{0,0} & \boldsymbol{G}_{0,1} & \cdots & \boldsymbol{G}_{0,c-1} & \boldsymbol{I} & \boldsymbol{0} & \cdots & \boldsymbol{0} \\ \boldsymbol{G}_{1,0} & \boldsymbol{G}_{1,1} & \cdots & \boldsymbol{G}_{1,c-1} & \boldsymbol{0} & \boldsymbol{I} & \cdots & \boldsymbol{0} \\ \vdots & \vdots & \boldsymbol{G}_{i,j} & \vdots & \vdots & \vdots & \vdots & \vdots \\ \boldsymbol{G}_{k-1,0} & \boldsymbol{G}_{k-1,1} & \cdots & \boldsymbol{G}_{k-1,c-1} & \boldsymbol{0} & \boldsymbol{0} & \cdots & \boldsymbol{I} \end{bmatrix} \tag{5-1}$$

其中，$\boldsymbol{I}$ 是 $b \times b$ 阶单位矩阵，$\boldsymbol{0}$ 是 $b \times b$ 阶零阵，而 $\boldsymbol{G}_{i,j}$ 是 $b \times b$ 阶循环矩阵，取 $0 \leqslant i \leqslant k-1$，$0 \leqslant j \leqslant c-1$。

BCH 码字按顺序输入 LDPC 编码器时，最前面的比特是信息序列矢量的第一个元素。LDPC 编码器输出的码字信息位在后，校验位在前。LDPC 码由循环矩阵 $\boldsymbol{G}_{i,j}$ 生成。$\boldsymbol{G}_{i,j}$ 的定义可详见标准文档。LDPC 码的校验矩阵定义也可参见标准文档。

3 种不同内码码率的 FEC 码的结构分别介绍如下。

1）码率为 0.4 的 FEC（7 488，3 008）码。先由 4 个 BCH（762，752）码和 LDPC（7 493，3 048）码级联构成，然后将 LDPC（7 493，3 048）码前面的 5 个校验位删除。LDPC（7 493，3 048）码的生成矩阵 $\boldsymbol{G}_{qc}$ 具有式（5-1）所示的矩阵形式，其中参数 $k=24$、$c=35$ 和 $b=127$。

2）码率为 0.6 的 FEC（7 488，4 512）码。先由 6 个 BCH（762，752）码和 LDPC（7 493，4 572）码级联构成，然后将 LDPC（7 493，4 572）码前面的 5 个校验位删除。LDPC（7 493，4 572）码的生成矩阵 $\boldsymbol{G}_{qc}$ 具有式（5-1）所示的矩阵形式，其中参数 $k=36$、$c=23$ 和 $b=127$。

3）码率为 0.8 的 FEC（7 488，6 016）码。先由 8 个 BCH（762，752）码和 LDPC（7 493，6 096）码级联构成，然后将 LDPC（7 493，6 096）码前面的 5 个校验位删除。LDPC（7 493，6 096）码的生成矩阵 $\boldsymbol{G}_{qc}$ 具有式（5-1）所示的矩阵形式，其中参数 $k=48$、$c=11$ 和 $b=127$。

5.4.4　符号星座映射

FEC 编码产生的比特流要转换成均匀的 nQAM（n：星座点数）符号流（最先进入的 FEC 编码比特作为符号码字的最低有效位），DTMB 包含以下 5 种符号映射关系：4QAM、16QAM、32QAM、64QAM 和 4QAM-NR。各种符号映射加入相应的功率归一化因子，使它们的平均功率趋同。图 5-10 是前 4 种映射调制的星座图。

1. 4QAM 映射

对于 4QAM，每 2 bit 对应 1 个星座符号。FEC 编码输出的比特数据被拆分成 2 bit 为一组的符号（b_1b_0），该符号的星座映射是同相分量 $I=b_0$，正交分量 $Q=b_1$。星座点坐标对应的 I 和 Q 的取值是-4.5 和 4.5。

2. 16QAM 映射

对于 16QAM，每 4 bit 对应 1 个星座符号。FEC 编码输出的比特数据被拆分成 4 bit 为一组的符号（$b_3b_2b_1b_0$），该符号的星座映射是同相分量 $I=b_1b_0$，正交分量 $Q=b_3b_2$。星座点坐标对应的 I 和 Q 的取值为-6、-2、2 和 6。

3. 32QAM 映射

对于 32QAM，每 5 bit 对应 1 个星座符号。FEC 编码输出的比特数据被拆分成 5 bit 为一组的符号（$b_4b_3b_2b_1b_0$）。星座点坐标对应的同相分量 I 和正交分量 Q 的取值为-7.5、-4.5、-1.5、1.5、4.5 和 7.5。

4. 64QAM 映射

对于 64QAM，每 6 bit 对应 1 个星座符号。FEC 编码输出的比特数据被拆分成 6 bit 为一组的符号（$b_5b_4b_3b_2b_1b_0$），该符号的星座映射是同相分量 $I= b_2b_1b_0$，正交分量 $Q= b_5b_4b_3$。星座点坐标对应的 I 和 Q 的取值为-7、-5、-3、-1、1、3、5 和 7。

5. 4QAM-NR 映射

4QAM-NR 映射方式是在 4QAM 符号映射之前增加 NR 准正交编码映射。按照将要介绍的 5.4.5 节描述的交织方法对 FEC 编码后的数据信号进行基于比特的卷积交织，然后进行一个 8～16 bit 的 NR 准正交预映射（具体映射关系可见标准文档），再把预映射后每 2 bit 按照 4QAM 调制方式映射到星座符号，直接与系统信息复接。

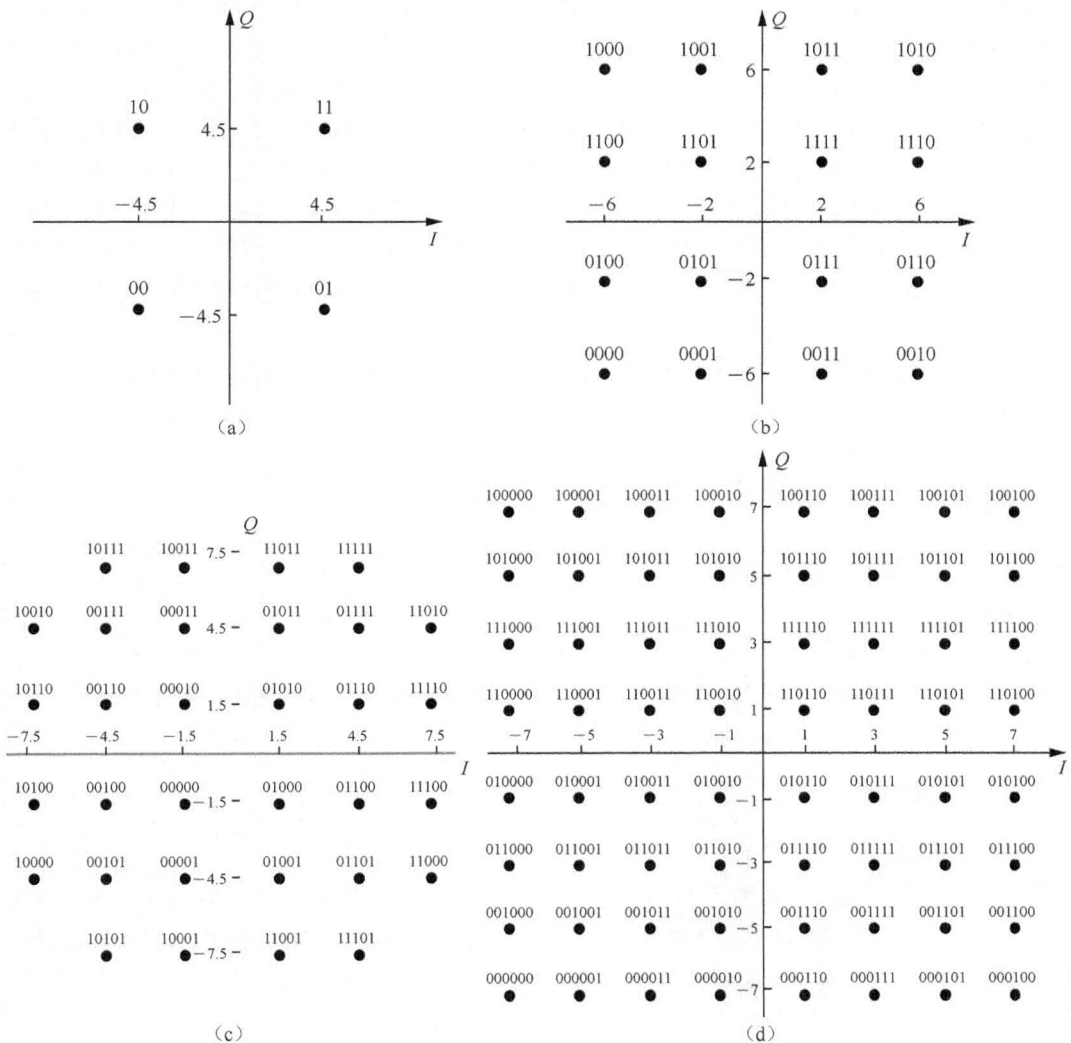

图 5-10 4QAM、16QAM、32QAM 和 64QAM 映射调制的星座图

5.4.5　符号交织与频域交织

1. 符号交织

时域符号交织编码是在多个信号帧的基本数据块之间进行的。数据信号（即星座映射输出的符号）的基本数据块间交织采用基于星座符号的卷积交织编码。用变量 B 表示交织宽度（支路数目），变量 M 表示交织深度（延迟缓存器尺寸）。进行符号交织的基本数据块的第一个符号与支路 0 同步。交织/去交织总延迟为 $M \times (B-1) \times B$ 个信号帧。根据应用情况，基本数据块间交织的编码器有两种工作模式。

1）模式 1：B=52，M=240 符号，交织/去交织总延迟为 170 个信号帧。

2）模式 2：B=52，M=720 符号，交织/去交织总延迟为 510 个信号帧。

2. 频域交织

频域交织仅适用于 C=3 780 模式，目的是将调制星座点符号映射到帧体包含的 3 780 个有效子载波上。3 780 个有效子载波的定义可参见标准文档。频域交织为帧体内的符号块交织，交织大小等于子载波数 3 780。具体交织运算过程如下，交织图样参见标准文档。

1）数组 $X[3\,780]$ 的前 36 个元素为系统信息符号，后 3 744 个元素为数据符号。为了使交织输出时 36 个系统信息符号集中放置，首先将这 36 个系统信息符号插入 3 744 个数据符号中，其插入位置构成的集合为 { 0, 140, 279, 419, 420, 560, 699, 839, 840, 980, 1 119, 1 259, 1 260, 1 400, 1 539, 1 679, 1 680, 1 820, 1 959, 2 099, 2 100, 2 240, 2 379, 2 519, 2 520, 2 660, 2 799, 2 939, 2 940, 3 080, 3 219, 3 359, 3 360, 3 500, 3 639, 3 779}。插入后得到的序列用数组 $Z[3\,780]$ 表示。

2）将数组 $Z[3\,780]$ 通过以下程序进行位置调换，得到最终交织输出序列 $Y[3\,780]$：

```
for(i=0; i<3; i=i+1)
for(j=0; j<3; j=j+1)
for(k=0; k<3; k=k+1)
for(l=0; l<2; l=l+1)
for(m=0; m<2; m=m+1)
for(n=0; n<5; n=n+1)
for(o=0; o<7; o=o+1)
Y[o*540+n*108+m*54+l*27+k*9+j*3+i]=Z[i*1260+j*420+k*140+l*70+m*35+n*7+o];
```

5.4.6　组帧

1. 复帧结构

本系统的数据帧结构如图 5-11 所示，是一种 4 层结构。其中，数据帧结构的基本单元为信号帧，信号帧由帧头和帧体两部分组成。超帧定义为一组信号帧。分帧定义为一组超帧。帧结构的顶层称为日帧（Calendar Day Frame, CDF）。信号结构是周期性的，并与自然时间保持同步。

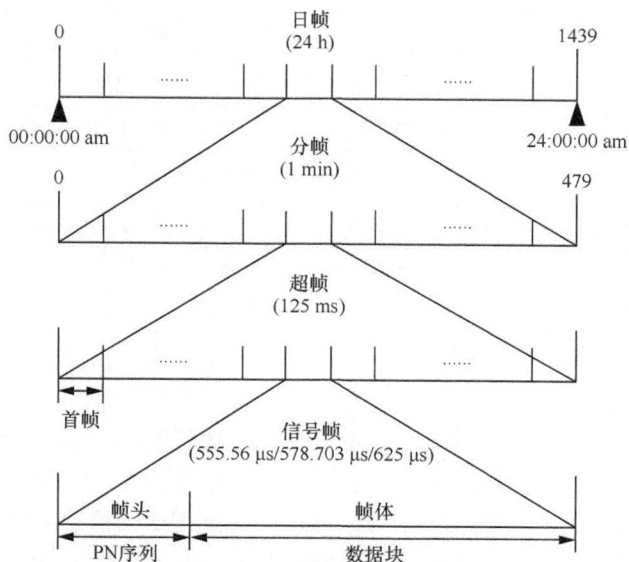

图 5-11　数据帧的 4 层结构

2. 信号帧

信号帧是系统帧结构的基本单元，一个信号帧由帧头和帧体两部分时域信号组成。帧头和帧体信号的基带符号率相同（7.56 Ms/s）。

帧头部分由 PN 序列构成，帧头长度有 3 种选项。帧头信号采用 I 路和 Q 路相同的 4QAM 调制。帧体部分包含 36 个符号的系统信息和 3 744 个符号的数据，共 3 780 个符号。帧体的时间长度是 500 μs（3 780×1/7.56 μs）。

3. 超帧

超帧的时间长度为 125 ms，8 个超帧为 1 s，这样便于与定时系统（如 GPS）校准时间。超帧中的第一个信号帧定义为首帧，由系统信息的相关信息指示。

4. 分帧

分帧的时间长度为 1 min，一个分帧包含 480 个超帧。

5. 日帧

日帧以一个公历自然日为周期进行周期性重复，由 1 440 个分帧构成，时间为 24 h。在北京时间 00:00:00 am 或其他选定的参考时间，日帧被复位，开始一个新的日帧。

5.4.7　信号帧

1. 信号帧结构

数据帧结构的基本单元为信号帧，信号帧由帧头和帧体两部分组成，为适应不同应用，定义了 3 种可选帧头模式以及相应的信号帧结构，如图 5-12 所示。3 种帧头模式所对应的信号帧的帧体长度和超帧的长度都保持不变。

- 对于图 5-12（a）的帧结构，每 225 个信号帧组成一个超帧（225×4 200×1/7.56 μs=125 ms）。
- 对于图 5-12（b）的帧结构，每 216 个信号帧组成一个超帧（216×4 375×1/7.56 μs=125 ms）。
- 对于图 5-12（c）的帧结构，每 200 个信号帧组成一个超帧（200×4 725×1/7.56 μs=125 ms）。

帧头（420个符号）（55.6 μs）	帧体（3 780个符号）（500 μs）

（a）帧头模式1的信号帧结构

帧头（595个符号）（78.7 μs）	帧体（3 780个符号）（500 μs）

（b）帧头模式2的信号帧结构

帧头（945个符号）（125 μs）	帧体（3 780个符号）（500 μs）

（c）帧头模式3的信号帧结构

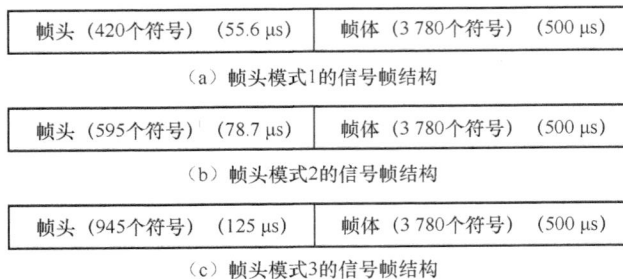

图 5-12　3 种帧结构

2. 帧头

（1）帧头模式 1

帧头模式 1 采用的 PN 序列为基于 8 阶 *m* 序列的循环扩展，可通过线性反馈移位寄存器（LFSR）生成，并经"0"到 +1 值和"1"到 −1 值的映射变换为非归零的二进制符号。

长度为 420 个符号的帧头信号（PN420）由一个前同步、一个 PN255 序列和一个后同步构成，前同步和后同步定义为 PN255 序列的循环扩展，其中前同步长度为 82 个符号，后同步长度为 83 个符号，如图 5-13 所示。LFSR 的初始条件确定所产生的 PN 序列的相位。一个超帧中共有 225 个信号帧。每个超帧中各信号帧的帧头采用不同相位的 PN 信号作为信号帧识别符，具体相位可参见标准文档。

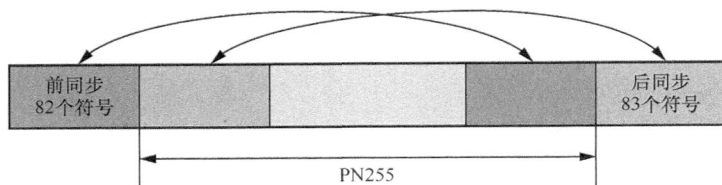

图 5-13　帧头模式 1（PN420）

产生序列 PN255 的 LFSR 的生成多项式定义为式（5-2）：

$$g_{255}(x)=x^8+x^6+x^5+x+1 \tag{5-2}$$

基于该 LFSR 的初始状态，可产生 255 个不同相位的 PN420 序列，从序号 0 到序号 254。为了尽量减小相邻序号的相关性，经过计算机优化选择，DTMB 标准选用其中的 225 个 PN420 序列，从序号 0 到序号 224，具体可以参见标准文档。在每个超帧开始时，LFSR 复位到序号 0 的初始相位。帧头信号的平均功率是帧体信号的平均功率的 2 倍。在不要求指示帧序号时，上述 PN 序列无须实现相位变化，使用序号 0 的 PN 初始相位。

（2）帧头模式 2

帧头模式 2 基于 10 阶最大长度伪随机二进制序列截短生成，帧头信号的长度为 595 个符号，是长度为 1 023 的 *m* 序列的前 595 个码片。

该最大长度伪随机二进制序列由 10 bit LFSR 生成。该最大长度伪随机二进制序列的生成多项式为式（5-3）：

$$g_{1023}(x)=x^{10}+x^3+1 \tag{5-3}$$

该 10 bit LFSR 的初始相位为 0000000001，在每个信号帧开始时复位。产生伪随机序列的前 595 个码片，经过"0 → +1"和"1 → −1"的映射转换为非归零的二进制符号。一个超帧中共有 216 个信号帧。每个超帧中各信号帧的帧头采用相同的 PN 序列。帧头信号的平均功率与帧体信号的平均功率相同。

（3）帧头模式 3

帧头模式 3 采用的 PN 序列为基于 9 阶 *m* 序列的循环扩展，可通过 LFSR 生成，并经"0"到+1 值和"1"到-1 值的映射变换为非归零的二进制符号。

长度为 945 个符号的帧头信号（PN945）由一个前同步、一个 PN511 序列和一个后同步构成，如图 5-14 所示。前同步和后同步定义为 PN511 序列的循环扩展，前同步和后同步长度均为 217 个符号。LFSR 的初始状态决定所产生的 PN 序列的相位。一个超帧中共有 200 个信号帧。每个超帧中各信号帧的帧头采用不同相位的 PN 信号作为信号帧识别符（具体相位可参见标准文档）。

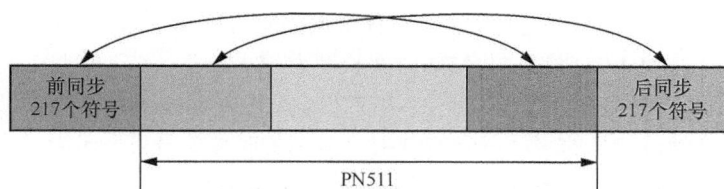

前同步 217个符号				后同步 217个符号

PN511

图 5-14　帧头模式 3（PN945）

产生序列 PN511 的 LFSR 的生成多项式定义为式（5-4）：

$$g_{511}(x)=x^9+x^8+x^7+x^2+1 \tag{5-4}$$

基于该 LFSR 的初始状态，可产生 511 个不同相位的 PN945 序列，从序号 0 到序号 510。为了尽量减小相邻序号的相关性，DTMB 标准选用其中的 200 个 PN945 序列，从序号 0 到序号 199。在每个超帧开始时 LFSR 复位到序号 0 的初始相位。帧头信号的平均功率是帧体信号平均功率的 2 倍。在不要求指示帧序号时，上述 PN 序列无须实现相位变化，使用序号 0 的 PN 初始相位。

3. 系统信息

系统信息为每个信号帧提供必要的解调和解码信息，包括符号星座映射模式、LDPC 编码的码率、交织模式、帧体信息模式等。本系统中预设了 64 种不同的系统信息模式，并采用扩频技术传输。

这 64 种系统信息在扩频前可以用 6 个信息比特（$s_5s_4s_3s_2s_1s_0$）来表示，其中 s_5 为 MSB，定义如下。

$s_3s_2s_1s_0$：编码调制模式，s_4：交织信息，s_5：保留。

各信息比特代表的具体模式可参见标准文档。

先使用 Walsh 序列对这 6 bit 系统信息进行扩频，再使用随机序列按位异或，变换成 32 bit 长的系统信息矢量，系统信息与系统信息矢量的映射关系可参见标准文档。

将这 32 bit 采用 *I*、*Q* 相同的 4QAM 调制映射成为 32 个复符号。这样，每个系统信息矢量长度为 32 个复符号，在其前面再加 4 个复符号作为数据帧体模式的指示。这 4 个复符号在映射前，*C*=1 模式时为"0000"，*C*=3 780 模式时为"1111"，这 4 bit 也采用 *I*、*Q* 相同的 4QAM 映射为 4 个复符号。

这样，共 36（32+4）个系统信息符号通过复用模块与信道编码后的数据符号复合成帧体数据，其复用结构为：36 个系统信息符号连续排列于帧体数据的前 36 个符号位置。*C*=1 和 *C*=3 780 两种模式通用的帧体结构如图 5-15 所示。

4个帧体模式指示符号	32个调制和码率模式指示符号	3 744个数据符号

图 5-15　帧体结构

4. 数据符号

数据符号是长度为 3 744 个 nQAM（定义于 5.4.4 节）的符号，是按 5.4.5 节的定义完成交织后的符号。

5.4.8　帧体数据处理

3 744 个数据符号复接系统信息后，经帧体数据处理后形成帧体，用 C 个子载波调制，占用的射频带宽为 7.56 MHz，时域信号块的时间长度为 500 μs。

C 有两种模式：$C=1$ 和 $C=3\,780$。

令 $X(k)$ 为对应帧体信息的符号。当 $C=1$ 时，生成的时域信号可表示为式（5-5）：

$$F_{\text{body}}(k) = X(k) \qquad k = 0,1,\cdots,3\,779 \tag{5-5}$$

在 $C=1$ 模式下，作为可选项，对组帧后形成的基带数据在 ± 0.5 符号速率位置插入双导频，两个导频的总功率相对数据的总功率为 -16 dB。插入方式为从日帧的第一个符号（编号为 0）开始，在奇数符号上实部加 1、虚部加 0，在偶数符号上实部加 -1、虚部加 0。

在 $C=3\,780$ 模式下，相邻的两个子载波间隔为 2 kHz，对帧体信息符号 $X(k)$ 进行频域交织（定义于 5.4.5 节），得到 $X(n)$，然后按式（5-6）进行变换得到时域信号：

$$F_{\text{body}}(k) = \frac{1}{\sqrt{C}} \sum_{n=1}^{C} X(n) \, e^{j2\pi n \frac{k}{C}} \qquad k = 0,1,\cdots,3\,780 \tag{5-6}$$

5.4.9　基带后处理

基带后处理（成形滤波）采用平方根升余弦（Square Root Raised Cosine，SRRC）滤波器进行基带脉冲成形。平方根升余弦滤波器的滚降系数 α 为 0.05。

平方根升余弦滤波器频率响应表达式如式（5-7）所示：

$$H(f) = \begin{cases} 1, & |f| \leqslant f_N(1-\alpha) \\ \left\{ \dfrac{1}{2} + \dfrac{1}{2} \cos\left[\dfrac{\pi}{2f_N}\left(\dfrac{|f| - f_N(1-\alpha)}{2} \right) \right] \right\}^{1/2}, & f_N(1-\alpha) < |f| \leqslant f_N(1+\alpha) \\ 0, & |f| > f_N(1+\alpha) \end{cases} \tag{5-7}$$

式中，$f_N = 1/2T_s = R_s/2$ 为奈奎斯特频率 [T_s 为输入信号的符号周期（1/7.56 μs），R_s 为符号率]，α 为平方根升余弦滤波器的滚降系数。

基带处理后的信号采用适当的载波频率（UHF、VHF 频段）进行上变频，得到射频信号，经功率放大器放大后，可以进行发射。

第 6 章

有线数字电视信道传输技术

相对于地面信道而言，有线电视信道干扰小、噪声低，所以可以采用频谱利用率更高的高阶调制。有线电视广播网是以光纤为主干、同轴电缆为支线的树形混合光纤同轴电缆的宽带接入网。目前，国际上的标准主要有欧洲的 DVB-C、DVB-C2，北美的 ATSC-64QAM、ATSC-16VSB，以及日本的 ISDB-C，其中 DVB 标准应用最为广泛。下面详细介绍 DVB-C 和 DVB-C2 标准。

6.1 DVB-C 标准

许多欧洲国家在 2010 年停播模拟电视，实现全面数字电视。DVB-C 标准于 1994 年发布，在澳大利亚、南非和印度，DVB 标准已经或正在普及。多数的亚洲、非洲及南美洲国家也采用了 DVB 标准。

DVB-C 标准规定了从基带数字电视信号到有线信道之间的传输方法和参数，即信道编码及调制方法和参数。它的输入数字电视信号可以是卫星接收到的节目、分配链路传来的节目或本地节目。图 6-1 是该标准的信号处理流程。

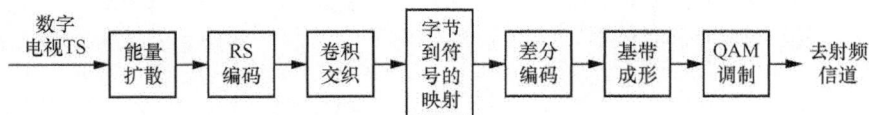

图 6-1　DVB-C 标准的信号处理流程

在采用 DVB-C 标准的系统中，输入的信号格式与 MPEG-2 传输复用输出的帧结构相同。采用 RS 码进行前向纠错，并采用交织来抗突发误码。有线电视的传输环境相对比较可靠，因此在 DVB-C 标准中不再采用内码，直接进行字节到符号的映射、差分编码和基带成形，以提高传输效率，而且调制方式也可用高阶 QAM，包括 16QAM、32QAM、64QAM、128QAM 和 256QAM。

1. 能量扩散

DVB-C 标准能量扩散采用的伪随机序列的生成多项式与 DVB-T 标准相同，即 $g(x)=x^{15}+x^{14}+1$。

2. RS 编码

经过能量扩散和同步翻转后的数据流，采用与 DVB-T 标准相同的 RS 编码，作为外纠错码。其码生成多项式为 $g(x)=(x+\alpha^0)(x+\alpha^1)(x+\alpha^2)\cdots(x+\alpha^{15})$，其中 $\alpha=02_{\text{HEX}}$，字段生成多项式为 $p(x)=x^8+x^4+x^3+x^2+1$。

3. 卷积交织

卷积交织也是基于 Forney 结构的。交织深度为 $I=12$，结构和处理框图也与 DVB-T 标准相同。

4. 字节到符号的映射

字节到符号的映射是为调制做准备的，因此映射的比特数必须与调制的阶数对应。映射的总体规则是，符号的最高位必须取自字节的最高位，以此类推。图 6-2 是以 64QAM 为例的映射过程。

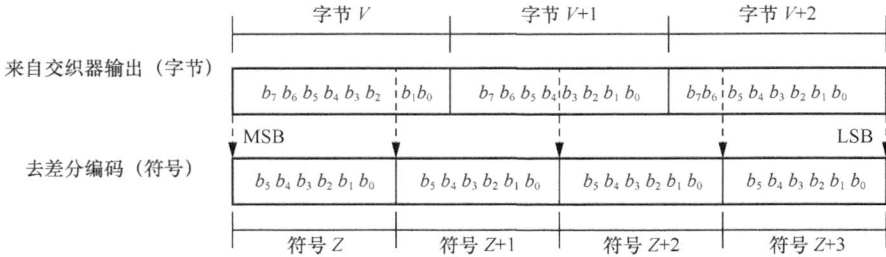

图 6-2　64QAM 的映射过程

5. 差分编码

为了防止接收端解调时的载波相位不确定，每个符号的最高和次高两位要进行差分编码。编码规则如下：

$$I_k = \overline{(A_k \oplus B_k)} \cdot (A_k \oplus I_{k-1}) + (A_k \oplus B_k) \cdot (A_k \oplus Q_{k-1})$$

$$Q_k = \overline{(A_k \oplus B_k)} \cdot (B_k \oplus Q_{k-1}) + (A_k \oplus B_k) \cdot (B_k \oplus I_{k-1})$$

其中 A_k、B_k 分别是第 k 个符号的最高位和次高位。

6. 基带成形

基带成形使信号频谱和信道传输特性匹配，并能减少带外干扰。DVB-C 标准采用滚降系数为 0.15 的根号升余弦滤波器，其传输特性如下式所示，其中 α 为滚降系数，f_N 是奈奎斯特频率。

$$H(f) = \begin{cases} 1, & |f| < f_N(1-\alpha) \\ \left\{ \frac{1}{2} + \frac{1}{2}\sin\left[\frac{\pi}{2f_N}\left(\frac{f_N - |f|}{\alpha} \right) \right] \right\}^{\frac{1}{2}}, & f_N(1-\alpha) \leqslant |f| < f_N(1+\alpha) \\ 0, & |f| \geqslant f_N(1+\alpha) \end{cases}$$

7. QAM 调制

DVB-C 标准使用了高阶 QAM，包括 16QAM、32QAM、64QAM、128QAM 和 256QAM，其中前 3 种是标配，要求所有 DVB-C 标准的接收机至少要能解调到 64QAM 的调制。图 6-3 是 DVB-C 标准规定的 16QAM、32QAM、64QAM 的星座图。

基带处理后的信号采用适当的载波频率（UHF、VHF 频段）进行上变频，得到射频信号，经功率放大器放大后，可以在有线传输媒介中传输。

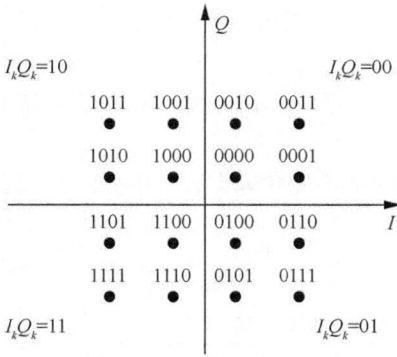

（a）16QAM

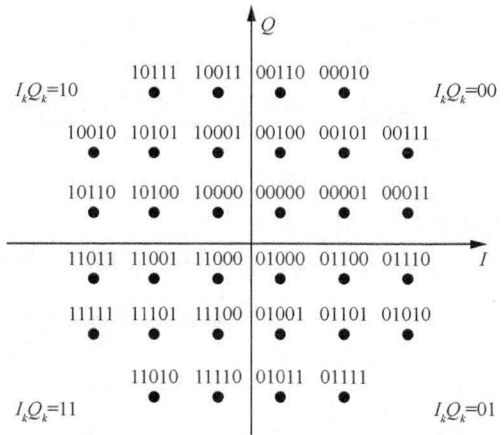

（b）32QAM

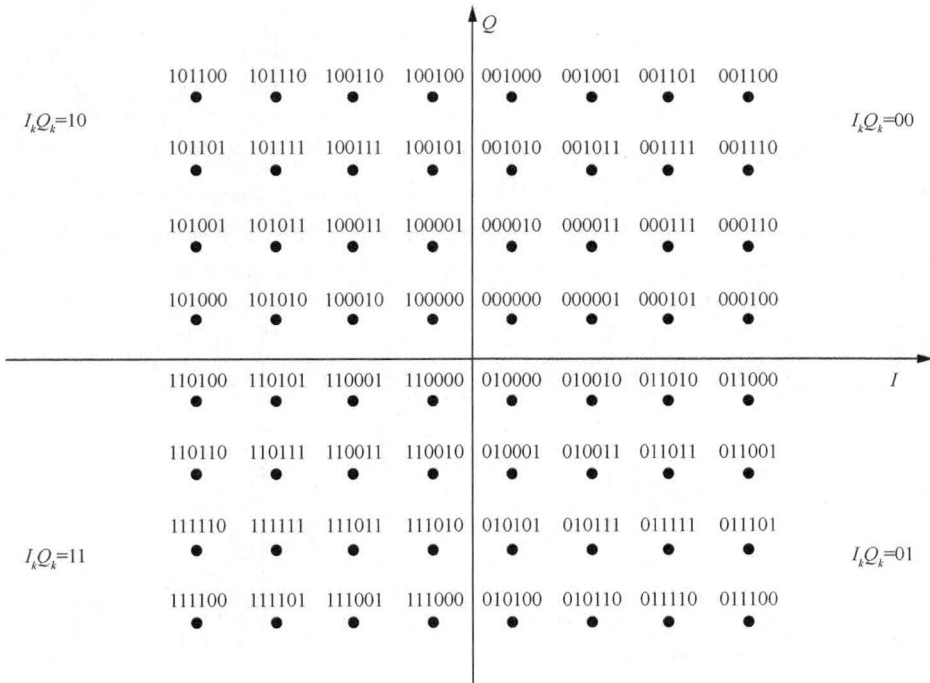

（c）64QAM

图 6-3　16QAM、32QAM、64QAM 星座图

6.2　DVB-C2 标准

为了给高清电视、视频点播、交互电视等未来广播业务提供更多的下行容量，2009 年，欧洲电信标准化协会（ETSI）发布了 DVB-C2 标准。它采用新型的信道编码和调制技术，以及灵活的模式配置组合，使得相较于 DVB-C 标准，频谱利用率和下行容量都有显著的提高。与 DVB-C 标准对比，主要的不同有以下 3 点。

1）DVB-C2 标准采用了全新的编码调制方案，而且使用更灵活可变的自适应方法，对多种业务更有针对性；采用高阶调制方式，增加了信道容量。

2）DVB-C2 标准加入了更复杂的前向纠错编码，增强了系统容错能力，提升了系统的传输性能。

3）DVB-C2 标准支持更多的数据流格式，从单一 TS 拓展到多路 TS 以及通用数据流封装，提高了系统对不同业务的适应性。

表 6-1 是 DVB-C 和 DVB-C2 标准的主要参数对比。

表 6-1 DVB-C 和 DVB-C2 标准的主要参数对比

比较项	DVB-C 标准	DVB-C2 标准
输入接口	单一 TS	多通道 TS
星座映射	16 QAM～256 QAM	16 QAM～4 096 QAM
编码调制模式	固定	可变、自适应编码调制
纠错类型	RS	BCH、LDPC
载波数	单载波	多载波
保护间隔	0	1/16、1/128
导频	0	离散、连续导频

图 6-4 是 DVB-C2 标准的编码调制图。DVB-C2 标准的输入可以是一个或多个来自 MPEG 多路复用器的 TS，也可以是一个或多个通用封装流（Generic Stream Encapsulation，GSE）、通用连续流（Generic Continuous Stream，GCS）或通用固定长度分组流（Generic Fixed Packet Stream，GFPS），这些数据流作为 PLP 数据按照 DVB-C2 标准进行处理。

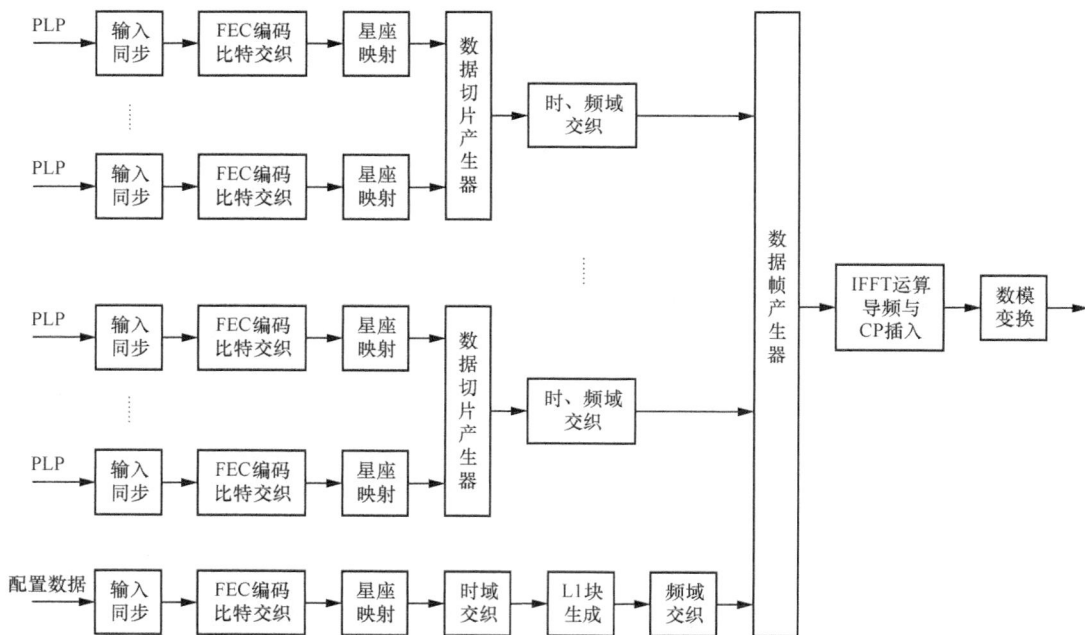

图 6-4 DVB-C2 标准的编码调制图

6.2.1 输入同步

输入同步模块主要实现模式适配和流适配两个功能。其中,模式适配有两种模式——普通模式(Normal Mode,NM)和高效模式(High Efficiency Mode,HEM),包括输入流同步化、空包删除、CRC 编码、BBHeader 插入等模块;流适配的功能是给模式适配模块输出的信号添加 padding,形成 BBFrame(基带帧),并对 BBFrame 进行扰码。

1. 模式适配

(1)输入流同步化

输入流同步化是 DVB-C2 标准的一个可选模块,其作用是保证信号维持在一个稳定的比特速率(constant bit rate)。DVB-C2 标准利用 ISSY(Input Stream Synchronization Indicator,输入流同步指示符)实现输入信号的同步,ISSY 是一个 2～3 B 的数据,表示计数器的计数值。

(2)空包删除

空包删除只在输入码流是 TS 的情况下有效。该模块对输入的 TS 进行检测,如果是空包,就删除整个用户数据包(User Packet,UP)。每删除一个空包,DNP 计数器就进行加 1 操作,并将 DNP 计数值插入有效数据流的末尾。

(3)CRC 编码

在普通模式下,如果输入的信号是 TS/GFPS,则计算用户数据包的 CRC 码,并将计算结果插入数据流末尾。

(4)BBHeader 插入

模式适配将连续不断的数据流分成长度相同的数据域(data field),在每个数据域前面插入一个基带头(Baseband Header,BBHeader)。BBHeader 包含有关数据域的信息,如数据域的长度(Data Field Length,DFL)等。针对普通模式和高效模式,BBHeader 有两种不同的格式,如图 6-5(a)和图 6-5(b)所示。

MATYPE	UPL	DFL	SYNC	SYNCD	CRC-8
2B	2B	2B	1B	2B	1B

(a)普通模式

MATYPE	ISSY 2MSB	DFL	ISSY 1LSB	SYNCD	CRC-8
2B	2B	2B	1B	2B	1B

(b)高效模式

图 6-5 BBHeader 的格式对比

BBHeader 的长度是 10 B(80 bit),它和数据域及 padding(如果 BBHeader 和数据域的长度小于 K_{bch},就需要添加 padding,使数据长度等于 K_{bch})组成 BBFrame。各个字节的意义如下:MATYPE,指示输入码流的类型和模式适配的模式类型;UPL,用户数据包的比特长度;DFL,数据域的比特长度;SYNC,对用户数据包同步字节的一个副本;SYNCD,数据域的第一个比特距离第一个传输的用户数据包的比特长度;CRC-8,普通模式和高效模式标识。

2. 流适配

流适配的功能是对插入 BBHeader 的信号添加 padding 形成 BBFrame 信号,并对其进行扰码。

(1)padding

如果模式适配器输出的数据流长度小于 K_{bch},就添加 padding,padding 的长度是 K_{bch}-DFL-80 bit。这样做的结果是使每一个 BBFrame 的长度都是固定的 K_{bch}。BBFrame 的组成如

图 6-6 所示。

BBHeader	数据域	padding

图 6-6　BBFrame 的组成

（2）对 BBFrame 进行扰码

该模块对 BBFrame 进行随机化处理。扰码使用的伪随机序列的生成多项式是 $g(x)=1+x^{14}+x^{15}$。

6.2.2　信道编码、比特交织和调制

信道编码包括外编码（如 BCH）和内编码（如 LDPC）。输入数据流以 BBFrame 为单位，输出信号是 FECFrame（向前纠错帧）。经过信道编码后的数据进行比特交织，然后进行星座映射。

BBFrame 的长度是 K_{bch}，经过信道编码之后的 FECFrame 的长度是 N_{LDPC} 比特。BCH 编码的校验位 BCHFEC 需要添加到 BBFrame 后面，内编码 LDPC 编码后的校验位 LDPCFEC 需要添加到 BCHFEC 的后面。图 6-7 为信道编码后形成的 FECFrame 的结构。

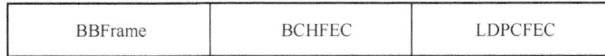

BBFrame	BCHFEC	LDPCFEC

图 6-7　信道编码后形成的 FECFrame 的结构

1. BCH 编码

N_{LDPC} 可以是 64 800 bit 和 16 200 bit，分别对应于长帧和短帧。表 6-2 是两种帧长下使用的 BCH 多项式。

表 6-2　BCH 多项式

多项式	长帧	短帧
$g_1(x)$	$1+x^2+x^3+x^5+x^{16}$	$1+x+x^3+x^5+x^{14}$
$g_2(x)$	$1+x+x^4+x^5+x^6+x^8+x^{16}$	$1+x^6+x^8+x^{11}+x^{14}$
$g_3(x)$	$1+x^2+x^3+x^4+x^5+x^7+x^8+x^9+x^{10}+x^{11}+x^{16}$	$1+x+x^2+x^6+x^9+x^{10}+x^{14}$
$g_4(x)$	$1+x^2+x^4+x^6+x^9+x^{11}+x^{12}+x^{14}+x^{16}$	$1+x^4+x^7+x^8+x^{10}+x^{12}+x^{14}$
$g_5(x)$	$1+x+x^2+x^3+x^5+x^8+x^9+x^{10}+x^{11}+x^{12}+x^{16}$	$1+x^2+x^4+x^6+x^8+x^9+x^{11}+x^{13}+x^{14}$
$g_6(x)$	$1+x^2+x^4+x^5+x^7+x^8+x^9+x^{10}+x^{12}+x^{13}+x^{14}+x^{15}+x^{16}$	$1+x^3+x^7+x^8+x^9+x^{13}+x^{14}$
$g_7(x)$	$1+x^2+x^5+x^6+x^8+x^9+x^{10}+x^{11}+x^{13}+x^{15}+x^{16}$	$1+x^2+x^5+x^6+x^7+x^{10}+x^{11}+x^{13}+x^{14}$
$g_8(x)$	$1+x+x^2+x^5+x^6+x^8+x^9+x^{12}+x^{13}+x^{14}+x^{16}$	$1+x^5+x^8+x^9+x^{10}+x^{11}+x^{14}$
$g_9(x)$	$1+x^5+x^7+x^9+x^{10}+x^{11}+x^{16}$	$1+x+x^2+x^3+x^9+x^{10}+x^{14}$
$g_{10}(x)$	$1+x+x^2+x^5+x^7+x^8+x^{10}+x^{12}+x^{13}+x^{14}+x^{16}$	$1+x^3+x^6+x^9+x^{11}+x^{12}+x^{14}$
$g_{11}(x)$	$1+x^2+x^3+x^5+x^9+x^{11}+x^{12}+x^{13}+x^{16}$	$1+x^4+x^{11}+x^{12}+x^{14}$
$g_{12}(x)$	$1+x+x^5+x^6+x^7+x^9+x^{11}+x^{12}+x^{16}$	$1+x+x^2+x^3+x^5+x^6+x^7+x^8+x^{10}+x^{13}+x^{14}$

2. LDPC 编码

LDPC 信息节点的度数有 j 和 a 两种数值。校验节点的度数 a 随着帧长和码率的不同而不同。具体参数如表 6-3 所示。

表 6-3　LDPC 参数

长帧			短帧		
码率	j	a	码率	j	a
2/3	13	10	1/2	8	6

长帧			短帧		
码率	j	a	码率	j	a
3/4	12	14	2/3	13	10
4/5	11	18	3/4	12	11
5/6	13	22	4/5	0	13
9/10	4	30	5/6	13	17
			8/9	4	27

DVB-C2 标准的附录 A 和附录 B 分别规定了长帧 5 种码率和短帧 6 种码率情况下，奇偶校验位的位置。这些可以作为编码表，进行 LDPC 编码。

3. 比特交织

DVB-C2 标准的比特交织分为两部分：校验位交织和列旋转交织。

LDPC 编码输出中的信息位不做处理，但校验位进行交织后才输出。交织按下式进行，其中 K_{LDPC} 是信息码组的长度，Q_{LDPC} 是和码率有关的量。

表 6-4 是长帧和短帧情况下的 Q_{LDPC}。

$$u_{K_{\text{LDPC}}+360t+s} = \lambda_{K_{\text{LDPC}}+Q_{\text{LDPC}}\cdot s+t}, 0 \leqslant s < 360, 0 \leqslant t < Q_{\text{LDPC}}$$

表 6-4　Q_{LDPC}

长帧		短帧	
码率	Q_{LDPC}	码率	Q_{LDPC}
2/3	60	1/2	25
3/4	45	2/3	15
4/5	36	3/4	12
5/6	30	4/5	10
9/10	18	5/6	8
		8/9	5

DVB-C2 标准的列旋转交织的具体过程如图 6-8 所示。数据位按列填入大小为 $N_r \times N_c$ 的存储矩阵中，发送时按行读取。交织器的每一列不一定从第一个地址开始写起。以图 6-8 中的第二列为例，要写入第二列的数据首先从 t_c 处开始，顺序填入，当该列的最后一个地址被写入后，再从第一个地址开始顺序填充，直到所有地址都被填充，该列操作完成。其他列的操作过程与此类似，t_c 具体值在不同列中可能是不同的。

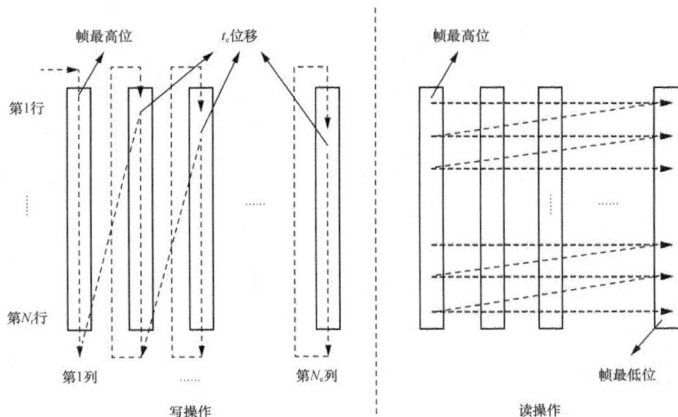

图 6-8　列旋转交织示意图

4. 调制——星座映射

经过列卷积交织的数据是一串行比特数据流，进行星座映射，实现数字调制。DVB-C2标准有 QPSK、16QAM、64QAM、256QAM、1024QAM 和 4096QAM 共 6 种调制方式。图 6-9是 QPSK、16QAM 和 64QAM 星座图。

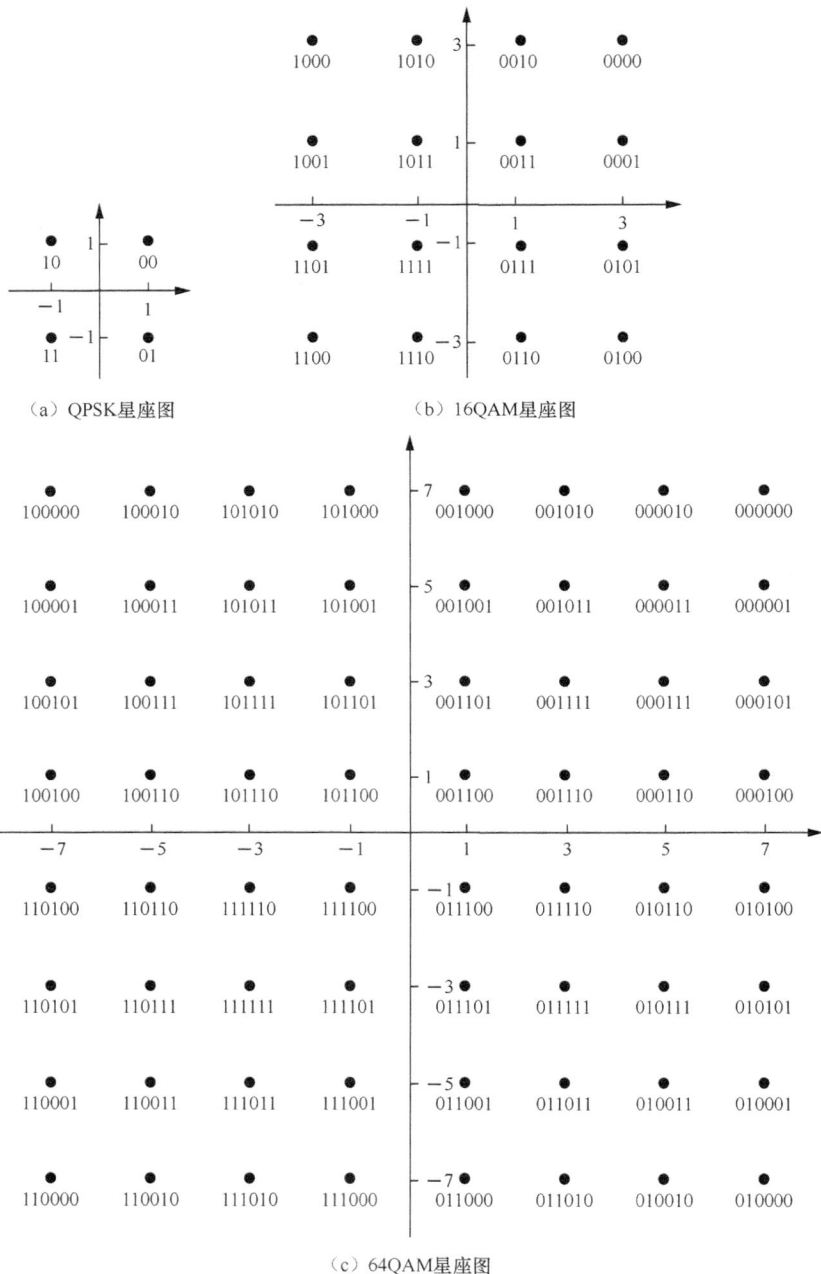

（a）QPSK星座图　　　　（b）16QAM星座图

（c）64QAM星座图

图 6-9　QPSK、16QAM 和 64QAM 星座图

6.2.3　数据切片产生器

FECFrame 的复数信元生成数据切片（data slice）。每个数据切片可以看成一个频道，用

OFDM 载波指数来标识。数据切片有两种类型，数据切片类型 1 的数据只传送 FECFrame 数据，数据切片类型 2 的数据承载 FECFrame 头，接收端利用它进行同步而不需要附加信息。FECFrame 头还包含调制编码参数和 PLP_ID。

6.2.4　L1 Part2 信令

图 6-10 是 C2 帧的帧结构，可以看出 L1 Part2 信令构成了 C2 的前导部分。它包含了系统对应的配置数据，主要包含以下字段。

1）START_FREQUENCY：当前 C2 系统的起始频率，即与 0 频点的距离。

2）GUARD_INTERVAL：当前 C2 帧的保护间隔占帧长的比例，共 2 bit，00—1/128，01—1/64，其余保留。

3）C2_FRAME_LENGTH：每个 C2 帧所包含的数据符号（data symbol）的个数，固定在 0xlC0（十进制 448）。

4）DSLICE_TUNE_POS：数据切片的调谐频点。

5）DSLICE_OFFSET_LEFT：数据切片的起始频点，距离调谐频点左边的"长度"。

6）DSLICE_OFFSET_RIGHT：数据切片的结束频点，距离调谐频点右边的"长度"。

每个数据切片单元都有一组对应的 DSLICE_TUNE_POS、DSLICE_OFFSET_LEFT 和 DSLICE_OFFSET_RIGHT 值，DSLICE_OFFSET_LEFT 和 DSLICE_OFFSET_RIGHT 的值有可能都是正的，或者都是负的，这意味着该数据切片单元完全在调谐频点的左边或者右边。

7）DSLICE_TI_DEPTH：时域交织深度，00 表示不交织，01 表示交织 4 个 OFDM 符号，10 表示交织 8 个 OFDM 符号，11 表示交织 16 个 OFDM 符号。

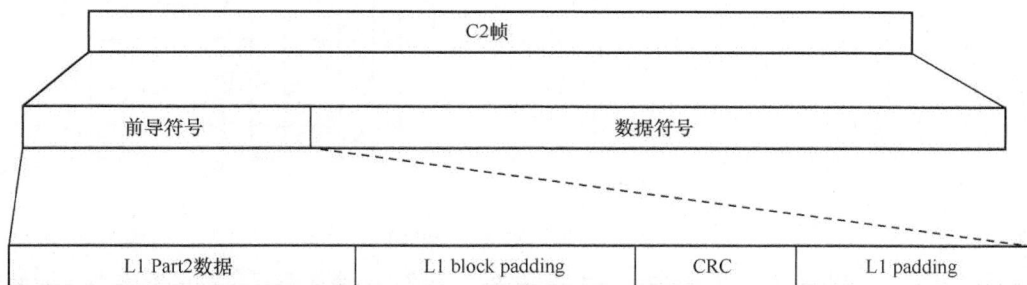

图 6-10　C2 帧的帧结构

L1 Part2 数据经过信道编码调制后，再进行后续的组帧处理。信道编码调制的流程如图 6-11 所示。首先 L1 Part2 数据被分割成多个数据块，每一个块的长度 k_{sig} 小于 BCH 编码的信息码组长度 k_{BCH}=7 032 bit，所以必须进行补零的操作。之后进行 BCH 和 LDPC 编码。BCH 编码使用的多项式与 6.2.2 小节所述的相同。之后，进行 LDPC 编码，L1 Part2 使用的是 1/2 码率、缩短（通过打孔的方式）的 LDPC 码，编码后码字长度为 16 200 bit。

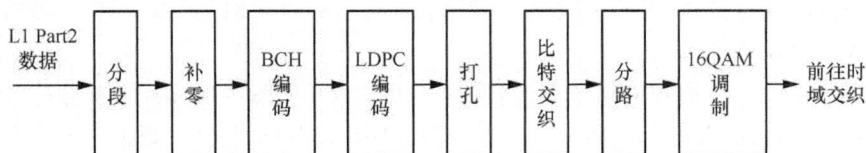

图 6-11　L1 Part2 数据信道编码调制的流程

打孔按照以下规则进行。如图 6-12 所示，LDPC 校验位被分成多个 Q_{LDPC} 组，每组 360 bit。DVB-C2 标准中规定了一个总的打孔比特数 N_{punc}。于是需要打孔的校验比特数 $N_{punc\_groups} = \left\lfloor \dfrac{N_{punc}}{360} \right\rfloor$，对于 $P_{\pi_p(0)}, P_{\pi_p(1)}, \cdots, P_{\pi_p(N_{punc\_group}-1)}$ 共 N_{punc_groups} 组，这些组的校验位全部打孔。其中，π_p 表示依赖于码率和调制阶数的置换运算符。对于第 $P_{\pi_p(N_{punc\_group})}$ 组，该组前面的 $N_{punc} - 360N_{punc\_groups}$ 位校验位也要打孔。

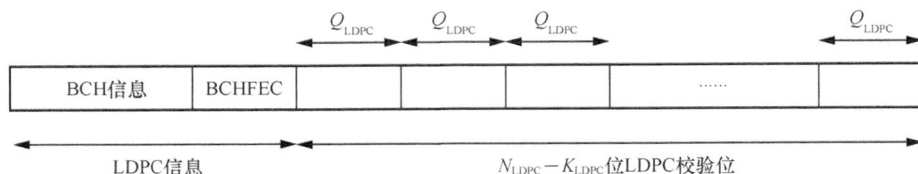

图 6-12　校验位组示意图

在打孔处理后的数据流中，去掉原来补的 $k_{BCH}-k_{sig}$ 个零，最后，由 k_{sig} 个信息位与后续的 168 位 BCH 校验位和 $N_{LDPC}-K_{LDPC}-N_{punc}$ 位 LDPC 检验位组成长度为 $N_{L1Part2}$ 的数据块，对该数据块进行如图 6-13 所示的比特交织处理。数据按列写入，按行读出，并且都是从数据块的最高位开始读写，从而实现数据的比特交织。

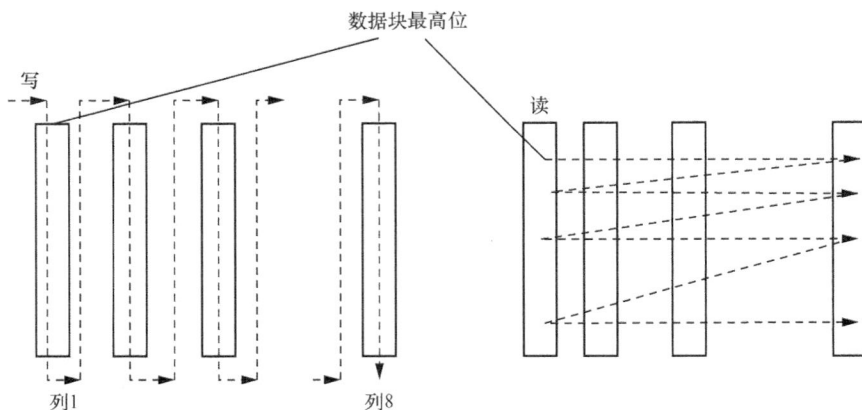

图 6-13　比特交织示意图

交织后，长度为 $N_{L1Part2}$ 的 LDPC 码字分成 8 个子路，8 个子路又被分成宽度为 4 的两个字，它们用于进行 16QAM 的星座映射，实现数字调制。

对 L1Part2 数据进行时域交织，可以获得比负载更好的传输性能。该部分的时域交织与数据块的时域交织总体相同，不同的是，导频和前导中的保留频率位置不参与交织。

6.2.5　组帧

该模块的功能是将前导符号和数据单元组合成有效的 OFDM 符号，包括导频插入、时域交织和频域交织等操作。

DVB-C2 帧由 L_p 个前导符号和 L_{data} 个数据符号构成，如图 6-14 所示。前导符号在频域上被分成相同带宽的 L1 block（3 408 个子载波或约 7.61 MHz 的带宽）。数据符号的带宽可以是导频间隔的任意整数倍，但不能超过 L1 block 的带宽。DVB-C2 帧间还有陷波，在陷波位置上，不传送任何数据，也不占用发送功率。每个陷波的起止载波号在相应的 L1 信令中标识。由此可见，一个帧的持续时间是 $T_F = (L_p + L_{data}) \times T_S$，其中 T_S 是一个 OFDM 符号的持续时间。

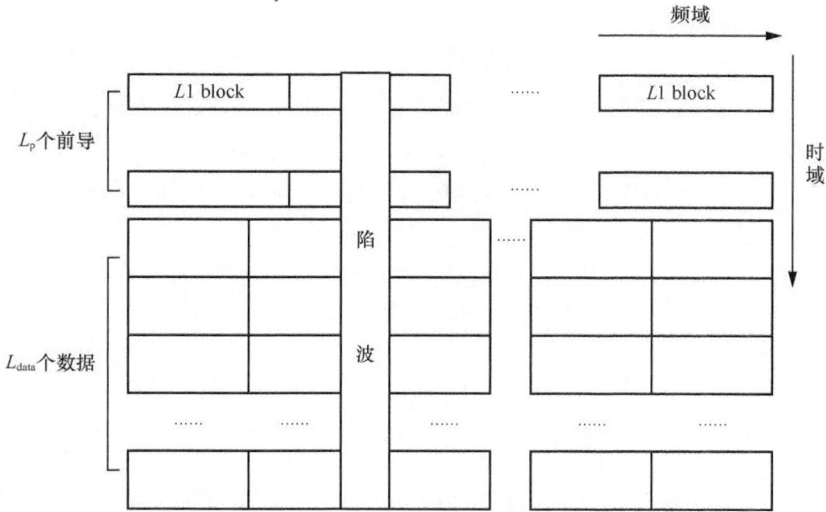

图 6-14 DVB-C2 帧结构

组帧过程中，主要完成以下操作。

1. 数据、导频的加扰

数据扰码序列的生成多项式是 $g(x) = x^{11} + x^2 + 1$，导频扰码序列的生成多项式是 $g(x) = x^{10} + x^3 + 1$。

2. 数据、前导的频率交织

数据和导频采用相同的交织地址产生电路，进行交织，目的是避免窄带干扰和频率选择性衰落的影响。

3. 前导、数据中导频的插入

（1）前导中导频的插入

前导中的导频使用差分二进制相移键控（Differential Binary Phase Shift Keying，DBPSK）调制，用于前导的时频同步。与数据中的导频不一样，前导中的导频使用的功率和前导中的数据使用的功率相同。具体形式如图 6-15 所示。

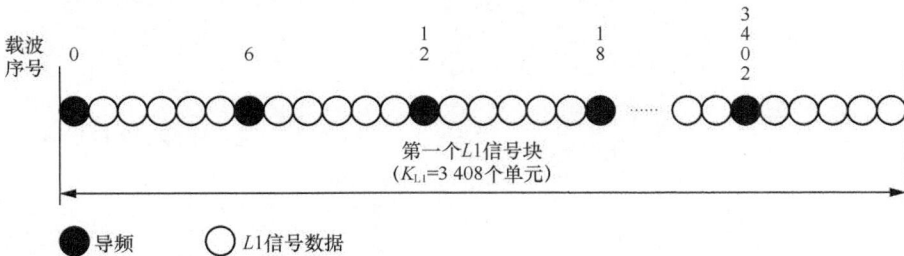

图 6-15 前导中导频插入示意图

（2）数据中导频的插入

数据中的导频使用的功率比数据的功率高，幅度固定为 7/3。它用于帧同步、时频同步和信道估计等。数据中的导频包括离散导频、连续导频和边缘导频 3 种。

1）离散导频。离散导频的位置取决于符号序号、载波序号和保护间隔 GI 的比例。满足下式的 k 就是相应符号下的导频位置。

$$k \bmod(D_X \cdot D_Y) = D_X(l_d \bmod D_Y)$$

其中，当 GI 取 1/64 时，D_X=12，D_Y=4；当 GI 取 1/128 时，D_X=24，D_Y=4。l_d 是 OFDM 符号序号。

2）连续导频。一帧中的每个符号都会插入连续导频，具体的载波序号是｛96　216　306　390　450　486　780　804　924　1 026　1 224　1 422　1 554　1 620　1 680　1 902　1 956　2 016　2 142　2 220　2 310　2 424　2 466　2 736　3 048　3 126　3 156　3 228　3 294　3 366｝。

3）边缘导频。边缘导频的位置在 OFDM 频率的高端、低端以及陷波的两侧，如图 6-16 所示。其中图 6-16（b）中的 K_{min} 和 K_{max} 是陷波的最低和最高频率。

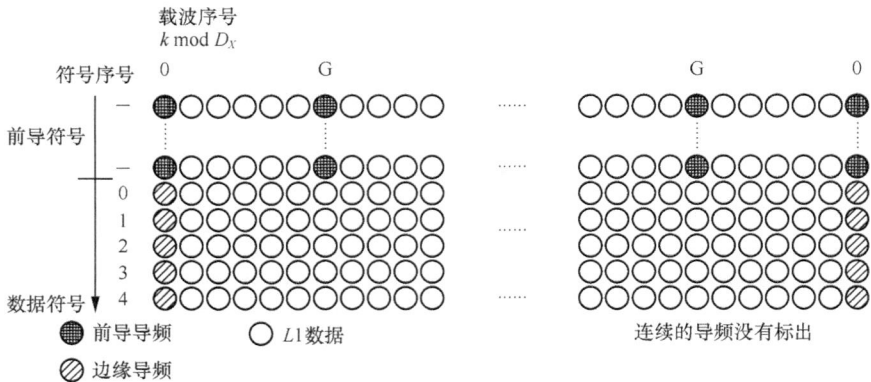

（a）非陷波位置边缘导频示意图

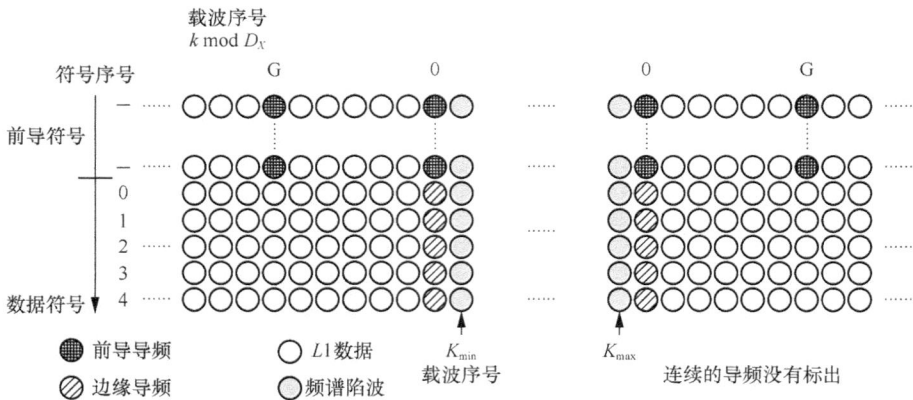

（b）陷波位置边缘导频示意图

图 6-16　边缘导频

4. 载波保留

除上述的数据、导频等占用的载波，系统还保留了部分子载波，用于 PAPR 抑制等。使用这些子载波时，幅度可以任意，只要它们的功率电平不超过导频的功率电平就可以。

5. 时域交织

时域交织针对每一个数据切片进行操作，在进行时域交织之前，所有导频和其他保留的频点的位置都是已知的。每个数据切片使用两个存储区，通过控制读写的顺序，就能实现时域交织操作，如图 6-17 所示。

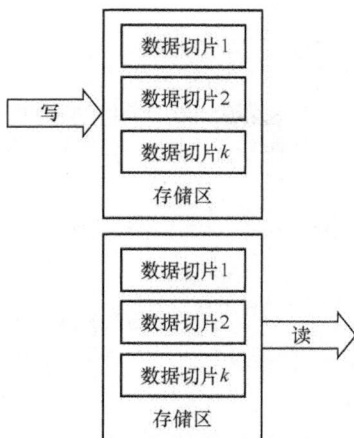

图 6-17 时域交织示意图

6. 频域交织

对于第 n 个数据切片，第 m 帧第 l_d 个 OFDM 符号的数据元 $x_{m,l}^d = \left(x_{m,l_d,0}, x_{m,l_d,1}, \cdots, x_{m,l_d,N_{\text{data}}(n)-1} \right)$

转换成 $a_{m,l}^d = \left(a_{m,l_d,0}, a_{m,l_d,1}, \cdots, a_{m,l_d,N_{\text{data}}(n)-1} \right)$，从而实现频率交织。各数据元的关系如下：

- 一帧中的第偶数个 OFDM 符号 $a_{m,l_d,q} = x_{m,l_d,H_0(q)}$；

- 一帧中的第奇数个 OFDM 符号 $a_{m,l_d,q} = x_{m,l_d,H_1(q)}$。

其中，$H(q)$ 按照以下算法计算：

$q = 0;$

$\text{for}(i = 0; i < M_{\max}; i = i+1)$

$\{H(q) = (i \bmod 2) \cdot 2^{N_r-1} + \sum\limits_{j=0}^{N_r-2} R_i(j) \cdot 2^j$

$\quad \text{if} \quad H(q) < N_{\text{data}}(n) \quad q = q+1;$

$\}$

上式中，$M_{\max}=4\ 096$，$N_r=12$。R_i 是一个长为 11 的矢量，它由另一个矢量 R'_i 置换获得。R'_i 定义如下：

$$
\begin{aligned}
&i = 0,1 \qquad\quad R'_i[10,8,\cdots,0] = 000\cdots00 \\
&i = 2 \qquad\qquad R'_i[10,8,\cdots,0] = 000\cdots01 \\
&2 < i < M_{\max} \quad R'_i[9,8,\cdots,0] = R'_{i-1}[10,9,\cdots,1], \\
&\qquad\qquad\qquad\quad R'_i[10] = R'_{i-1}[0] \oplus R'_{i-1}[2]
\end{aligned}
$$

置换关系如图 6-18 所示。

R'_i 的比特位置	10	9	8	7	6	5	4	3	2	1	0
R_i 的比特位置 H_0	7	10	5	8	1	2	4	9	0	3	6
R_i 的比特位置 H_1	6	2	7	10	8	0	3	4	1	9	5

图 6-18 置换关系

6.2.6 OFDM 调制

成帧后的数据元进行快速傅里叶逆变换（Inverse Fast Fourier Transform，IFFT），并插入循环前缀作为保护间隔，成为数字基带信号。信号表达式如下所示：

$$s(t) = \mathrm{Re}\left\{\sum_{m=0}^{\infty}\left[\frac{1}{\sqrt{K_{\text{total}}}}\sum_{l=0}^{L_{\text{F}}-1}\sum_{k=k_{\min}}^{k_{\max}}c_{m,l,k}\times\psi_{m,l,k}(t)\right]\right\}$$

$$\psi_{m,l,k}(t) = \begin{cases} \mathrm{e}^{j2\pi\frac{k}{T_u}(t-\Delta-lT_s-mT_{\text{F}})}, & mT_{\text{F}}+lT_s \leqslant t < mT_{\text{F}}+(l+1)T_s \\ 0, & \text{其他} \end{cases}$$

式中各个符号的意义如下。

- $c_{m,l,k}$：第 m 帧第 l 个 OFDM 符号第 k 个子载波上的数据元，l 从 0 开始计数，$l=0$ 表示帧的第一个前导符号。
- K_{total}：传送的子载波总数，其数值等于 $K_{\max}-K_{\min}+1$。
- L_{F}：一帧中，包括前导在内的 OFDM 符号的总数。
- T_s：一个 OFDM 符号总的持续时间，$T_s=T_u+\Delta$。
- T_u：不包含循环前缀的 OFDM 符号的持续时间。
- Δ：保护间隔持续时间。
- T_{F}：一帧的持续时间，$T_{\text{F}}=L_{\text{F}}\times T_s$。

DVB-C2 系统参数如表 6-5 所示。

表 6-5　DVB-C2 系统参数

参数	6 MHz 1/64 T=7/48 μs	6 MHz 1/128 T=7/48 μs	8 MHz 1/64 T=7/64 μs	8 MHz 1/128 T=7/64 μs
每个 $L1$ block 的子载波数	3 048	3 048	3 048	3 048
$L1$ 信令带宽	5.71 MHz	5.71 MHz	7.61 MHz	7.61 MHz
T_u	4 096T	4 096T	4 096T	4 096T
子载波间隔 $1/T_u$	1 674 Hz	1 674 Hz	2 232 Hz	2 232 Hz
GI 持续时间	64T	32T	64T	32T

图 6-19 是数字基带信号功率谱。DVB-C2 最大带宽为 7.61 MHz，最小的子载波序号 $K_{\min}$ 对应 0 Hz。因为加入循环前缀，一个 OFDM 的符号持续时间比子载波间隔的倒数略大，所以每个子载波的功率谱主瓣比子载波间隔的两倍略窄。图 6-19 没有显示导频功率大小变化。

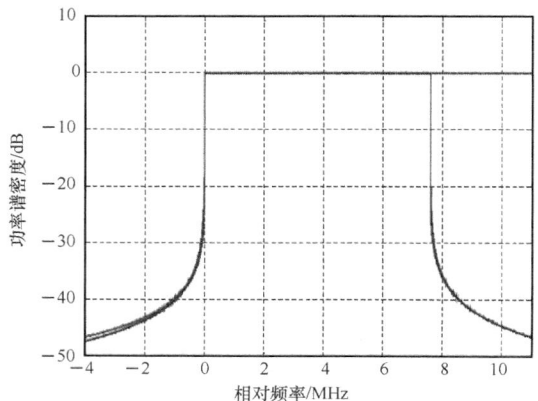

图 6-19　数字基带信号功率谱

第 **7** 章
卫星数字电视信道传输技术

除了欧洲地区，世界上已经有许多国家和地区采用了 DVB-S 传输标准来发展本国的卫星数字电视系统，包括亚洲、大洋洲、北美洲等地区。我国 1996 年颁布的广播电视数字传输技术体制中，也将 DVB-S 标准列为卫星数字电视广播系统的标准之一。

随着卫星广播业务的不断扩展和信息传输量的不断增大，第一代卫星数字电视传输标准 DVB-S 逐渐显现出局限性。于是，DVB 项目组启动了第二代卫星数字电视广播标准（DVB-S2）的制定工作。2004 年 6 月正式发布 DVB-S2 草案（即 Draft ETSI EN 302 307 V1.1.1）。经过一年时间的审核，2005 年该标准正式颁布。

2005 年年初，中国国家广播电视总局广播电视科学研究院启动了中国卫星直播专用信号传输技术体制的预研与论证工作。同年年底，该研究院完成了主要的技术攻关工作，2006 年 1 月成功研制出包括调制器与解调器在内的原型样机，2006 年 5 月完成了系统实验室内测试与现场开路测试。针对测试中的问题，研究人员对部分技术环节完成了优化与完善，最终形成先进卫星广播系统（Advanced Broadcasting System-Satellite，ABS-S）的技术体制建议。2006 年 11 月，项目通过验收并完成标准化工作。

7.1 DVB-S 信道传输标准

7.1.1 DVB-S 系统构成

DVB-S 系统传输的是标准化的 MPEG-2 音视频码流。为了获得可靠的传输效果，DVB-S 系统规定了一个严谨、完善的信道编码和数字调制方案，使其适应信道传输特性并保证数据在卫星信道上传输的可靠性。DVB-S 系统具有广泛的适应性，卫星转发器带宽范围为 26~72 MHz，转发器功率范围为 49~61 dBW。DVB-S 信道编码和数字调制系统的结构如图 7-1 所示。

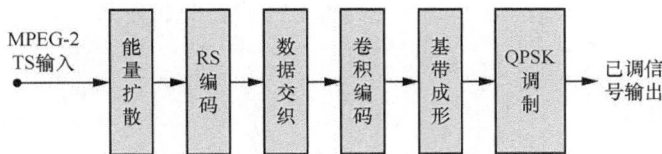

图 7-1　DVB-S 信道编码和数字调制系统的结构

从 MPEG-2 传输流复用器送来的 TS 为固定数据包格式，其包长为 188 B，包括 1 B 同步信息和 187 B 数据。该数据码流首先经过能量扩散以改善数据的统计特性，接着进行 RS 编码（属于信道编码系统中的外编码）。RS 编码后是数据交织，其作用是分散由某些突发错误引起的一连串长的错误。数据交织之后是卷积编码（属于信道编码系统的内编码）。卷积编码后，码流通过平方根升余弦滤波器（基带成形电路）滤波，以改善数据流的频谱特性并适应信道的传输需求。最后进行 QPSK 数字调制。

7.1.2　能量扩散

为避免由视频、音频和数据信号的随机性导致 TS 中出现过多的连 "0" 或连 "1" 的码段，造成码流的统计特性不佳并影响接收端时钟的恢复，DVB-S 系统在 TS 输入端设计了能量扩散处理（加扰）环节。DVB-S 系统的加扰/去扰电路如图 7-2 所示。扰码电路的伪随机序列发生器采用长度为 15 的线性移位寄存器生成 m 序列，其生成多项式为 $g(x)=1+x^{14}+x^{15}$。

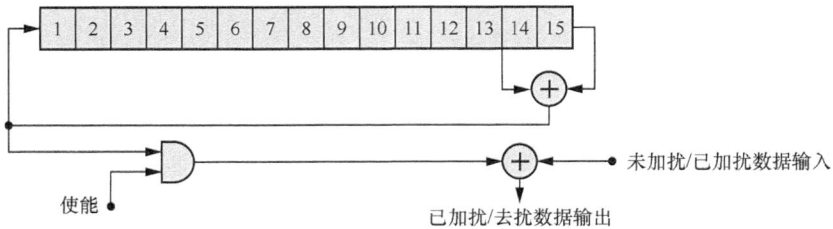

图 7-2　DVB-S 系统的加扰/去扰电路

从 MPEG-2 传送复用器输出的 TS 是固定长度的数据包，包长为 188 B（第一字节为同步字节，其值为 47H）。在加扰的过程中，每输入 8 个 MPEG-2 数据包就使电路中的 15 位移位寄存器初始化一次，即移位寄存器重置为 "100101010000000"。为了给接收端的去扰电路提供同步信号，每 8 个 MPEG-2 数据包的第一个数据包的同步字节从 47H 比特翻转为 B8H，其他 7 个数据包的同步字节不翻转，且同步字节始终不进行加扰处理（通过 "使能" 端关闭扰码功能）。由以上的分析可以看出，伪随机序列的第一比特应加到翻转同步字节（B8H）后的第一比特，而且加扰的顺序由字节的 MSB 开始，整个序列的长度为 8×188 B-1 B＝1 503 B，如图 7-3 所示。

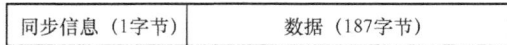

（a）MPEG-2传输流复用包

（b）随机化后的包

图 7-3　MPEG-2 传输流复用包的随机化

7.1.3　RS 编码

RS 码是一种循环码，它属于线性分组码，但它以符号为单位进行编解码处理，而不是以比特为单位。在 RS 编码中，每个符号要先乘以某个基本元素的幂次方后才进行模 2 加，这里的乘法也是 Galois 域中的乘法，它要受到域多项式的约束。图 7-4 是 RS 码编码器的原理框图。

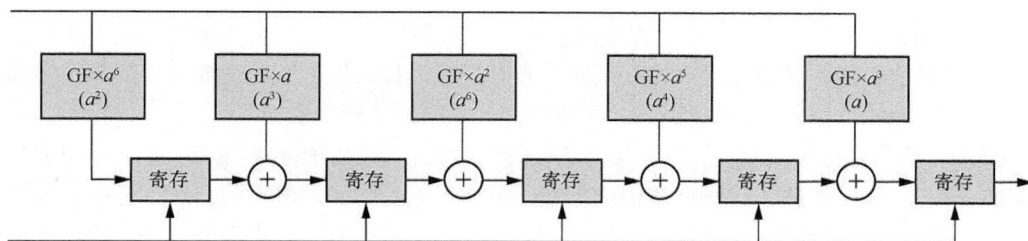

图 7-4 RS 码编码器的原理框图

如果每个符号有 3 bit,如基本元素 a 为 010,输入为 5 个符号,与图中相应的元素相乘后进行模 2 加输出。因为图中有两种系数,所以得到 2 个校验位。例如,若输入为 A、B、C、D、E,则两个校验位 P、Q 分别为

$$P=a^6A+aB+a^2C+a^5D+a^3E$$
$$Q=a^2A+a^3B+a^6C+a^4D+aE$$

在接收端通过计算校验式,并根据校验式是否为零,来判断传输过程是否有错。在以上编码电路中,对应的校验式有两个:

$$S0=A+B+C+D+E+P+Q$$
$$S1=a^7A+a^6B+a^5C+a^4D+a^3E+a^2P+aQ$$

通过分析和推导可知,$S0$ 用来纠错,而 $S1$ 用来确定错误的位置。

更一般的结论是,要纠 t 个符号的错误需要 $2t$ 个校验位,这时要计算 $2t$ 个校验式,用来确定 t 个错误位置和纠 t 个错误。

根据分组码理论可知,能纠 t 个符号的错误的 RS 码生成多项式为

$$g(x)=(x+a^0)(x+a^1)(x+a^2)\cdots(x+a^{2t+1})$$

此外,还有一个截短码的概念,它是为了适应不同的码组长度而设计的。DVB-S 采用了 RS(204,188,8)编码,即分组码符号长度为 204 B,信息符号长度为 188 B,可纠 8 个符号的错误。该码就是由 RS(255,239,8)码截短得到的。实际上,可以把它看成 239 B 中,除了 188 B 外,其他 51 B 都用零来填充。因此,可用 RS(255,239,8)的编码电路来完成编码,之后再把零字节去除就可以得到 RS(204,188,8)截短码了。

DVB-S 的外编码使用截短的 RS 码对扰码后的每个数据包进行编码,包括翻转和未翻转的同步字节,其生成多项式和域多项式分别为

$$g(x)=(x+a^0)(x+a^1)(x+a^2)\cdots(x+a^{15})$$
$$P(x)=x^8+x^4+x^3+x^2+1$$

其中,生成多项式 $g(x)$ 用来决定编码器的电路结构,域多项式 $P(x)$ 则是用来约束 Galois 域乘法规则的约束多项式。RS(204,188,8)编码包结构如图 7-5 所示。

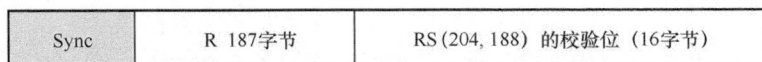

Sync	R 187字节	RS(204, 188) 的校验位(16字节)

图 7-5 RS(204,188,8)编码包结构

7.1.4　数据交织

在数据传输过程中，信道不仅存在随机干扰，还存在突发性干扰（如雷电、电焊等一些冲击性的脉冲信号）。这些干扰的特点是其分布有很强的相关性，容易造成成片的数据错误。这些误码的个数有可能超出纠错码的检纠错范围，从而造成严重的误码。

如果在信号纠错编码后，把码流按一定的规则打乱，即把后面的数据移到前面来处理（即所谓的交织），然后传输。这样在传输过程中，虽然可能受到突发噪声的干扰，但在接收端信道解码之前，先进行数据流顺序的恢复（即去交织），就可以把原来成串的误码分散，从而把突发性错误转化为随机性错误，使得分散后的误码个数落在纠错码的纠错范围之内，这样就可以把传输过程中产生的码纠正过来。

DVB-S 系统的交织和去交织采用了 Forney 方案。该方案使用先入先出（FIFO）移位寄存器配合一定规律的时钟来实现，如图 7-6 所示。交织器由 I 个分支组成，每个分支上都有一个 $M \times j$ 单元的 FIFO 移位寄存器，每个单元为 1 B。这里 $M = N/I$，j 的范围为 $0 \sim I\text{-}1$。其中，I 为交织深度，N 指的是交织和去交织的操作是以 N 字节为一组进行的。交织器中，各分支由输入开关轮流接到输入比特流，并由输出开关轮流接到输出比特流，输入和输出开关是同步的。图中，$I = 12$，$N = 204$。

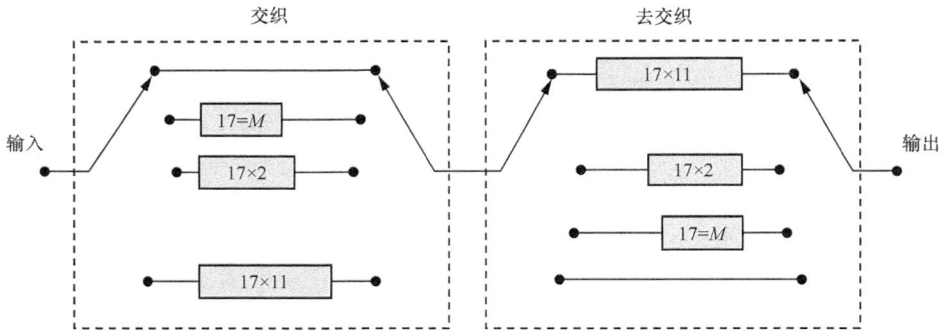

图 7-6　交织/去交织器原理框图

DVB-S 系统采用 $I = 12$ 的交织深度，交织的操作是以每个 RS 分组码为单位（$N = 204$）。因此，交织操作是以翻转或不翻转的同步字节为界的。为了更好地同步，翻转或不翻转的同步字节总是分配到第"0"分支。去交织器与交织器类似，但分支序列排列相反，即分支"0"对应最大延迟，去交织的同步可以由分支"0"识别出同步字节来完成。交织后的数据包结构如图 7-7 所示。

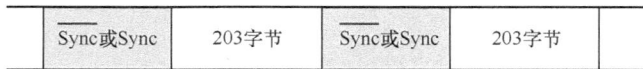

图 7-7　交织后的数据包结构

7.1.5　卷积编码

DVB-S 系统采用卷积码作为内编码，其编码电路如图 7-8 所示。该卷积码为（2,1,7）码，即编码效率为 1/2，约束长度为 7，两个通道的生成多项式分别为

$$G_1(x) = 1 + x + x^2 + x^3 + x^6$$
$$G_2(x) = 1 + x^2 + x^3 + x^5 + x^6$$

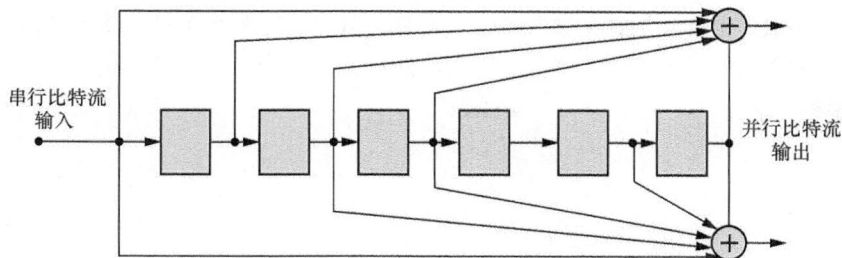

图 7-8　卷积码编码器电路示意图

卷积码编码器输入的是经过交织的串行码流，输出的是两路并行码流。为了适应不同的应用场合所需要的纠错能力，DVB-S 系统允许使用不同比率的收缩卷积码，如图 7-9 所示。

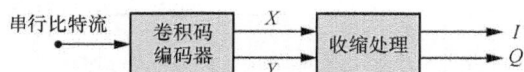

图 7-9　卷积码编码器的收缩电路示意图

从图 7-9 可以看到，串行比特流都是先按 1/2 卷积码编码成 X、Y（即每输入 1 bit 输出 2 bit），然后去除不传输的比特（该过程即为收缩），各种比率的卷积码在收缩过程中传输和不传输的比率如表 7-1 所示。

表 7-1　收缩码的定义

比率	最大码距离	X	Y	I	Q
1/2	10	1	1	X_1	Y_1
2/3	6	10	11	$X_1 Y_2 Y_3$	$Y_1 X_3 Y_4$
3/4	5	101	110	$X_1 Y_2$	$Y_1 X_3$
5/6	4	10101	11010	$X_1 Y_2 Y_4$	$Y_1 X_3 X_5$
7/8	3	1000101	1111010	$X_1 Y_2 Y_4 Y_6$	$Y_1 Y_3 X_5 X_7$

在卷积解码过程中，首先要根据以上的收缩规则在相应的位置插入 0，得到基于 1/2 的卷积码，再采用软判决的维特比解码。

7.1.6　基带成形滤波

经过卷积编码后输出的 I、Q 两路数据信号在送去进行数字调制之前，还要先经过一个滤波器进行滤波，以便获得具有特定频谱特性的基带信号，这一过程称为基带成形。基带成形滤波的主要目的是滤除基带信号中的高频分量，减少数字信号在传输过程中带来的码间干扰。在 DVB-S 系统中，采用的是滚降系数（α）为 0.35 或 0.5 的升余弦平方根滤波器，其传输函数为

$$H(f)=\begin{cases}1, & |f|<f_N(1-\alpha)\\ \left\{\dfrac{1}{2}+\dfrac{1}{2}\sin\left[\dfrac{\pi}{2f_N}\left(\dfrac{f_N-|f|}{\alpha}\right)\right]\right\}^{\frac{1}{2}}, & f_N(1-\alpha)\leqslant|f|<f_N(1+\alpha)\\ 0, & |f|\geqslant f_N(1+\alpha)\end{cases}$$

升余弦平方根滤波器是一种低通滤波器，其幅频特性与所取的滚降系数（α）有关，图 7-10

给出了在不同 α 取值时的滤波器的幅频特性。由图可知，α 取值为 0 时，该滤波器是一个带宽为 W 的理想低通滤波器；随着 α 取值的增大，滤波器的滚降度越来越平缓，允许通过的信号高频分量越来越多。

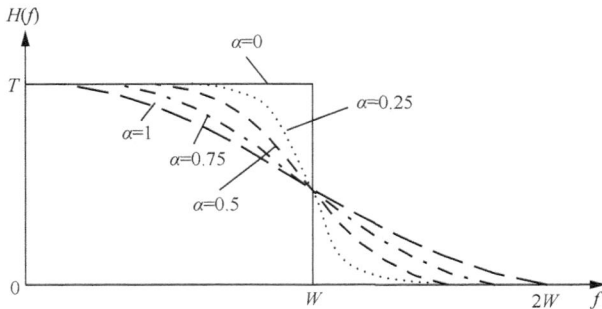

图 7-10　升余弦平方根滤波器的幅频特性

7.1.7　QPSK 数字调制

DVB-S 系统选用了四相移相键控（QPSK）作为其数字调制方式。QPSK 是目前无线通信中最常用的一种数字调制方式，它是一种恒定包络的数字调制方式，具有占用带宽小、频带利用率高、抗干扰能力强等特点。其数学表达式如下：

$$S(t)=I\cos\omega t+Q\sin\omega t$$

根据这一表达式，可以得到 QPSK 调制器的电路原理框图如图 7-11 所示。

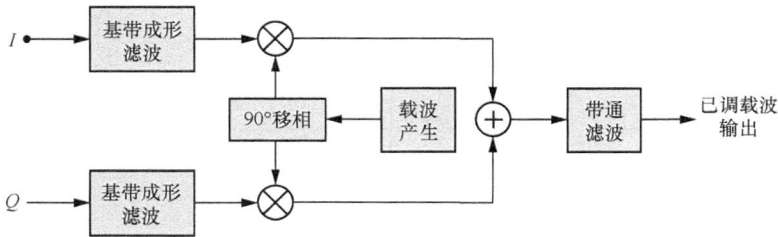

图 7-11　QPSK 调制器的电路原理框图

QPSK 调制有 4 种不同的输出相位，对应相继两种码元的 4 个组合（00,01,10,11）。每输入 2 bit，输出相位才产生一次变化。可见，在相同带宽下，传输码率可提高一倍。图 7-12 为 QPSK 调制的星座图。

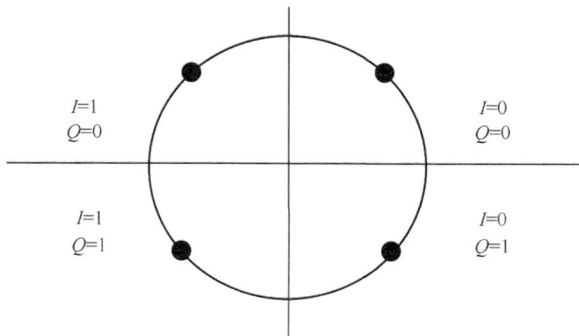

图 7-12　QPSK 调制的星座图

DVB-S 系统直接将卷积编码输出的 I、Q 两路信号作为双比特信号，进行 QPSK 数字调制，故为绝对比特映射而非差分编码。采用绝对比特映射的抗干扰能力比差分编码映射的抗干扰能力强，而且接收设备相对简单。

在实际系统中，考虑到在微波频段直接进行数字调制的难度较大，因此一般选择在中频频率上进行 QPSK 调制，然后通过上变频器把调制好的中频信号变频到卫星上星频率，发送至卫星。

7.2 DVB-S2 信道传输标准

DVB-S2 信道传输标准得益于 21 世纪信道编码和数字调制技术的新发展，采用了更高性能的信道编码方案与高阶数字调制的组合，在同样的传输条件下，比第一代的 DVB-S 标准提高了约 30%的传输能力，或在同样的谱效率下，比第一代的 DVB-S 标准提供了更强劲的接收能力。此外，DVB-S2 系统具有更强的灵活性，可以根据信道环境的不同自适应变换编码与调制方式，达到信道资源的最大利用率，并在新业务支撑能力等方面有明显提高。

7.2.1 DVB-S2 系统构成

为了提高系统的适应性，DVB-S2 系统在输入端加入了数据适配器，使之能够支持多种不同的输入数据结构；在前向纠错编码方面，引入了 BCH+LDPC 的级联编码方式，进一步提高了系统的抗干扰能力；在数字调制方面，以高阶调制方式（8PSK、16APSK、32APSK）取代原 DVB-S 的单一 QPSK 调制方式，使其能够根据不同的信道情况自适应选择不同的调制方式，从而在保证传输质量的前提下，最大限度地提高传输效率。DVB-S2 系统的信号处理流程框图如图 7-13 所示。以下针对 DVB-S2 系统的各个模块分别进行介绍。

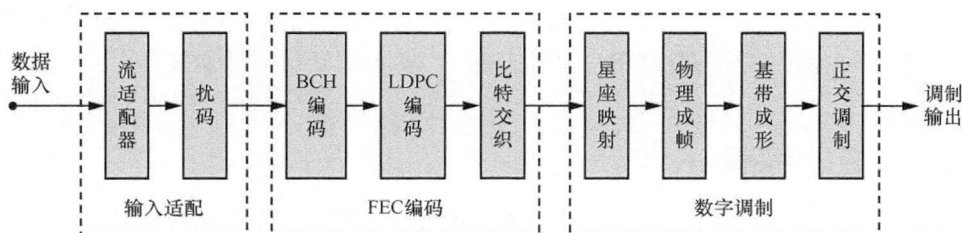

图 7-13 DVB-S2 系统的信号处理流程框图

7.2.2 输入适配电路

输入适配部分包含流适配器和扰码两个模块。输入端流适配器的设计使 DVB-S2 系统可以支持多种不同的输入流格式，具体包括持续的比特流、单节目或多节目 TS、IP 和 ATM 数据等。流适配器完成的功能包括输入流同步、空包删除、循环冗余校验、码流合并或拆分、基带标志插入、基带帧输出等，如图 7-14 所示。

输入的数据流有 3 种形式：MPEG 传输流、普通数据流和 ACM 指令。MPEG 传输流被表征为具有固定长度（188 B）的数据包；普通数据流则可以表现为一个连续的比特流，也可以是连续且长度固定的用户包，如果流中包的长度可变或包的固定长度超过 64 KB，则将其作为连续流处理；ACM 指令的作用是允许一个外部的传输模式控制单元对 DVB-S2 调制器所采用的传输参数进行设置。

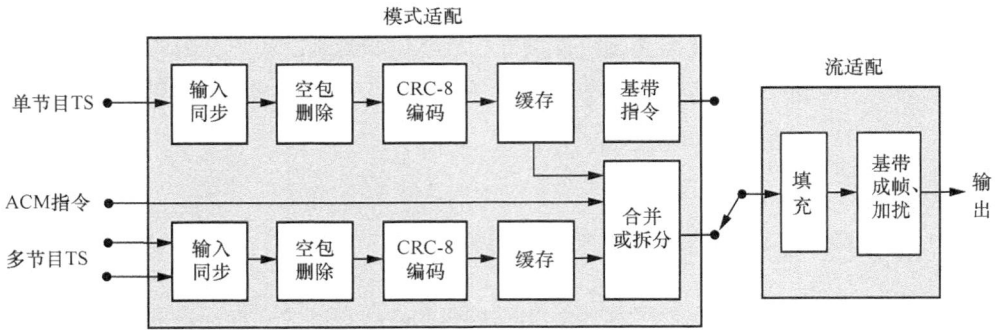

图 7-14　DVB-S2 输入适配电路框图

　　输入同步的作用是使打包形式的输入流（如 TS）保持恒定的比特率，以及恒定的端到端传输延迟。对 ACM 模式和传输流输入格式，需要将其中的 MPEG 空包删除，以降低信息速率。用于循环冗余校验的 CRC-8 编码只用于打包形式的输入流，一个 8 bit 的 CRC 编码器对数据包中的有用部分进行校验编码处理。

　　输入流合并或拆分模块从多个输入流中读取一个固定长度的数据区，其中的合并模块会从多个输入提取的不同数据区连接起来。如果只有一个输入流，则这一模块被忽略。在使用 CRC-8 字节取代同步字节以后，必须为接收端提供一个恢复数据包同步的方法，因此合并或拆分模块会检测从数据区和第一个完整数据包开始算起的比特数，并将其存储在基带头的同步距离区中。在数据区之前需要插入一个固定长度为 10 bit 的基带头，基带头中的信息包括输入流格式、编码及调制类型（CCM 或 ACM）、模式适配的类型和传输滚降因子等。

　　流适配完成填充、基带成帧、加扰 3 个功能。为配合后续纠错编码，基带成帧需要将输入数据按固定长度打包（不同的纠错编码方案有不同的"固定长度"），不足处则填充无用字节补足。流适配提供了填充的功能，用以生成一个完整的、固定长度的基带帧，并对基带帧进行加扰处理，扰码处理采用的伪随机序列与 DVB-S 中采用的相同。基带帧长度取决于所采用的 FEC 码率。

7.2.3　FEC 编码

　　DVB-S2 最引人注目的改进在于其信道编码方式，即采用了低密度奇偶校验码（Low Density Parity Check Code，LDPC 码）与 BCH 码级联的编码方案。FEC 编码包括 3 大部分：外编码（BCH 码）、内编码（LDPC 码）和位交织。基带帧经过这 3 步后就形成了 FEC 帧，其帧格式如图 7-15 所示。其中，N_{LDPC}、K_{LDPC} 和 K_{BCH} 都是与编码率和调制方式有关的常数。下面简单介绍各编码模块的基本原理。

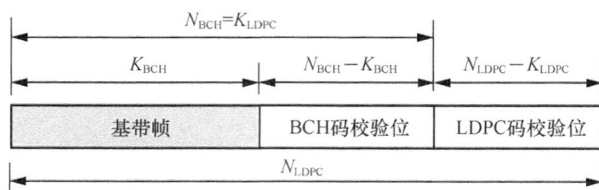

图 7-15　FEC 帧格式

1. LDPC 编码

LDPC 码是一种有稀疏校验矩阵的线性分组码，具有能够逼近香农极限的优良特性。并且由于采用稀疏校验矩阵，解码复杂度仅与码长成线性关系，编解码复杂度适中，在码长较长的情况下，仍然可以有效解码。LDPC 编码以其优异的特性得到广泛的重视，目前已在移动通信、卫星通信和无线宽带互联网等领域得到广泛应用。

LDPC 码是线性分组码中较为特殊的一种，它是一个 $m \times n$ 的稀疏矩阵 H 的零空间，H 称为 LDPC 码的校验矩阵，并且满足：

1）矩阵的行重、列重与码长的比值远小于 1；

2）任意两行（列）最多只有一个相同位置上的 1；

3）任意线性无关的列数尽量大。

这样的 LDPC 码的码长为 n，校验位长度为 m，信息位长度为 $n-m$。

按照 Gallager 的定义，形式为（n,j,k）的 LDPC 码是指编码后的总码长为 n、稀疏校验矩阵 H 每列包含 j（$j \geqslant 3$）个 1、其他元素为 0，每行包含 k（$k \geqslant j$）个 1、其他元素为 0 的规则的 LDPC 码。其中 j 称为列重，k 称为行重，j 和 k 都远远小于 n，以满足校验矩阵的低密度特性。

图 7-16 是一个（12,3,6）LDPC 码的校验矩阵。需要指出的是，满足（12,3,6）结构条件的校验矩阵并不唯一，图 7-16 只是其中之一。具有一定参数的 LDPC 码可以构成一个 LDPC 码集合。

$$H = \begin{bmatrix} 0 & 1 & 1 & 1 & 0 & 0 & 1 & 1 & 0 & 1 & 0 & 0 \\ 0 & 0 & 0 & 1 & 1 & 1 & 0 & 1 & 1 & 0 & 1 & 0 \\ 1 & 0 & 1 & 1 & 1 & 0 & 0 & 0 & 1 & 0 & 0 & 1 \\ 1 & 1 & 1 & 0 & 1 & 1 & 1 & 0 & 0 & 0 & 0 & 0 \\ 1 & 0 & 0 & 0 & 0 & 0 & 0 & 1 & 1 & 1 & 1 & 1 \\ 0 & 1 & 0 & 0 & 0 & 1 & 1 & 0 & 0 & 1 & 1 & 1 \end{bmatrix}$$

图 7-16　（12,3,6）LDPC 码的校验矩阵 H

LDPC 码除了用校验矩阵表示，还可以用 Tanner 图表示。Tanner 图又称为双向图或者二分图，由 Tanner 于 1982 年首次用来表示 LDPC 码。一个校验矩阵对应一个 Tanner 图。由图论的知识可知，图是由顶点和边组成的，图中所有的顶点分为两个子集，任何一个子集内部各个顶点之间没有相连的边，任何一个顶点都和一个不在同一子集里的顶点相连。在 LDPC 码的二分图中，将节点分成两类变量节点和校验节点。变量节点指的是编码比特（对应 H 矩阵中的行）所对应的顶点的集合，变量节点也称为父节点；校验节点指的是校验约束（对应 H 矩阵中的列）所对应的顶点的集合，校验节点也称为子节点。如果某个变量节点参与了某个校验方程（即校验约束），也就是 H 矩阵中对应位置的元素不为 0，表现在 Tanner 图中就是变量节点和校验节点之间有一条边。把所有的变量节点和校验节点表示在图中就得到 LDPC 码的 Tanner 图。图中一个顶点的度数（degree）就是与该顶点相连的边数；由变量节点、校验节点和边首尾相连组成的闭合环路称为环（cycle）；码字二分图中最短环的周长称为围长（girth），记为 g。如果 Tanner 图中所有变量节点的度数（H 矩阵的列重）都相同，且所有校验节点的度数（H 矩阵的行重）也相同，则称之为规则图。否则，称之为非规则图。图 7-17 给出了图 7-16 所对应的 Tanner 图。

上述的 LDPC 码是规则的，即 H 矩阵中每一行 1 的个数是固定的，每一列 1 的个数也是固定的。如果行或者列的个数不固定，则是非规则 LDPC 码。对于非规则 LDPC 码，其表达方式和经典的线性分组码一样，用（n,k）表示。其中 n 表示码字长度，k 表示信息码组长度，

（10,5）LDPC 码的校验矩阵如图 7-18 所示。

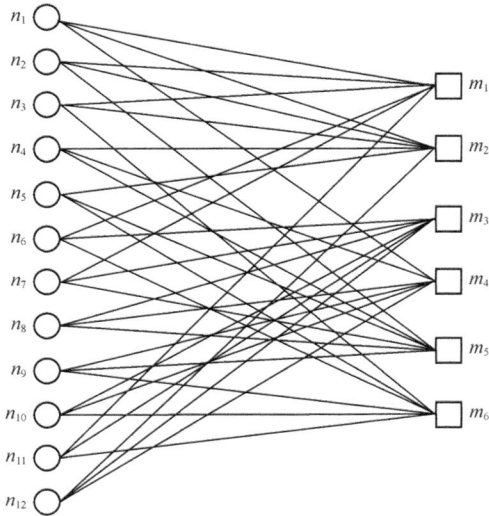

图 7-17 （12,3,6）LDPC 码的 Tanner 图

$$H=\begin{bmatrix} 1 & 1 & 0 & 0 & 0 & 1 & 0 & 1 & 0 & 1 \\ 0 & 1 & 1 & 0 & 0 & 1 & 0 & 1 & 0 & 0 \\ 0 & 0 & 1 & 1 & 1 & 0 & 1 & 1 & 0 & 1 \\ 0 & 0 & 0 & 1 & 1 & 1 & 0 & 0 & 1 & 0 \\ 1 & 0 & 0 & 0 & 1 & 0 & 1 & 0 & 1 & 0 \end{bmatrix}$$

图 7-18 （10,5）LDPC 码的校验矩阵 H

非规则码在 LDPC 码中占有很重要的地位。Luby 的模拟实验说明，优化后的非规则码性能优于规则码。这一点也可以从构成 LDPC 码的 Tanner 图中得到直观的解释：对于每一个变量节点来说，希望它的度数大一些，因为从相关联的校验节点可以获得的信息越多，越能准确地判断其的正确值；对于每一个校验节点来说，情况则相反，希望校验节点的度数小一些，因为校验节点的度数越小，它能反馈给其邻接的变量节点的信息越有价值。非规则图比规则图能够更好、更灵活地平衡这两种相反的要求。在非规则码中，具有大度数的变量节点能很快地得到它的正确值，这样它就可以给校验节点更正确的概率信息，而这些校验节点又可以给小度数的变量节点更多信息。大度数的变量节点首先获得正确的值，把它传输给对应的校验节点，通过这些校验节点又可以获得度数小的变量节点的正确值。因此，非规则码的性能要优于规则码的性能。不过，非规则码的编码一般比较复杂，用硬件也难以实现。

在 LDPC 码构造上，主要有两大类构造方法。一类是随机构造法，这类码在长码时具有很好的纠错能力，但由于码组过长和生成矩阵与校验矩阵的不规则性，使得编码过于复杂而难以用硬件实现。另一类是分析构造法，它借助几何代数方法，所构造的码具有编码效率高、易于用硬件实现的优点。

DVB-S2 标准中采用的 LDPC 码均为长码，如果采用信息码字和乘编码的方式，其生成矩阵的存储量将非常惊人，用硬件实现不太现实。所以 DVB-S2 标准采用了基于 eIRA（extended Irregular Repeat-Accumulate，扩展的非规则重复累积）码形式的校验矩阵来构造 LDPC 码。这是一种特殊结构化的 LDPC 码，具有较低的编解码复杂度。

DVB-S2 标准中的 LDPC 码根据纠错编码帧的长度支持不同的编码码率。纠错编码帧分为长帧（也叫普通帧，码长为 64 800）和短帧（码长为 16 200）。其中长帧支持码率为 1/4、1/3、2/5、1/2、3/5、2/3、3/4、4/5、5/6、8/9、9/10 的 FEC 码，短帧支持码率为 1/4、1/3、2/5、1/2、3/5、2/3、3/4、4/5、5/6、8/9 的 FEC 码。

ETSI EN 302 307 标准中给出了 DVB-S2 标准 LDPC 编码算法，过程如下。

1）初始化校验位，$p_0 = p_1 = \cdots = p_N$。

2）对第一个信息比特 i_0 进行累加，对应的奇偶节点地址由编码表的第一行指定。以 2/3

码率为例：

$p_0=p_0\oplus i_0$, $p_{2767}=p_{2767}\oplus i_0$, $p_{10491}=p_{10491}\oplus i_0$, $p_{240}=p_{240}\oplus i_0$, $p_{16043}=p_{16043}\oplus i_0$,

$p_{18673}=p_{18673}\oplus i_0$, $p_{506}=p_{506}\oplus i_0$, $p_{9279}=p_{9279}\oplus i_0$, $p_{12826}=p_{12826}\oplus i_0$,

$p_{10579}=p_{10579}\oplus i_0$, $p_{8065}=p_{8065}\oplus i_0$, $p_{20928}=p_{20928}\oplus i_0$, $p_{8226}=p_{8226}\oplus i_0$

3）对于下面的 359 个信息比特 i_m（$m=1,2,\cdots,359$）累加 i_m 对应的奇偶比特地址为：

$$(x+ m \bmod 360 \times Q_{\text{LDPC}}) \bmod (n_{\text{LDPC}}-k_{\text{LDPC}})$$

其中，x 代表和第一个信息比特 i_0 相对应的奇偶比特地址，Q_{LDPC} 是一个取决于码率的常量。

4）对于第 361 个信息比特 i_{360}，被累加的奇偶比特的地址由编码表的第二行指定。用相同的方式得到接下来的 359 个信息比特所对应的奇偶校验比特的地址：

$$(x + m \bmod 360 \times q) \bmod (n_{\text{LDPC}}-k_{\text{LDPC}})$$

其中 x 代表和信息比特 i_{360} 相对应的奇偶比特的地址，即第二行的第一个值。q 是一个和码率有关的常数。

5）用相似的方法，对每一组 360 个信息比特，利用编码表的一行来找到对应的奇偶比特的地址。

6）当所有的信息比特均被使用之后，最终的比特节点通过以下方式得到。

顺序执行如下操作：

$$p_i = p_i\oplus p_i-1, \quad i=1,2,\cdots, n_{\text{LDPC}}-k_{\text{LDPC}}-1$$

最后 p_i 的内容即奇偶比特 p_i 的值。

2. BCH 编码

BCH 码是一种可以纠正多个随机错误的循环码，它可以用生成多项式 $g(x)$ 的根来描述。给定任一有限域 GF(q)及其扩域 GF(q^m)（其中，q 是素数或素数的幂，m 为某一正整数），若码元是取自 GF(q)上的一个循环码，它的生成多项式 $g(x)$ 的根集合 R 中含有以下 $2t$ 个连续根：

$$R \supseteq \{\alpha^{m_0},\alpha^{m_0+1},\cdots,\alpha^{m_0+2t-1}\}$$

则由 $g(x)$ 生成的循环码称为 q 进制 BCH 码。若 $q=2$，称之为二进制 BCH 码。其中，α 是生成多项式 $g(x)$ 最低阶次的根。$\alpha^{m_0+i}\in$GF(q^m)（$0\leqslant i\leqslant 2t-1$），$m_0$ 是任意整数，但最常见的情况是 $m_0=0$，t 是码的纠错能力。

设 $m_i(x)$ 和 e_i 分别是 α^{m_0+i}（$i=1,2,\cdots,2t-1$）元素的最小多项式和级，则 BCH 码的生成多项式和码长分别是

$$g(x) = \text{LCM}(m_1(x),m_2(x),\cdots,m_{2t}(x))$$

$$n = \text{LCM}(e_1,e_2,\cdots,e_{2t})$$

（n,k）BCH 码生成多项式 $g(x)$ 可以表示成如下形式：

$$g(x) = g_0 + g_1x+\cdots+g_{n-k-1}x^{n-k-1} + x^{n-k}$$

在工程应用中，通常采用系统形式的 BCH 码，即

$$c(x) = m(x)x^{n-k} + \text{REM}(m(x)x^{n-k})_{g(x)}$$

其中，$m(x)$ 表示信息多项式，$c(x)$ 为码字多项式。$\text{REM}(\alpha(x))_{g(x)}$ 表示 $\alpha(x)$ 除以 $g(x)$ 后的余数多项式。通常使用除法电路来实现这个余数，即系统码的校验位。

如果生成多项式 $g(x)$ 的根中有一个本原域元素，则 $n=q^m-1$，称这种码长 $n=q^m-1$ 的 BCH 码为本原 BCH 码；否则，称为非本原 BCH 码。

对于任意正整数 m（$m>2$）和 t（$t>1$），存在分组长度 $n=2^m-1$，校验位数 $n-k\leq mt$，最小距离 $d_{\min}\geq 2t+1$，能纠所有小于或等于 t 个错误的 BCH 码。其中，$d=2t+1$ 称为设计距离，m 是 $g(x)$ 在扩域 $GF(q^m)$ 上的本原多项式的次数，t 为 BCH 码的纠错能力。

DVB-S2 标准采用了一种能纠 t 个错误的 BCH 码，其生成多项式 $g(x)$ 由表 7-2（$N_{\text{LDPC}}=$ 64 800 bit 和 $N_{\text{LDPC}}=16\,200$ bit）给出。

表 7-2 BCH 码的生成多项式

多项式	长帧（普通帧），$N_{\text{LDPC}}=64\,800$ bit	短帧，$N_{\text{LDPC}}=16\,200$ bit
$g_1(x)$	$1+x^2+x^3+x^5+x^{16}$	$1+x+x^3+x^5+x^{14}$
$g_2(x)$	$1+x+x^4+x^5+x^6+x^8+x^{16}$	$1+x^6+x^8+x^{11}+x^{14}$
$g_3(x)$	$1+x^2+x^3+x^4+x^5+x^7+x^8+x^9+x^{10}+x^{11}+x^{16}$	$1+x+x^2+x^6+x^9+x^{10}+x^{14}$
$g_4(x)$	$1+x^2+x^4+x^6+x^9+x^{10}+x^{11}+x^{12}+x^{14}+x^{16}$	$1+x^4+x^7+x^8+x^{10}+x^{12}+x^{14}$
$g_5(x)$	$1+x+x^2+x^3+x^5+x^8+x^9+x^{10}+x^{11}+x^{12}+x^{16}$	$1+x^2+x^4+x^6+x^8+x^9+x^{11}+x^{13}+x^{14}$
$g_6(x)$	$1+x^2+x^4+x^5+x^7+x^8+x^9+x^{10}+x^{12}+x^{13}+x^{14}+x^{15}+x^{16}$	$1+x^3+x^7+x^8+x^9+x^{13}+x^{14}$
$g_7(x)$	$1+x^2+x^5+x^6+x^8+x^9+x^{10}+x^{11}+x^{13}+x^{15}+x^{16}$	$1+x^2+x^5+x^6+x^7+x^{10}+x^{11}+x^{13}+x^{14}$
$g_8(x)$	$1+x+x^2+x^5+x^6+x^8+x^9+x^{12}+x^{14}+x^{15}+x^{16}$	$1+x^5+x^8+x^9+x^{10}+x^{11}+x^{14}$
$g_9(x)$	$1+x^5+x^7+x^9+x^{10}+x^{11}+x^{16}$	$1+x+x^2+x^3+x^9+x^{10}+x^{14}$
$g_{10}(x)$	$1+x^2+x^5+x^7+x^8+x^{10}+x^{12}+x^{13}+x^{14}+x^{16}$	$1+x^3+x^6+x^9+x^{11}+x^{12}+x^{14}$
$g_{11}(x)$	$1+x^2+x^3+x^5+x^9+x^{11}+x^{12}+x^{13}+x^{16}$	$1+x^4+x^{11}+x^{12}+x^{14}$
$g_{12}(x)$	$1+x+x^5+x^6+x^7+x^9+x^{11}+x^{12}+x^{16}$	$1+x+x^2+x^3+x^5+x^6+x^7+x^8+x^{10}+x^{11}+x^{13}+x^{14}$

从表 7-2 可以看出，长帧中 BCH 码的生成多项式的根所在的扩域是 GF（2^{16}），短帧中 BCH 码的生成多项式的根所在的扩域是 GF（2^{14}）。对于纠错能力为 12、10、8 的 DVB-S2 长帧，BCH 码分别为二进制本原 BCH（65 535，65 343）、BCH（65 535，65 375）、BCH（65 535，65 407）的缩短码。对于纠错能力为 12 的 DVB-S2 短帧，BCH 码是二进制本原 BCH（16 383，16 215）的缩短码。

DVB-S2 信道编码过程中，先对长度为 K_{BCH} 的二进制信息进行 BCH 编码，得到长度为 N_{BCH} 的码字，接着将 $K_{\text{LDPC}}=N_{\text{BCH}}$ 作为 LDPC 编码的输入信息，得到长度为 N_{LDPC} 的 LDPC 码字。N_{LDPC} 可以是 64 800 bit 或 16 200 bit，分别对应 DVB-S2 中的长帧和短帧。显然，因为信道编码的输出是固定长度，所以不同的 LDPC 码率决定了 BCH 编码的输入长度 K_{BCH} 和 LDPC 编码的输入长度 K_{LDPC}。对于长帧（普通帧）的情况，如表 7-3（前 4 列）所示，有 11 种码率选择。对于短帧，如表 7-3（后 4 列）所示，有 10 种码率选择。长帧的 BCH 编码可纠正的错误个数 t 分别为 8、10 和 12，根据不同 LDPC 码率有不同的选择，需要的奇偶比特数从 128 到 192。短帧 BCH 编码的 $t=12$，可以纠正 12 个错误，需要的奇偶比特数为 168。

表 7-3 LDPC 码率及 BCH 外码长度

长帧（普通帧），$N_{\text{LDPC}}=64\,800$ bit				短帧，$N_{\text{LDPC}}=16\,200$ bit			
码率 R	K_{BCH}	N_{BCH}	t	码率 R	K_{BCH}	N_{BCH}	t
9/10	58 192	58 320	8	8/9	14 232	14 400	12
8/9	57 472	57 600	8	5/6	13 152	13 320	12
5/6	53 840	54 000	10	4/5	12 432	12 600	12

续表

长帧（普通帧），N_{LDPC} = 64 800 bit				短帧，N_{LDPC} = 16 200 bit			
码率 R	K_{BCH}	N_{BCH}	t	码率 R	K_{BCH}	N_{BCH}	t
4/5	51 648	51 840	12	3/4	11 712	11 880	12
3/4	48 408	48 600	12	2/3	10 632	10 800	12
2/3	43 040	43 200	12	3/5	9 552	9 720	12
3/5	38 688	38 880	12	1/2	7 032	7 200	12
1/2	32 208	32 400	12	2/5	6 312	6 480	12
2/5	25 728	25 920	12	1/3	5 232	5 400	12
1/3	21 408	21 600	12	1/4	3 072	3 240	12
1/4	16 008	16 200	12				

3. 比特交织

在 DVB-S2 标准中，对于 8PSK、16APSK 和 32APSK 调制格式，输出 LDPC 编码器的数据通过一个块交织器来进行比特交织。对于不同的调制方式，交织器的行数和列数是不同的，表 7-4 给出了具体的参数。以 8PSK 为例，通常基带帧的帧头的最高有效位首先被读出，如图 7-19 所示。但在 8PSK 调制编码速率为 3/5 时，基带帧的帧头的最高有效位 MSB 被第 3 个读出，如图 7-20 所示。

表 7-4 交织器参数

调制方式	行数（n）（n_{LDPC} = 64 800）	行数（n）（n_{LDPC} = 16 200）	列数（k）
8PSK	21 600	5 400	3
16APSK	16 200	4 050	4
32APSK	12 960	3 240	5

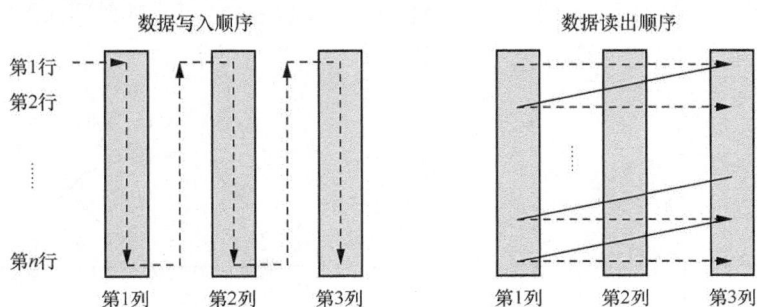

图 7-19 比特交织原理示意图（普通情况）

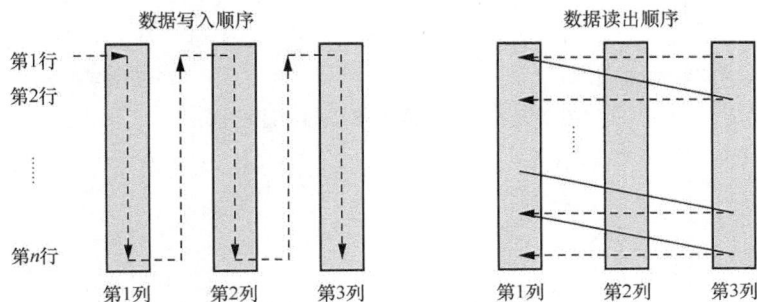

图 7-20 比特交织原理示意图（8PSK 调制编码速率为 3/5 时）

7.2.4 正交调制

DVB-S2 的另一个改进是其调制方式。与 DVB-S 采用单一的 QPSK 调制方式相比，DVB-S2 有更多的选择，即 QPSK、8PSK、16APSK、32APSK。对于广播业务来说，QPSK 和 8PSK 均为标准配置，而 16APSK、32APSK 是可选配置；对于交互式业务、数字新闻采集及其他专业服务，4 个均为标准配置。

APSK 也是一种幅度相位调制方式，但与传统 QAM（如 16QAM、64QAM）相比，其分布呈中心向外沿半径发散，所以又称为星形 QAM。与 QAM 相比，APSK 便于实现变速率调制，因而很适合根据信道及业务需要进行的分级传输。同时，16APSK 和 32APSK 是更高阶的调制方式，可以获得更高的频谱利用率。

DVB-S2 系统的正交调制部分包含星座映射、物理层成帧和正交调制 3 大模块。下面简要介绍各模块的基本原理。

1. 星座映射

在多进制数字调制系统中，为了提高调制信号的抗干扰能力，要求所有信号的矢量端点分布（称为星座图）合理，以保证所有矢量端点之间的最小距离尽量大。星座映射模块的作用就是按照不同的调制方式，将经过 FEC 编码后的二进制序列投影到 I-Q 坐标上，形成星座图。

星座映射包含两个过程。①输入数据序列的串并转换。根据不同的调制阶数，确定并行序列位数，将串行序列转换为并行序列。QPSK 的并行位数为 2，8PSK 的并行位数为 3，16APSK 的并行位数为 4，32APSK 的并行位数为 5。②将每个并行序列映射到星座图上，产生 I、Q 序列。映射产生复序列纠错帧（XFEC frame），表示方式为复矢量 (I,Q) 或极坐标形式 $\rho\exp(\mathrm{j}\phi)$。

DVB-S2 采用的调制方式包括 QPSK、8PSK、16APSK 和 32APSK 共 4 种。其中，QPSK 和 8PSK 的星座映射图如图 7-21 所示，16APSK 和 32APSK 的星座映射图如图 7-22 所示。

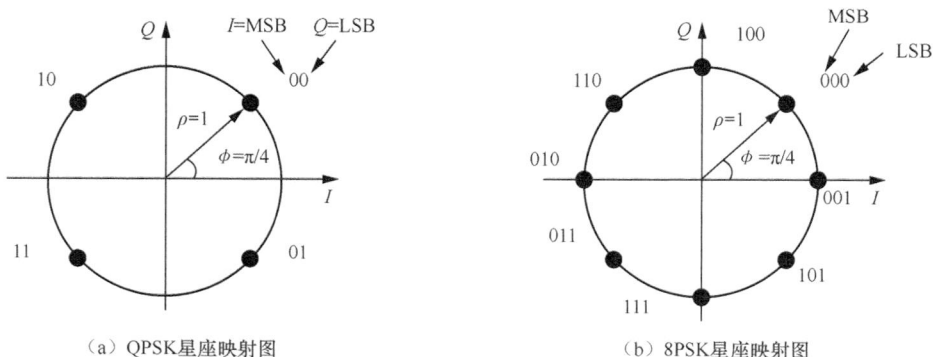

（a）QPSK星座映射图　　　　　　（b）8PSK星座映射图

图 7-21　QPSK 和 8PSK 的星座映射图

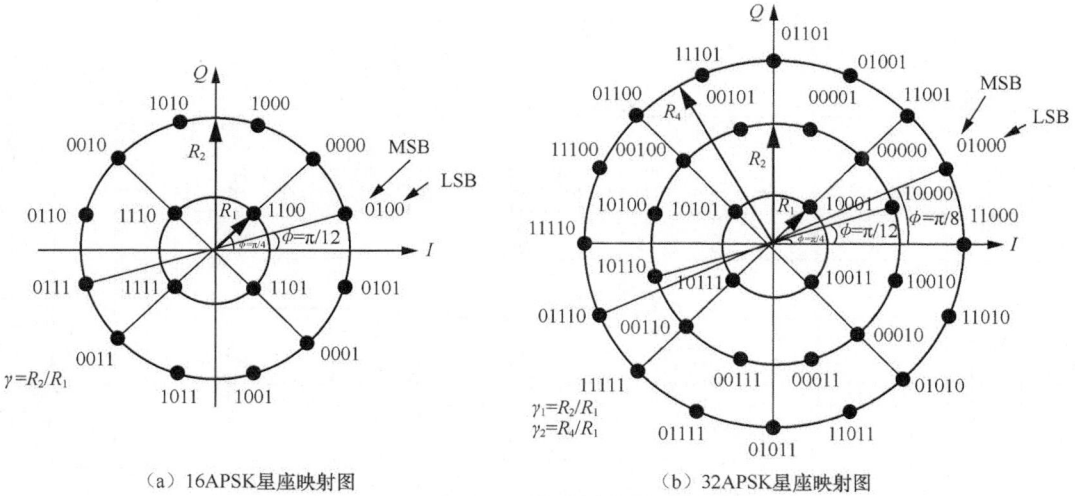

（a）16APSK星座映射图　　　　（b）32APSK星座映射图

图 7-22　16APSK 和 32APSK 的星座映射图

2. 物理层成帧

物理层成帧模块完成的功能主要包括插入物理层帧头、插入未调制载波、物理层加扰和形成物理层帧。图 7-23 给出了物理层帧的形成过程。从图中可以看出，该模块首先将输入的每个 XFEC 帧分成 S 个片段（slot），每个片段包含 90 个符号。针对不同的调制方式和不同的帧长，S 的值也不同（具体在表 7-5 中给出）；其次是加上一个物理层帧头，帧头长度为 1 个片段（90 个符号）；最后在每 16 个片段后，再加上一个 36 个符号的导频块（pilot block），用于接收端的同步。当没有可处理的复序列帧时，系统会自动插入一个哑帧（dummy frame），用来保持接收端处理的连续性和信号传输的平稳性。

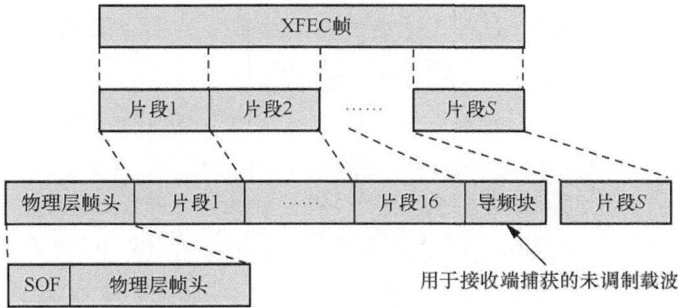

图 7-23　物理层帧的形成过程

表 7-5　每个 XFEC 帧所分的片段个数

符号位数	长帧		短帧	
η_{MOD}	S	$\eta\%$	S	$\eta\%$
2	360	99.72	90	98.9
3	240	99.59	60	98.36
4	180	99.45	45	97.83
5	144	99.31	36	97.30

物理层（除物理层帧头）需要经过加扰，使其随机化，起到能量分散的作用。扰码生成器主要由两组移位寄存器构成，如图 7-24 所示。其生成多项式分别为

$$f(x)=1+x^7+x^{18}$$
$$f(y)=1+y^5+y^7+y^{10}+y^{18}$$

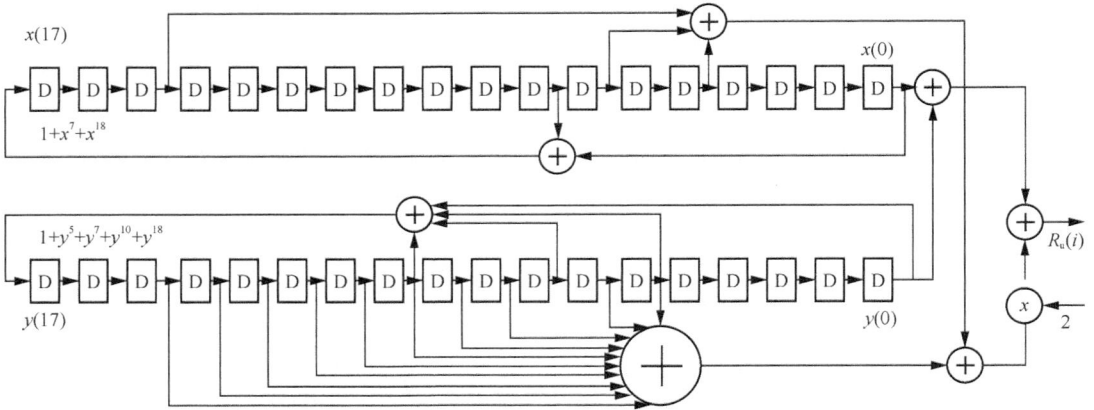

图 7-24 扰码生成器电路

该随机化序列的速率等于物理层帧符号的速率，随机化序列的周期应大于 70 000 个符号。如图 7-25 所示，在每个帧头结束时，应重新初始化随机序列，即截短随机序列，使序列长度等于帧长。

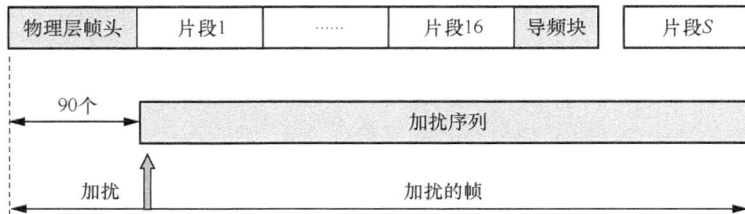

图 7-25 物理层加扰

3. 正交调制

正交调制之前，先进行基带成形滤波，采用的是平方根升余弦滤波器，其特性与 DVB-S 相同。根据应用的业务不同，其中的滚降因子 α 有 3 种选择，即 0.35、0.25 和 0.2。

正交调制时，用 $I(t)$、$Q(t)$ 两路信号分别与载波 $\cos(2\pi f_0 t)$ 和 $\sin(2\pi f_0 t)$ 相乘之后，两路信号再进行叠加，即可产生调制输出信号，即

$$S(t)=I(t)\cos(2\pi f_0 t)+Q(t)\sin(2\pi f_0 t)$$

其中，$I(t)$、$Q(t)$ 在 QPSK 调制时为二进制流，在 8PSK 调制时为四进制流。

7.2.5 后向兼容性

DVB-S2 的所有改进是通过与 DVB-S 不兼容的技术方式实现的，但因为业内有大量的 DVB-S 接收机尚在使用，所以也可通过可选配置的模式提供后向兼容。采用后向兼容模式时，原 DVB-S 接收机可以接收部分 DVB-S2 系统的信号。

后向兼容模式实质上是在一个卫星信道上传输两个 TS，分别为高优先级（High Priority，HP）TS 和低优先级（Low Priority，LP）TS，二者各自采用不同的纠错编码方式，然后通过特殊的映射方式在星座图中定位相应比特，使其在接收端可通过现有的解调设备将二者分离。

HP TS 可兼容 DVB-S 接收机，即使用 DVB-S 接收机可以解出 DVB-S2 中的 HP TS 信号，而 LP TS 只能用 DVB-S2 接收机接收。后向兼容模式的信道编码结构框图如图 7-26 所示。

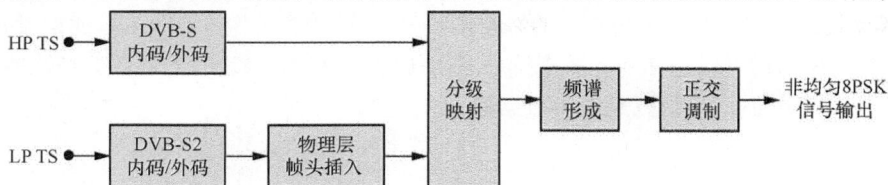

图 7-26 后向兼容模式的信道编码结构框图

后向兼容模式实现兼容的核心方法是采用了非均匀分布的 8PSK 星座映射结构，如图 7-27 所示。8PSK 的星座点并没有按照正常调制时那样在圆周上等距分布，而是分别在 QPSK 的 4 个星座点周围偏移 θ 角散开。合理选择 θ 值是兼容可行的关键。θ 值越小，QPSK 解调器输出越大，DVB-S 接收机接收效果越好，但此时 DVB-S2 接收机的抗噪声性能下降，影响正常接收，因而 θ 取值需要权衡两种不同情况后折中考虑。

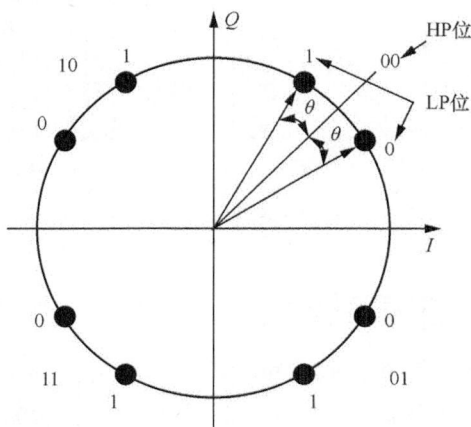

图 7-27 后向兼容的 8PSK 星座结构图

7.3 ABS-S 信道传输标准

我国自主研发的 ABS-S 传输标准充分吸收和借鉴了国际卫星电视广播系统的最新设计理念，对包括信道编码、交织、符号映射、帧结构设计等技术环节采取了整体性能优化设计，并在重点技术环节上有所突破。ABS-S 标准的主要技术特点如下。

1）与 DVB-S2 标准相比，仅使用 LDPC 作为信道编码，而没有采用 BCH 作为外码，提高了传输效率。

2）在 LDPC 码型设计上，对性能与复杂度之间进行了更好的折中，在性能相当的前提下，减小了码长，从而降低了实现难度，并缩短了信号传输时延。

3）采用了更为合理、高效的传输帧结构，可以提高接收机的同步搜索性能，还可以实现不同编码调制方式的无缝衔接。

4）在比特交织和符号映射等信号处理环节上采用了更为合理的技术，以充分发挥 LDPC 编码的优势，进一步优化整个系统的性能。

5）在性能上与 DVB-S2 标准基本相当，载噪比门限相差 0.1～0.3 dB，而传输能力则略高于 DVB-S2 标准；同时，其复杂度远低于 DVB-S2 标准，更加易于实现。

6）可提供 40 余种不同的配置方案，可以最大限度地发挥系统能力，满足不同业务和应用的需求。

ABS-S 系统能够支持基于用户端的综合接收解码器、PC 或其他双向卫星通信设备的交互式服务。其回传信道可以是任何能够支持卫星回传通信的标准或现有的规范。在这些应用中，传输的数据可以是 TS，也可以是通用数据流。

7.3.1 ABS-S 系统结构

ABS-S 系统采用了与 DVB-S2 类似的结构，如图 7-28 所示，包含了输入适配、FEC 编码和数字调制三大部分。与 DVB-S2 的区别是，省去了 FEC 编码中的 BCH 编码模块。尽管在结构上与 DVB-S2 差别不大，但在各模块的具体设计上有很大的不同，包括在 LDPC 编码、比特交织、星座映射和帧结构等方面，均采用了更为合理高效的设计。

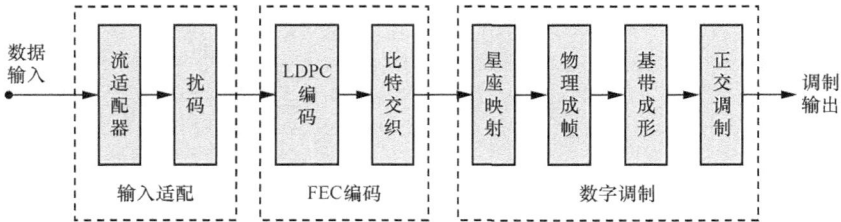

图 7-28 ABS-S 信道传输系统结构

7.3.2 ABS-S 信道编码技术

ABS-S 中采用了一类高度结构化的 LDPC 码。该类码的编解码复杂度低，且支持在相同码长下实现不同编码比率的灵活设计。ABS-S 的 LDPC 码字长度为 15 360 bit，不同编码比率的码长固定。较短的码长在硬件设计中具有编解码简单、硬件成本低廉的优势，更易被市场接受。

另外，ABS-S 仅需 LDPC 编码即可实现低于 10^{-7} 的误包率要求，这样就不需要额外级联 BCH 或其他形式的外码。通常，短码字的 LDPC 码具有较高的差错性能，ABS-S 中的 LDPC 码在码字较短的同时仍能提供低于 10^{-7} 的误包率，充分体现了信道编码方案的设计优势。

与 DVB-S2 类似，ABS-S 提供了 1/4～9/10 多种编码比率，相应的载噪比范围为 1.3～11.25 dB（QPSK 与 8PSK 调制方式下），步进差值大约在 1 dB。结合基带成形滤波器不同的滚降因子（0.2、0.25 或 0.35），可以为运营商提供相当精细的参数选择，从而充分发挥直播卫星的传输能力。

考虑到卫星载荷制造技术的进步，ABS-S 中还提供了 16APSK 和 32APSK 两种高阶调制方式。这两种方式在符号映射与比特交织上结合 LDPC 编码的特性进行了专门的设计，从而体现了整体性能优化的设计理念。

7.3.3 ABS-S 帧结构设计

在信道编码上采用了 LDPC 线性分组码，因此在链路层必须提供必要的同步机制，即以帧为单位进行传输，并提供帧起始标识。在 DVB-S2 中采用了自相关性非常高的序列作为帧起始（SOF）标识。ABS-S 借鉴了这一思路，采用了长度为 64 个符号的唯一字（Unique Word，UW）作为帧起始标识。

在 DVB-S2 中，一个物理帧中只包含一个 LDPC 码字，这样在调制方式发生变化时（VCM 或 ACM 方式下），物理帧的符号长度或时间长度将随调制方式不断改变，这就为接收端的同步带来了很大的不便。ABS-S 在设计上采用了固定物理帧长度（不含导频，如图 7-29 所示），在一个物理帧内可以传输不同调制方式的多个 LDPC 码字。同时，在 ACM 工作方式下，NFCT 通过特定的数据结构对下一帧的结构进行描述，如各 LDPC 码字的调制方式、编码比率等。这样做最大的优势在于物理帧的时间长度固定，即 UW 以相同的时间间隔出现，便于接收机进行同频搜索。同时，NFCT 可以对一帧中多个 LDPC 码字的参数进行描述，而 NFCT 被放置在一帧的第一个 LDPC 码字中。同样通过 LDPC 进行编码，在信息量相同的条件下，其传输效率明显高于 DVB-S2 系统。

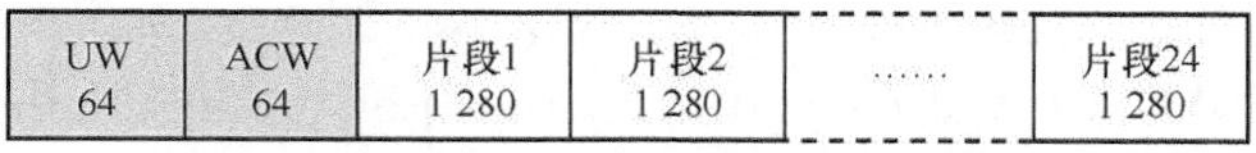

图 7-29　无导频时的传输帧结构

ABS-S 在帧结构设计方面的另一个特点在于其高阶调制方式下导频字的插入。DVB-S2 中的导频长度固定为 36 个符号，这种设计灵活性较差，在特定的符号率范围内性能良好，而在低码率时性能不佳。ABS-S 中的导频插入可以根据实际系统应用条件，由运营商自行设置，而接收机则进行自适应判断，大大提高了灵活性和系统性能。同时 ABS-S 采用了固定的物理帧符号长度，保证了导频信号的均匀插入，如图 7-30 所示。

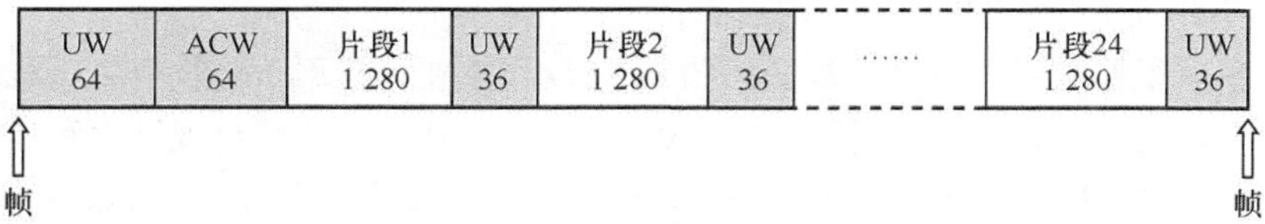

图 7-30　有导频时的传输帧结构

无论采用什么样的编码和调制方式，每一帧信号都包括 24 个片段，每一个片段包含 1 280 个符号。在有导频的模式下，在每一帧信号中，导频信号将插入每一个片段的后边，最后一个片段除外。

每一帧中包含的已编码的符号数为 30 720。对于 QPSK、8PSK、16APSK 和 32APSK 等调制方式，每一帧分别包括 4、6、8、10 个码字，也就是说，对于不同的调制方式，每一个码字包括的已编码的符号数分别为 7 680、5 120、3 840、3 072。

所以无论采用什么样的编码率和调制方式，每一个码字的长度均为 15 360 bit。在 FEC 编码前，信息比特的个数依赖于在 FEC 中规定的 LDPC 的编码率，但是无论如何，它必须小于最大编码率 9/10 所具有的 13 824 bit。

流格式器将输入比特作为每一个码字的输入矢量。可以选用基带加扰处理，用随机序列发生器随机化这些输入比特。对于每一个新的码字使用相同的初始值进行初始化。FEC 将随机化比特编码成长度为 15 360 bit 的块。在每一个帧标记处，UW 和 ACW（Auxiliary Control Word，附加控制字）被插入第一个码字前的帧的起始处（见图 7-29）。对于具有导频的帧要插入 23 个导频字（见图 7-30）。

第 *8* 章

数字电视接收系统

数字电视接收系统的基本功能是接收来自数字电视发射系统的射频信号，并通过本系统进行各种变换处理后输出视频和音频信号，传输至用户的电视机。随着数字电视广播技术和新的数字业务的发展，数字电视接收系统在适应新技术标准的能力、数据接收和处理性能，以及用户界面设计等方面均取得显著进展，逐渐成为一种高性能、多功能且用户界面友好的智能化数字信息接收终端。

8.1 数字电视接收系统的基本组成

8.1.1 地面数字电视接收系统

地面数字电视接收系统组成示意图如图 8-1 所示，主要包括用于接收空中无线数字电视广播信号的接收天线、地面数字电视接收机（机顶盒），以及用于重现电视画面和伴音的电视机（或其他显示设备）。接收天线一般采用拉杆天线，通过同轴电缆与接收机的射频输入口连接；对于无线电信号较弱的地区，接收天线可安装到室外，以提高接收效果。地面数字电视接收机的主要功能就是将天线接收到的地面数字电视射频信号进行放大、变频、解调、同步、解码等一系列处理之后，转换为电视机可以正常收看的视频和音频信号。可见，地面数字电视接收机是整个接收系统的核心部分。

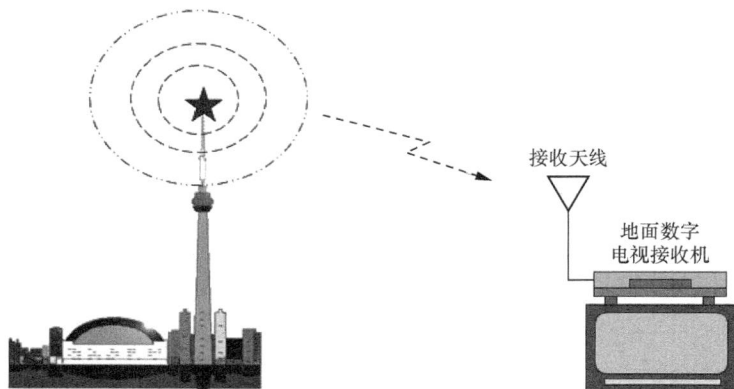

图 8-1　地面数字电视接收系统组成示意图

地面数字电视接收系统的信号处理流程框图如图 8-2 所示，主要由 4 大部分组成，即无线接收天线、调谐器、DVB-T 或 DTMB 信道处理器和信源解码器。调谐器从无线接收天线送来的射频信号中选出包含有所需接收的地面数字电视节目的载波信号，并将其转变为中频信号，再依照 DVB-T 或 DTMB 等相关的信道传输技术标准，对其进行数字解调和信道解码，得到包含所需数字电视节目和数据信息的 TS；将 TS 送入信源解码器，进行多路解复用后，分别得到经压缩编码的视频和音频基本流以及数据包流；最后，分别将视频和音频基本流进行解压缩，对数据进行解包，得到数字视频、数字音频和数据流。

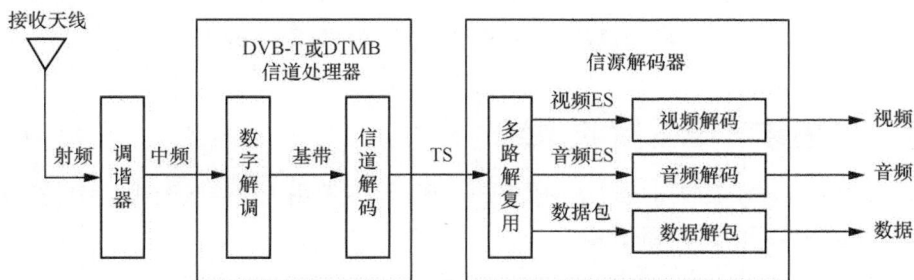

图 8-2　地面数字电视接收系统的信号处理流程框图

8.1.2　有线数字电视接收系统

有线数字电视接收系统与地面数字电视接收系统相似，主要包括用于接收有线数字电视信号的有线数字电视接收机，以及用于重现电视画面和伴音的电视机（或其他显示设备）。与地面数字电视接收系统的不同之处在于，有线电视接收系统所接收的数字电视信号来源于安装于家家户户的有线电视网络插座上的有线数字电视射频信号。有线数字电视接收机的主要功能就是经一系列处理后，将有线数字电视射频信号转换为电视机可以正常收看的视频和音频信号。图 8-3 为有线数字电视接收系统组成示意图。

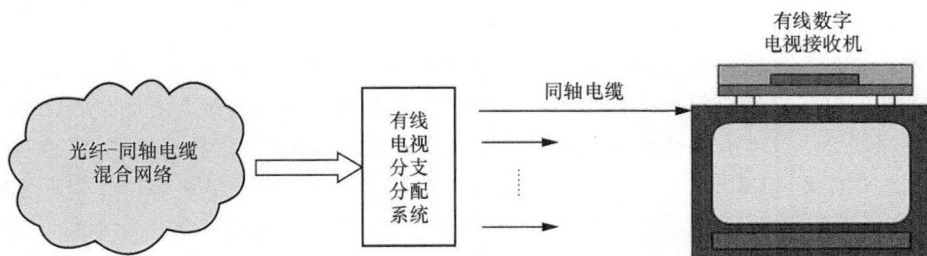

图 8-3　有线数字电视接收系统组成示意图

有线数字电视接收系统的信号处理流程框图如图 8-4 所示，主要由 4 大部分组成，即调谐器、DVB-C 信道处理器、解扰器和信源解码器。调谐器从有线电视插座上送来的射频信号中选出包含有所需接收的数字电视节目的载波信号，并将其转变为中频信号，再依照 DVB-C 信道传输技术标准，对其进行数字解调和信道解码，得到包含所需数字电视节目和数据信息且经过加扰加密处理的 TS；将加扰的 TS 送入解扰器进行解扰处理后得到透明的 TS，再送入多路解复用器解复用后，分别得到经压缩编码的视频和音频基本流以及数据包流；最后，分别将视频和音频基本流进行解压缩，对数据进行解包，得到数字视频、数字音频和数据流。

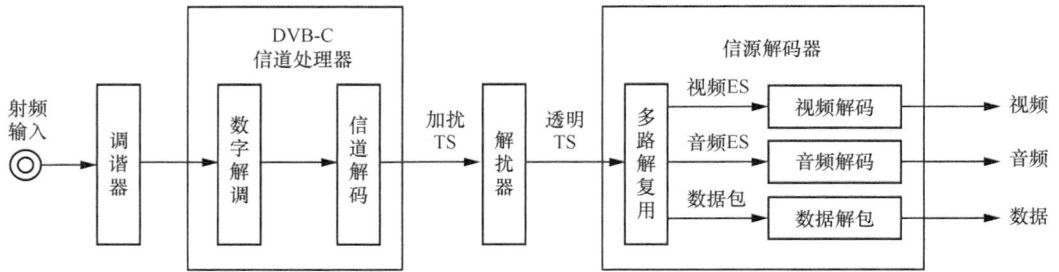

图 8-4 有线数字电视接收系统的信号处理流程框图

8.1.3 卫星数字电视接收系统

卫星数字电视接收系统组成示意图如图 8-5 所示，主要由卫星接收天线、卫星接收高频头和卫星数字电视接收机 3 大部分组成。为了减小微波信号的传输损耗，通常将卫星接收高频头安装在卫星接收天线之上并放置于室外，故二者统称为卫星直播电视室外接收单元。该单元处于整个卫星接收系统的最前端，其作用是通过卫星接收天线将来自卫星的高频电磁波进行聚集并转换成高频电流，送到卫星接收高频头进行低噪声放大并转换成频率较低的中频信号（频率范围

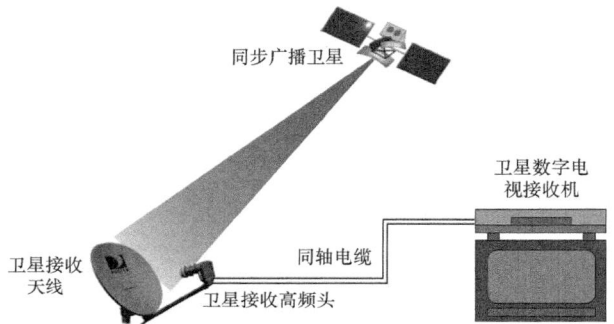

图 8-5 卫星数字电视接收系统组成示意图

为 950～2 150 MHz）。该中频信号通过射频同轴电缆送到置于室内的卫星数字电视接收机，进行后续的信号处理。

卫星数字电视接收系统的信号处理流程框图如图 8-6 所示。室外接收单元将接收到的卫星数字电视信号下变频为第一中频信号，室内接收单元则从中选出包含所需接收的数字电视节目的载波信号，并将其转变为第二中频或零中频信号，再按照 DVB-S 或 ABS-S 等卫星信道传输标准进行数字解调和信道解码，得到带有扰码的 TS（对于免费节目，则为无扰码的 TS）；将解扰后的 TS 进行多路解复用后，分别得到经压缩编码的视频和音频基本流以及数据包流；最后，分别将视频和音频基本流进行解压缩，对数据进行解包，得到数字视频、数字音频和数据流。

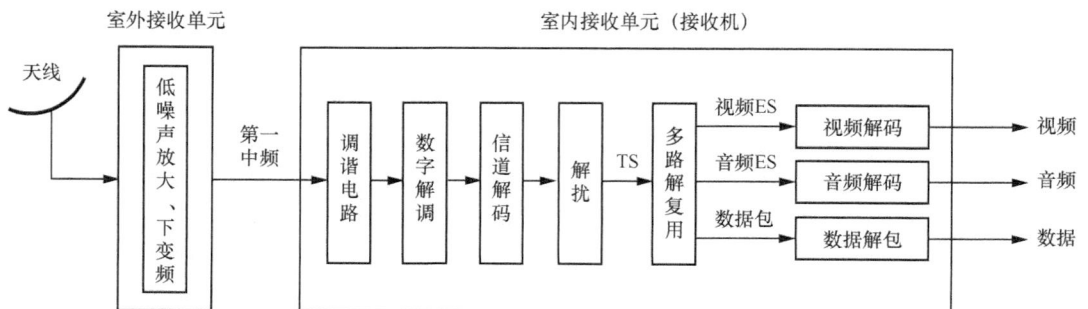

图 8-6 卫星数字电视接收系统的信号处理流程框图

8.2　数字电视信号接收与调谐电路

8.2.1　地面数字电视信号接收与调谐电路

地面数字电视信号接收与调谐电路的功能就是从接收天线从空中接收到的 VHF（50～220 MHz）或 UHF（470～870 MHz）频段微弱的射频信号中选出所要接收的数字电视节目所在频道的频率，并将它变换成中频（如 36 MHz 或 70 MHz 等）信号，再经中频放大器放大到足够的电平后，输出给后续的电路进行数字解调和信道解码进行处理。地面数字电视的信号接收与调谐电路结构框图如图 8-7 所示。它由低噪声放大器、跟踪滤波器、混频器、压控振荡器、频率合成器、带通滤波器和中频放大器等电路组成。

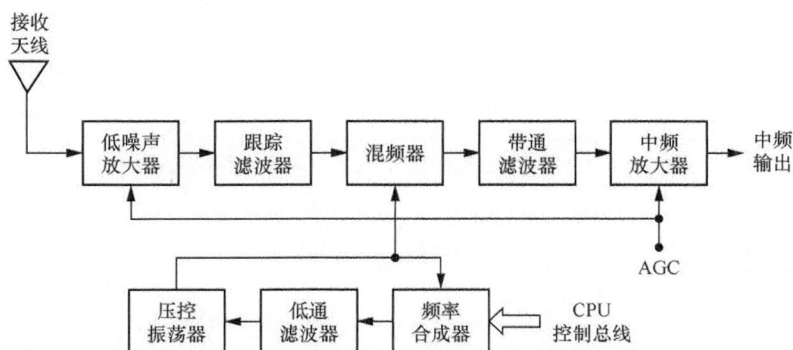

图 8-7　地面数字电视的信号接收与调谐电路结构框图

对于地面数字电视接收系统而言，需要解决两大问题：一个是接收通道的动态范围问题；另一个是频率稳定性问题。对于第一个问题，因为无线电波随着距离的增大而快速衰减，所以在远离电视发射站的地区，天线接收到的射频信号十分微弱（在微伏数量级），此时要求接收系统具备很高的灵敏度，因此需要信号接收通道放大器（包括低噪声放大器和中频放大器）提供足够的功率增益；而当接收机距离发射站很近时，可能接收到很强的信号（可达毫伏数量级），此时容易造成接收通道放大器进入饱和状态而使信号产生失真，从而造成系统性能指标急剧下降。为解决这一问题，需要引入自动增益控制（Automatic Gain Control，AGC）功能，使得接收通道放大器的增益能够根据接收信号的强弱进行自动调节，使得接收通道有足够大的动态范围，从而保证系统在不同的接收条件下均能保持最佳的工作状态。

对于第二个问题，接收前端需将射频信号转换为中频信号，需要本地产生一个与输入信号相差一个中频的载波信号，并通过混频生成中频输出信号。如果本地产生的载波信号的稳定性不好，频率就会随着时间、温度、电压等因素波动，容易造成中频信号中心频率的偏移，从而出现"跑台"现象。为解决这一问题，就需要对压控振荡器采取稳频措施，目前最常用的方法就是采用频率合成法。频率合成的原理就是通过锁相环电路，将产生本振信号的压控振荡器频率经过可变分频器（分频数由 CPU 控制）分频后，与高稳定的晶体振荡器频率锁定，从而保证压控振荡器在所有的频率范围内均保持极高的稳定性。

8.2.2 有线数字电视信号接收与调谐电路

有线数字电视的信号接收与调谐电路结构（见图 8-8）与地面数字电视接收系统基本相似，主要包括低噪声放大器、跟踪滤波器、混频器、压控振荡器、频率合成器、带通滤波器、中频放大器和数字下变频等电路。不同之处在于其输入信号来源于有线电视电缆网络，频率范围为 48～870 MHz，输入的电平相对比较强且变化范围不大，因此对前端的低噪声放大器要求相对较低，对 AGC 的控制范围也相对小一些。此外，有线数字电视调谐器的输出通常是经过数字下变频的两路相互正交的基带信号。

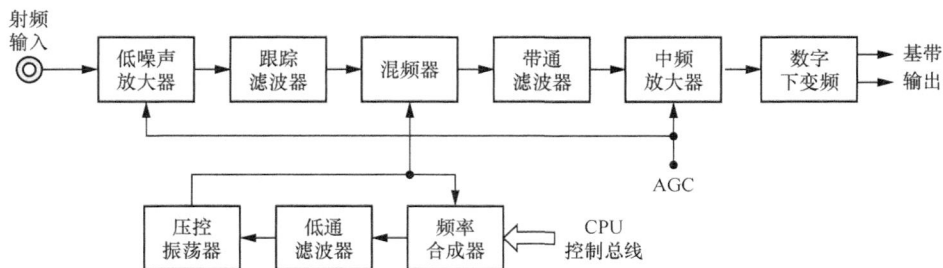

图 8-8 有线数字电视的信号接收与调谐电路结构框图

8.2.3 卫星数字电视信号接收与调谐电路

卫星数字电视信号来源于距离地球表面大约 35 786 km 处的同步卫星，信号频率高达数吉赫兹以上（常用 Ku 波段频率范围为 10.95～12.70 GHz），经过远距离空间传播衰减后，到达地面的信号极其微弱，因此需要采用高增益的反射面卫星天线进行接收。同时，高频段微波信号经过射频传输电缆传输时的衰减也很大，为了减小信号传输损耗，需要通过安装在室外天线上的卫星接收高频头将天线收到的微弱微波信号进行低噪声放大，并利用其内部的混频器将整个频段下变频为频率较低的第一中频（950～2 150 MHz），然后通过射频同轴电缆将信号传送到室内的卫星数字电视接收机，接收机内的选频调谐电路再次将其变频到第二中频（通常为 450 MHz 或 140 MHz 等），最后经过数字下变频器输出两路正交基带信号。卫星数字电视的信号接收与调谐电路结构框图如图 8-9 所示。下面简要介绍各组成部分的工作原理。

1. 卫星接收天线

卫星接收天线处于接收系统的最前端，其作用是将来自卫星转发器的微弱超高频电磁波加以聚集，并转换成导波中的电磁波或传输电缆中的高频电流，通过波导或高频电缆送给卫星接收高频头。卫星电视广播信号工作频率高（处于微波频段）且地面接收信号十分微弱，要求接收天线有很高的增益，因此，为了获得理想的接收效果，卫星接收天线需要采用高增益的面状接收天线，即天线的主反射面采用整块金属板（或金属网）来构成。由于面天线的面积比天线电信号波长的平方大得多，故对高频无线电波具有似光传播特性。通过增大面天线的面积，可以提高所截获电磁波的能量，从而达到提高天线增益的目的。例如，工作于 Ku 波段的直径为 1 m 的抛物面天线的增益可达 38 dB 左右。

面天线一般由反射面、馈源和支架等部分组成。反射面可采用金属板、金属网或镀有金属的玻璃钢等材料经过机械成型而成；馈源一般采用各种形式的渐变波导段构成。若按照反射面与馈源所处相对位置的不同，可分为前馈天线、后馈天线和偏馈天线 3 种；若按照天线工作原理的不同，又可分为普通抛物面天线、偏馈天线、卡塞格伦天线和平面天线等多种。

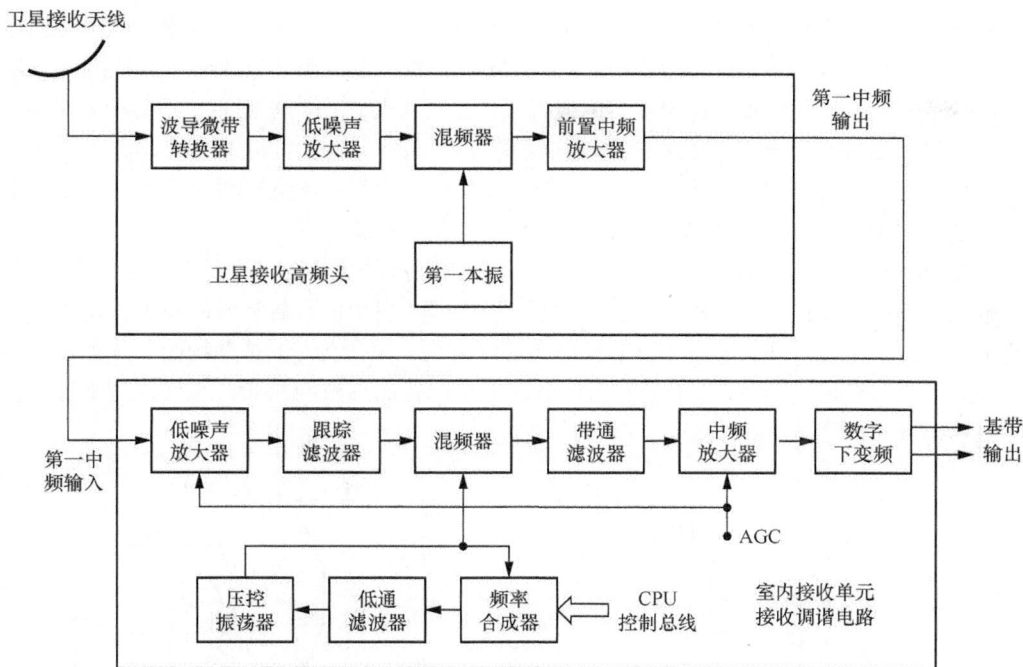

图 8-9 卫星数字电视的信号接收与调谐电路结构框图

普通抛物面天线的结构如图 8-10 所示。馈源是一种弱方向性天线，安装在抛物面前方的焦点位置上，故普通抛物面天线又称为前馈天线。由馈源辐射出来的球面波被抛物面往一个方向（天线轴向）反射，形成尖锐的波束，这种情况与探照灯极为相似。抛物面是由抛物线绕它的轴线（z 轴）旋转而成的。旋转抛物面具有如下特性：位于焦点上的馈源所辐射的电磁波经抛物面反射后，在抛物面口径上得到同相波阵面，使电磁波沿天线轴向传播；反之，当平行电磁波沿抛物面法向轴入射时，则被抛物面反射而聚焦于焦点上。

普通抛物面天线的馈源位于天线的主波束内，因而对所接收的电磁波形成了遮挡，其结果是降低了天线的增益，增大了旁瓣。将馈源移出天线反射面的口径，可消除馈源及其支撑物对电磁波的遮挡。图 8-11 给出了偏馈天线的结构示意图。

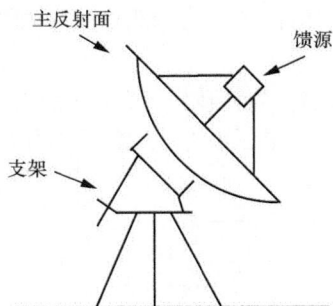

图 8-10 普通抛物面天线的结构图

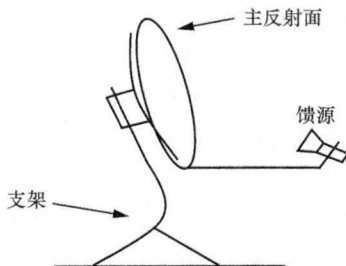

图 8-11 偏馈天线的结构图

实际上，偏馈反射面是在旋转抛物反射面上截取一部分构成的。它同样可将焦点发出的球面波转换成沿轴向传播的平面波。馈源的相位中心仍放在原抛物面的焦点上，但馈源的最大辐射须指向偏馈反射面的中心。尽管反射面的轮廓呈椭圆形，但它的口径仍是一个圆。此外，对于偏馈天线而言，电磁波的最大辐射方向并不在偏馈反射面的法向，而是与法向成一定的夹角。这一特点也是偏馈天线的另一特色。偏馈天线的最大特点是旁瓣小，偏馈天线的旁瓣电平要比前馈天线提高 8～10 dB。馈源避开了来自反射面的回波，因此也改善了天线的驻波比。此外，在纬度较高地区接收卫星电视，偏馈天线的反射面与地面几乎垂直，不易积聚雨雪，因此，在小口径卫星直播电视接收系统中被广泛采用。

卡塞格伦天线不仅比普通抛物面天线多了一个副反射面，还将馈源安装到了主反射面后面，如图 8-12 所示。故有时也把卡塞格伦天线称为后馈天线。

卡塞格伦天线是一种双反射面天线，其主反射面是旋转抛物面，副反射面是旋转双曲面。卡塞格伦天线的工作原理是，根据双曲面的性质，由 $F2$ 发出的电磁波被副反射面反射，其反射的电磁波方向可以看成共轭焦点 $F1$ 发出的射线方向。又因为 $F1$ 是抛物面的焦点，所以由 $F2$ 发出的电磁波经副反射面和主反射面反射后，在口径面形成同相场，从而得到平行于轴向的电磁辐射波，如图 8-13 所示。

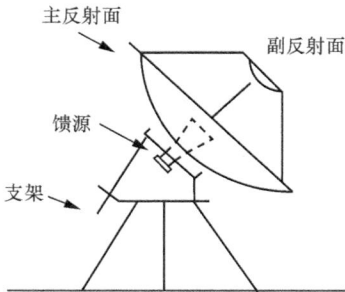

图 8-12　卡塞格伦天线的结构图

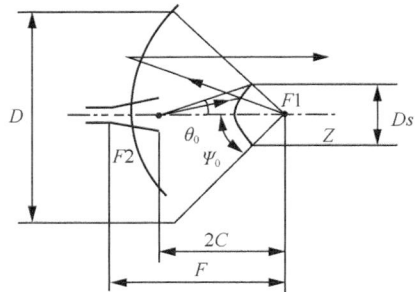

图 8-13　卡塞格伦天线的几何关系图

双反射面的优点之一在于可以采用赋形技术。如果修正旋转双曲面的形状，使口径场分布符合要求，同时适当地修改主反射面以校正由于副反射面改变而引起的口径场相位差，那么卡塞格伦天线将有较高的电性能。但卡塞格伦天线的副反射面直径一般较大，这在小口径天线中会造成较大的遮挡，所以在小天线中很少采用卡塞格伦结构方案。

2. 卫星接收高频头

卫星接收高频头通常安装在室外卫星接收天线的馈源之后。其内部主要包括微波低噪声放大和微波下变频两大部分，故也称为低噪声下变频组件。因为从卫星接收天线接收到的卫星信号极其微弱，而高频头又处于整个接收系统电路的最前端，所以高频头性能极大地影响了整个接收系统的接收质量。

高频头电路组成框图如图 8-14 所示。它主要包括波导-微带转换器、微波低噪声放大器、本机振荡器、混频器、前置中频放大器等部分。整个电路安装于既有电磁波屏蔽作用又有防水防潮功能的密闭的小型铝合金壳体之内。

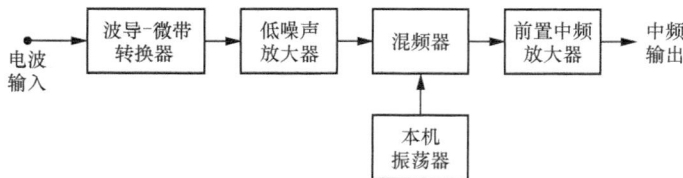

图 8-14　高频头电路组成框图

输入端的波导-微带转换器的作用是将波导口输入的电磁波信号转换成微带电路上的高频电流，以便其进行放大和变频。波导-微带转换器除了将场信号变换成路信号，还需要完成一个从波导的高阻抗到微带电路的低阻抗的阻抗变换过程，使得在这一变换过程中，信号能量的损失最小，从而最大限度地将天线送来的场信号转化成微波低噪声放大器输入端的路信号。

微波低噪声放大器通常由多级微波场效应晶体管（Field Effect Transistor，FET）放大器组成。因为低噪声放大器的工作频率处于微波高频段，且总增益要求高达 20～40 dB，所以通常需要由多级 FET 放大器来组成。第一级放大器的噪声对放大器总噪声影响最大，其次是第二级，越往后影响就越小。同时，前级的增益越高，对后级的噪声抑制能力越强。而对于总增益的作用各级均相同。因此，第一级一般采用噪声系数最低的高迁移率场效应晶体管，并按最低噪声系数原则设计输入匹配网络，第二级和第三级采用普通微波场效应晶体管，并按最大功率增益原则设计。各级的源阻抗和负载阻抗均取值为 50 Ω，使得电路对器件参数有较强适应性。图 8-15 是一个 Ku 波段三级低噪声场效应晶体管放大器的结构框图。

图 8-15　一个 Ku 频段三级低噪声场效应晶体管放大器的结构框图

本机振荡器一般采用介质谐振器稳频的 FET 振荡器，产生高稳定的固定振荡频率（如 10 GHz 或 11 GHz 等），为混频器提供所需的本地振荡信号。本机振荡器的工作特点是工作频率高、频率稳定性要求高，因而需要采用具有特殊稳频措施的微波振荡器。目前常用的是介质谐振器稳频的 FET 振荡器（简称介质振荡器）。介质谐振器根据其在振荡器中的稳频机理分为多种形式，其中常用的是反射型和反馈型两种。在反射型介质振荡器中，介质谐振器通常置于 FET 栅极的微带线上（见图 8-16），与栅极微带传输线一起构成一个带阻滤波器。当振荡器的振荡频率与介质谐振器的谐振频率相同时，这一带阻滤波器便将信号能量反射到 FET 栅极，使振荡得以维持下去。而对于其他频率，介质谐振器不起作用，振荡信号能量被栅极终端电阻 RG 吸收，无法维持振荡条件。反馈型介质振荡器将介质谐振器作为 FET 振荡器选频反馈回路（见图 8-17），只有当振荡频率等于 DR 谐振频率时，由 DR 构成的反馈回路才起作用，使之满足振荡条件，振荡器正常工作，否则不满足振荡条件，电路不起振。这种振荡器结构简单、调试方便，因而应用广泛。

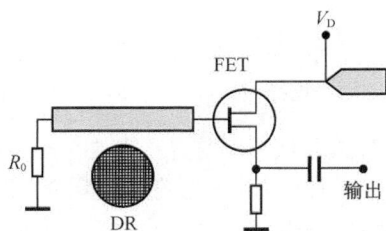

图 8-16　反射型介质振荡器电路　　　　　图 8-17　反馈型介质振荡器电路

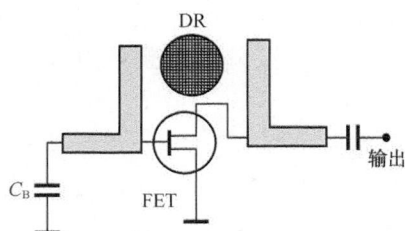

混频器通常由微波二极管组成，利用其非线性特性来产生输入信号与本振的差频，并通过低通滤波器选出所需的中频信号；微波混频器主要采用微波二极管作为非线性器件来实现。图 8-18 是一种常用的由两个二极管和一个微波电桥组成的平衡式混频器结构。输入端是一个

3 dB 微带电桥，其作用是将输入端口 1 和端口 2 的信号和本振功率分别平分到端口 3 和端口 4，并使信号与本振两个输入口相互隔离。微带电桥的另一个作用是使两个二极管输出的中频分量在相位上相同，从而在负载上互相叠加，并使本振噪声的相位相反，在负载上互相抵消，提高了输出信噪比。为了使二极管的阻抗分别与微带电桥的端口 3 和端口 4 阻抗匹配，在两只二极管输入端插入了串联型阻抗匹配网络。在二极管输出端，由 $\lambda g/4$ 低阻抗并联支节和 $\lambda g/4$ 高阻抗串联支节构成低通滤波器，以取出中频分量，并阻挡输入信号与本振功率的通过。

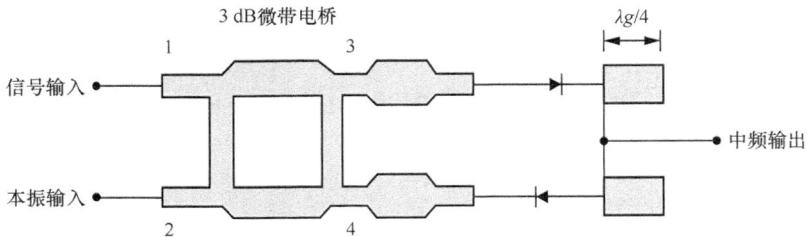

图 8-18　平衡式二极管混频器

混频器输出的微弱的第一中频信号（950～2 150 MHz）被送到后续的前置中频放大器进行放大。前置中频放大器一般由多级晶体管放大器或高频集成电路组成，提供 30～40 dB 的功率增益，将信号放大到足够的强度，再通过射频电缆传送到室内的卫星数字电视接收机上。

3. 接收调谐电路

接收调谐电路属于放置在室内的卫星接收机的前端电路（见图 8-9 的下部分），从电路组成来看，它与有线数字电视的信号接收与调谐电路（见图 8-8）完全相同。不同之处仅是输入的频率范围不同。从卫星接收高频头输出的第一中频属于 L 波段，频率范围非常大，可达 950～2 150 MHz，所以实际电路相对复杂。随着数字处理技术的发展，出现了电路结构比较简单的零中频调谐器电路，从而省去了中频处理电路和声表面带通滤波器等电路，其电路结构框图如图 8-19 所示。

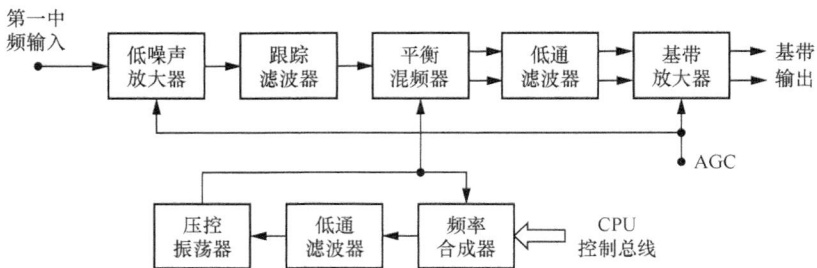

图 8-19　采用零中频的调谐器电路结构框图

由图 8-19 可知，该芯片包括带有 AGC 控制功能的 L 波段低噪声前置宽带放大器、同相与正交两路混频器、带有 AGC 和基带滤波的同相和正交基带放大器、压控振荡器和 90°相位分离器等在内的零中频调谐解调电路，还包括由参考频率晶体振荡器、固定分频器、可编程分频器、锁相环、环路滤波器、I²C 总线控制器等构成的可编程本振频率合成器的所有电路。由于输入调谐解调器工作频率高，这种集成化的调谐解调器在实际应用中给整机硬件电路的设计、安装和调试等都带来了极大的方便，同时也使得所构成的调谐解调器无论是在技术性能、稳定性，还是在体积、成本上都具有较大的优势。

8.3 数字电视数字解调与信道解码电路

8.3.1 地面数字电视数字解调与信道解码电路

1. 数字解调与信道解码系统组成

地面数字电视数字解调与信道解码电路框图如图 8-20 所示，输入的射频信号经过调谐、数字解调、信道估计和均衡、去交织和软解调、信道解码和解扰，输出 TS，送至解复用模块进行解复用。

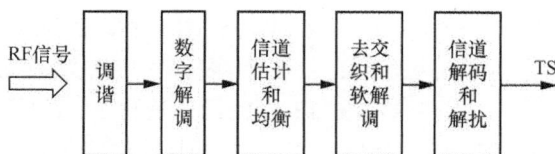

图 8-20　地面数字电视数字解调与信道解码电路框图

在图 8-20 中，调谐从室外天线通过射频电缆送来的射频信号中选出用户所要接收的某一电视频道的频率，将它变换成模拟中频信号输出（一般是 36 MHz）或者零中频输出，并滤除其他频道的信号和干扰。

数字解调对输入的中频信号进行模数转换，然后基于变速率的思想进行数字下变频，或者对输入的零中频信号进行数模转换。之后，进行各种同步处理，包括时间同步、频率同步和采样同步。时间同步对传输过程中的时延进行估计和校正，确定信号帧的帧头位置；频率同步对收发两端的本振频率偏差进行估计和校正；采样同步对数字解调器处理过程中的采样环节产生的采样偏差进行校正，获得最大瞬时信噪比的码流。

信道估计和均衡对传输信道因子进行估计和校正，消除传输过程中信道的影响。

信道解码和解扰纠正传输过程产生的误码，提高传输可靠性，并针对发送端的加扰过程进行解扰，为解复用电路提供近似无误的传输码流。

（1）调谐

地面数字电视接收机的调谐器有两种可能的输出信号形式：一种是中频输出，另一种是零中频输出。对于中频输出方案，压控振荡器只需要产生一路本振，不存在 I、Q 两路不平衡的问题，但它需要比较昂贵的声表面滤波器作为中频带通滤波器。对于零中频输出方案，不需要声表面滤波器，但因为两个正交本振是由 90°相移器产生的，所以混频输出的 I、Q 支路可能存在幅度和相位不平衡，这需要在后面数字解调模块中消除。

（2）数字解调

调谐器输出的中频信号或者零中频信号经过模数转换后，进行数字解调。数字解调器的功能是校正频偏、校正采样偏差和校正时延，相应的过程分别称为频偏估计和校正（载波同步）、采样偏差估计和校正（定时同步或采样同步）以及时延估计和校正（时间同步）。如果调谐器输出的是中频信号，那么数字解调器还要有数字下变频功能。

DTMB 多载波模式中，一个超帧是由 225 个（PN420 模式一）或 200 个（PN945 模式三）信号帧组成的。下面以零中频输入和 DTMB 多载波模式中的模式三为例，介绍地面数字电视接收机的数字解调过程，如图 8-21 所示。DTMB 标准的传送信号典型的特点之一就是，不论是单载波还是多载波，都是采用 PN 序列作为帧头，利用 PN 序列良好的自相关特性和互相关特性，可以进行数字解调各个环节以及后续信道估计和均衡的各种信号处理。

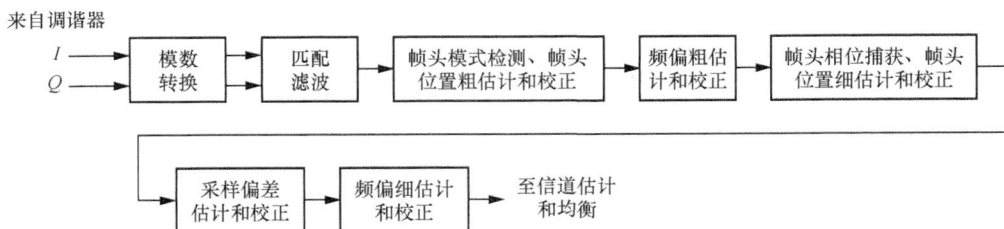

图 8-21　DTMB 标准的地面数字电视接收机数字解调过程

1）匹配滤波。

DTMB 标准的数字基带信号符率为 7.56 Mbaud，来自调谐器的两路模拟基带 I、Q 信号一般利用接近于 4 倍符号速率的时钟（30.4 MHz）进行采样，得到数字 I、Q 信号后进行匹配滤波。

数字最佳接收理论指出，当接收滤波器的传输函数是发送脉冲频谱的共轭函数时，滤波器的输出在采样时刻有最大的瞬时信噪比，判决之后的误码性能最佳，此时的滤波器称为匹配滤波器。第 5 章提到，地面数字电视发射端的基带信号处理采用平方根升余弦滚降滤波器作为发送滤波器，所以匹配滤波器也可以采用相同的滤波器，满足最佳接收理论。匹配滤波器的频率响应与 5.4.9 节的式（5-7）相同。

2）帧头模式检测、帧头位置粗估计和校正。

因为 DTMB 标准有 3 种帧头模式，其中多载波两种，单载波一种，各个模式的帧头长度和数据格式有所不同，所以需要对匹配滤波输出的码流进行帧头模式的检测，以便确定是上述哪一种模式，同时估计帧头的粗略位置并进行校正。

3）频偏粗估计和校正。

频偏估计算法的性能包括两个：一个是可估计的范围，另一个是频偏估计的精度。在地面数字电视接收机的测试标准中，要求可跟踪的频偏范围是 ±150 kHz，相当于 75 个子载波间隔。所以频偏估计的思路一般是，先通过某种算法确定频偏的大致范围，这个过程就是频偏粗估计。然后在该范围附近，利用其他频偏估计算法估计出准确度更高的频偏。

频偏粗估计算法一般是利用已经确定好的帧头模式，并引入可变的归一化（相对于子载波间隔的归一化）频偏 f_i 作用于本地的零相位 PN 序列，然后与经过帧头位置粗估计并校正之后的信号进行互相关，根据相关峰的位置获得频偏粗估计值。

4）帧头相位捕获、帧头位置细估计和校正。

信号经过上述一系列处理之后，确定了帧头的模式和帧头的粗略位置，以及校正了大部分的频偏。接着，进一步进行帧头相位的确定（即帧序号），并确定帧头的准确位置。

DTMB 多载波模式中，每个超帧中各信号帧的帧头采用不同相位的 PN 信号作为信号帧识别符，这些相位是事先确定的，而且相邻信号帧的相位偏移是恒定且唯一的，因此，预先定义一个各 PN 序列与零相位 PN 序列的相位差查询表 Phase_Index，将信号帧的帧头与本地零相位的 PN 序列相关，表中记录连续两个相关峰值的位置差，就可以根据 Phase_Index 表进行帧序号的确定。

5）采样偏差估计和校正。

接收机前端的 ADC 的采样时钟是独立于发送符号时钟的，所以需要进行采样偏差的估计和校正。这个过程也叫采样同步。采样同步一般需要采用图 8-22 的环路进行。通过对独立采样得到的信号样值进行插值运算，得到信号在最佳判决采样时刻的近似值，从而完成采样同步。

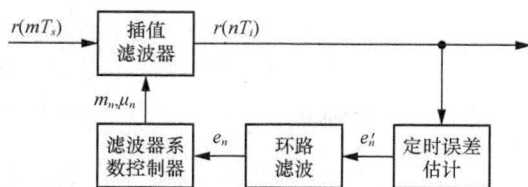

图 8-22 采样同步环路

图中 T_s 是 ADC 的采样周期，T 是调制符号周期，$T_i=T/k$，k 为一个小整数，一般取 1、2 或者 4，显然 T_i 和 T 同步。在已经捕获到帧头相位并估计出帧头位置的基础上，使用帧头 PN 序列，定时误差估计模块将内插滤波之后的数据和本地 PN 序列进行互相关，可以估计每一帧的定时误差。因为噪声等一些因素的影响，估计到的定时误差不断波动在某一值附近。通过环路滤波器可以得到较稳定的定时误差值。滤波器系数控制器根据滤波后的定时误差值计算出采样点的整数倍和小数倍偏差 m_n 和 μ_n，然后送至插值滤波器参与内插运算，获得经过定时调整的采样值 $r(nT_i)$。上述过程循环进行，直至系统达到采样同步。

6）频偏细估计和校正。

DMB-TH 同步系统需要将残余频偏控制在子载波间隔 2 kHz 的 2%以内，所以在经过频偏粗估计和校正后，还需要进行频偏细估计和校正。该过程利用帧头自身的循环特性进行，将 PN 序列前部分和后部分进行相关运算，然后提取相关峰的相位信息，进而获取频偏估计值并校正。

（3）信道估计和均衡

地面数字电视信号通常在无线信道中传输，无线信道的时域和频域响应往往是时变的，而且具有多径传播特性。为了消除或减小多径衰落对接收性能的影响，需要信道估计跟踪信道响应的变化，并进行均衡获得补偿。

DTMB 标准的单载波和多载波模式都是利用 PN 序列作为帧头，利用帧头可以进行信道估计。信道估计可以在频域进行，也可以在时域进行。频域中算法的各种模式都需要做两个 FFT，FFT 的点数与各自 PN 序列的长度相当，运算量大。特别是对于单载波模式，因为 PN595 是截短的 m 序列，且不使用循环前缀，帧头会受到帧体拖尾，估计的误差会比较大，所以主要采用基于时域的信道估计算法。

传统的循环前缀作为保护间隔的 OFDM 信号模式，其信号均衡简单，只需要用单抽头的滤波器就可以了。但国标的多载波模式，采用 PN 序列作为保护间隔的 OFDM 信号模式，信号不具有循环格式，所以不能直接用单抽头滤波器完成，需要先进行循环特性的重构，再用单抽头滤波器完成均衡。

单载波模式的信道均衡也可以采用循环化重构加单抽头滤波的方法进行，但因为国标的单载波模式，每一帧的帧头使用的 PN 序列都相同，所以可以把下一帧的帧头与当前帧的帧头看成互为循环前缀，于是在接收端，把第 N 帧的帧体与第 $N+1$ 帧的帧头当成一个处理单元，进行 4 375=3 780+595 点 FFT，然后在频域上用基于单抽头滤波的方法进行均衡。

（4）去交织和软解调

频域交织只在 $C=3$ 780 的多载波模式下采用。通过频域交织，将信号帧中各个连续子载波分散开来。在 DTMB 标准中，首先将 36 个系统信息按照插入规则分散到 3 744 个帧体数据中，然后按照频域交织的规则，将 3 780 个帧体数据进行交织。另外，也可以直接根据标准附录中的频域交织图样，通过查表法将数据进行顺序写入、选择读出，以实现频域交织。频域去交织的过程是频域交织的逆过程，根据交织图样可以进行频域去交织。

在所有的 DTTB 系统中，都加入了卷积交织作为时间交织来抵抗突发差错。相比于国外标准，我国的 DTMB 标准采用了 $B=52$，$M=240/720$ 的卷积交织器，交织深度大大增加，在 $M=240$ 模式，每个符号采用 2 B 表示的情况下，单个卷积交织器或解卷积交织器就至少需要 636 480 B 的存储资源。因此在 DTMB 接收系统中一般需要采用外接专用存储芯片（如 SDRAM）来进行卷积交织/去交织。

DTMB 标准采用 5 种 QAM 调制方式——4QAM-NR、4QAM、16QAM、32QAM、64QAM。其中 4QAM-NR 在 4QAM 调制之前加入一个 NR 准正交编码映射，实际的调制映射图只有 4 种，包括 3 种方形 QAM 和 1 种十字星形 QAM。5 种调制方式理论频谱利用率为 $1\sim6$ bit/(s·Hz)。

M-QAM 的解调算法选择与 LDPC 解码算法选择密切相关。在 DTMB 标准中，LDPC 作为系统的内码，具有良好的纠错性能。常用的 LDPC 解码算法根据输入数据不同可以分为软解调解码算法与硬解调解码算法两种。虽然相比于硬解调解码算法，软解调解码算法的系统复杂度较高，但是在性能上，软解调解码算法通常都能比硬解调解码算法高出 2 dB，在复杂的无线通信信道上，这种优势更加明显。因此在系统复杂度限制不严格的情况下，一般都采用软解调算法。

解调也被称为判决或者解映射，就是将接收到的 QAM 符号还原成相应的比特信息。硬解调根据其判决门限直接解调出相应比特位为 0 或者 1，这样的解调方法实现简单，便于工程实现，但是会丢掉一些可用的信息。软解调不直接判断输入符号，而是输出各个比特为"0""1"的概率大小，即置信度，或者对数似然比（Log-Likelihood Ratio，LLR）。

（5）信道解码和解扰

DTMB 系统的信道编码由外码（BCH 码）和内码（LDPC 码）级联实现，所以接收系统的信道解码模块先进行 LDPC 解码，再进行 BCH 解码。

(n,k) LDPC 码的性能能否达到最优主要取决于 LDPC 码的解码算法。同时 LDPC 码的解码算法也直接影响着其硬件开销和解码时延。目前 LDPC 码有多种解码方法，本质上大都是基于 Tanner 图的消息迭代解码算法。根据消息迭代过程中传送消息的不同形式，可以将 LDPC 的解码方法分为硬判决解码和软判决解码。一般来说，软判决算法较硬判决算法性能更好。

常用的软判决解码算法是建立在置信传播（Belief Propagation，BP）算法基础上的。常用的算法有 BP 算法、对数域 BP 算法、和积算法、最小和算法、迭代后验概率算法和修正最小和算法（包括归一化和偏移两种算法）。这几种软判决算法主要区别在于变量节点与校验节点消息传递的映射函数选取的不同。从性能上来看，BP 算法性能最佳，但是开销也最大。迭代后验概率算法最为简便，但是与 BP 算法尚存在 2 dB 的性能劣势。修正最小和算法能够在较低硬件复杂度的基础上实现逼近 BP 算法的性能，因此其应用广泛。

BP 解码算法的思想是通过在变量节点与校验节点之间来回迭代传递外消息（extrinsic message）来不断提高码字的置信度，从而获得最优的解码性能。根据消息的表示形式，BP 解码算法可分为概率 BP 解码算法和对数域 BP 解码算法。两者的本质是一样的，对数域 BP 解码算法将概率 BP 解码算法中大量的乘法运算转变为加法运算，降低了运算的复杂度，减少了运算时间。

最小和解码算法是对数域 BP 解码算法的简化版本，是对校验节点传递给变量节点的 LLR 消息进行近似运算，从而使整个解码算法只有异或运算、比较运算和加法运算，最大限度地减少了解码的运算量，解码器硬件实现简单。但也正是由于其消息的近似，解码性能大打折扣，研究表明误码率将损失 $1\sim1.5$ dB。

最小和解码算法极大地降低了解码的复杂度，但其解码性能也恶化得比较严重。折中考虑解码性能与解码复杂度这两个方面，许多学者提出了各种各样的修正最小和解码算法，其中较为经典的是归一化最小和解码算法与偏置最小和解码算法。这两种算法通过引入一个修正因子，使近似后的校验节点传递给变量节点的 LLR 消息更接近原值，从而在只增加少量运算量的情况下提高解码性能。

BCH 码是循环码中的一大子类，可以有效地纠正多个随机错误。在现代通信的信道编码中，BCH 码通常被用作级联码的外码，可以有效地消除内码的误码平台。BCH 码最经典、最通用的解码算法是伯利坎普迭代解码+钱氏搜索法，该算法适用于各种纠错能力、多进制的 BCH 码的解码。DTMB 标准中采用的是缩短的二进制 BCH 码，经证明，它是循环汉明码，纠错能力是 1，所以可以采用传统的循环码的解码算法。

解扰部分对应于发送端的能量扩散（加扰）部分。加扰是利用 DTMB 标准规定的伪随机序列和输入的传输流进行模 2 相加，所以解扰过程只需要用相同的伪随机序列对 BCH 解码输出进行模 2 相加就可以了。

2. DTMB 数字解调和信道解码芯片简介

伴随着数字电视地面广播国家标准的发布和实施，多家芯片设计公司投入符合 DTMB 标准的数字解调和信道解码芯片的设计和生产中，如清华凌迅、上海高清、高拓讯达、杭州国芯、中天联科、卓胜微电子等。芯片也从早期的仅支持单个模式（单载波或多载波模式），发展到支持两个模式，甚至支持多个数字电视标准。如清华凌迅第一代的 LGS8222、LGS8913 仅支持多载波模式，第二代的 LGS8813 则不仅支持多载波模式，也支持单载波模式。杭州国芯的 GX1503B 支持 DTMB 标准，GX1501B 同时支持 DTMB 和 DVB-C 双标准。

地面数字电视接收的数字解调与信道解码部分包含大量的信号处理运算，需要采用超大规模的集成电路来实现。图 8-23 给出了一种 DTMB 标准的信道处理芯片示意图。

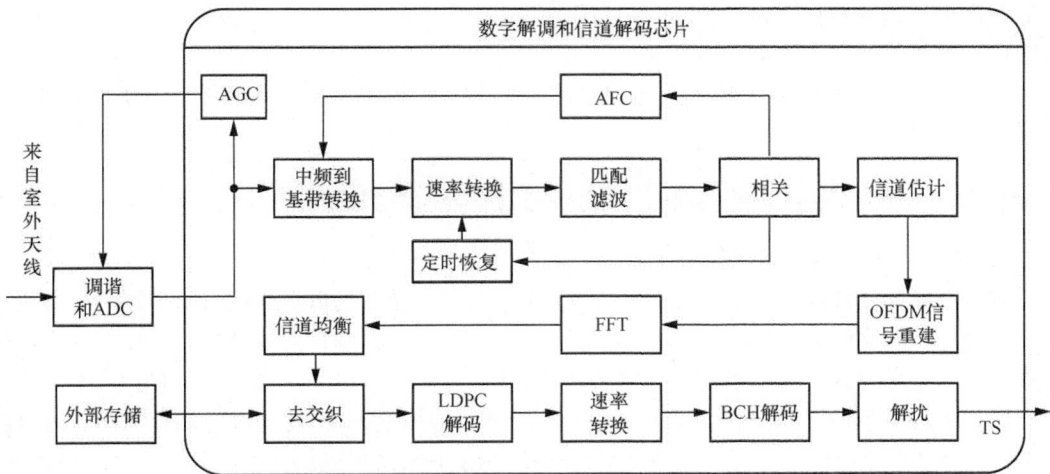

图 8-23　一种 DTMB 标准的信道处理芯片示意图

该芯片能完成自动增益控制、自动频率控制、定时恢复、PN 帧头捕获、信道估计和均衡、FFT 等，将中频信号转换成 TS 输出，并且能利用芯片内部 AGC 模块输出的信号来控制调谐器内部放大器的增益，使输出中频信号的功率处在某一特定的范围内。芯片通过 I^2C 总线接口控制读写，对各个模块涉及的算法的参数进行控制，并根据需要读取算法的状态或性能。下面简要介绍芯片内部的主要功能模块。

（1）时钟

芯片采用 60.8 MHz 的晶振输入，占空比 50%，要求晶振精度高于 25 ppm，否则会影响性能。芯片有 30.4 MHz 的时钟输出，可用于中频 A/D 的采样时钟。

（2）AGC

芯片输出的 AGC 控制信号为 PWM 信号，用于控制中频 IF AGC，后面需要接阻容低通滤波电路，得到的平均直流电平控制调谐器的中频 AGC，典型平均直流电平为 1.5 V。

（3）中频到基带转换

接收到来自调谐器的数字中频信号之后，可以通过数字正交混频的方式得到数字基带信号。混频所需要的本振频率可以根据所需要接收的电视频道的频率换算得到，并通过 AFC 模块的 I²C 接口进行写入控制。

（4）定时恢复和速率转换

通过 PN 序列的相关运算，进行频偏和定时误差估计，并采用定时同步算法，对存在定时误差的数字基带信号进行校正，实现速率转换。

（5）信道估计和信道均衡

采用信道估计算法进行信道估计，并对信号进行循环化重构，之后进行信道均衡。

（6）去交织和外部存储

外接 2 M×16 位的 SDRAM 用于支持可选的时域去交织，存储器必须满足主频至少为 100 MHz。

（7）LDPC 解码

该模块对码率分别为 0.4、0.6 和 0.8 的（7 493, 3 048）、（7 493, 4 752）和（7 493, 6 096）的 LDPC 码进行解码，还可以统计出 LDPC 解码后的误码率的近似值。

（8）速率转换和 BCH 解码

因为标准中采用的是缩短的 BCH 码，所以需要补若干个零进行速率转换，先对 LDPC 解码的输出进行速率转换，再进行 BCH 解码。

（9）解扰

解扰只需要采用与发送端相同的伪随机序列对 BCH 解码输出进行模 2 相加就可完成。

8.3.2　有线数字电视数字解调与信道解码电路

1. 数字解调与信道解码系统组成

前端 Tuner（调谐器）输出的正交 I、Q 两路基带信号送到数字解调与信道解码电路进行进一步处理。数字解调与信道解码电路的功能是将模拟 I、Q 基带信号进行数字化变换后，采用数字信号处理方式，进一步进行数字解调和解码。该部分电路的组成框图如图 8-24 所示，包括 QAM 数字解调电路（包括插值操作、时钟和载波恢复）、匹配滤波与均衡电路、差分解码电路、字节至字符映射电路、卷积去交织电路、RS 解码器和能量去扩散与同步反转电路等。

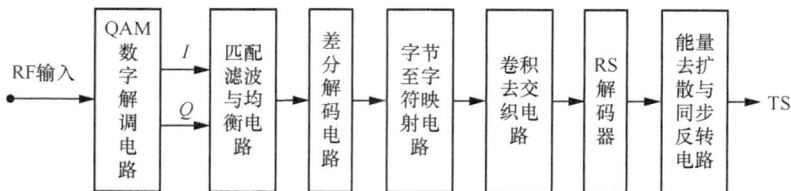

图 8-24　有线数字电视数字解调与信道解码电路框图

（1）QAM 数字解调

QAM 数字解调电路包括 ADC、匹配滤波、插值、定时恢复和载波恢复等模块。在实际电路中，在模拟正交解调中所使用的本振信号并非从接收信号中提取的相干载波，而是由高稳定度的频率合成器所产生的载波。这样，由于信号传输的相位偏移，必然存在实际载波和标称载波的频差及相位抖动。这使得输出的模拟基带信号含有载波误差的信号，这样的模拟基带信号即使有定时准确的时钟进行采样判决，得到的数字信号也不是原来发射端的调制信号，这种误差的累积效应将导致采样判决后误码率增大。

此外，ADC 的采样时钟也不是从输入信号中提取的，因此，当采样时钟与输入的数据不同步时，采样时间不在最佳采样时刻进行采样，采样得到的样值的统计信噪比就不是最高的。这样，产生误判决的机会就会增大，采样判决后的误码率会增大。为此，在本电路中需要恢复出一个与数据同步的时钟，来校正固定采样所造成的采样点误差。同时，准确的位定时信息可为数字解调之后的信道纠错解码提供正确的时钟，可见定时恢复和载波恢复直接影响着整个系统的性能。

可见，QAM 数字解调模块实际上是消除模拟正交解调输出中附带的载波偏移量，并保证采样判决输出端得到最低误码率。在图 8-25 所示的 QAM 数字解调原理图中，ADC 对输入的模拟基带信号采样获得样值序列。定时恢复模块通过某种算法产生定时误差 τ，插值器在 τ 的控制下，对信号样值进行插值滤波，得到信号在最佳采样点的值。载波恢复电路则可校正载波频差及相位抖动，以获得正确的采样值。产生定时误差 τ 的算法很多，其中有的算法具有定时恢复与频率误差无关的特点，即时钟的提取不需要在载波同步的状态下进行，这样定时同步与载波同步可以分别进行，互不影响。

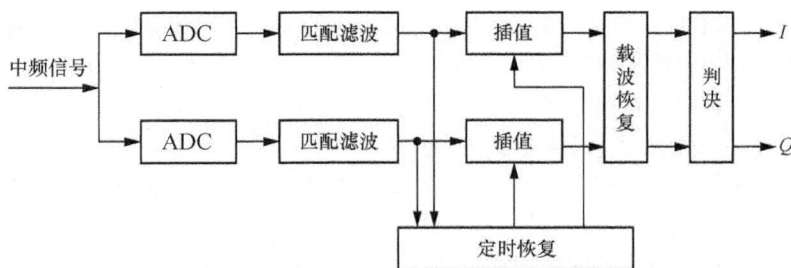

图 8-25　QAM 数字解调原理图

数字解调后得到的最佳采样值还应该在信道解码模块中对传输过程中出现的误码进行校正，以得到误码率低的输出码流，保证图像和声音的质量。信道解码包括差分解码、符号至字节映射、去交织、RS 解码和能量去扩散等部分。每一级的输出码流在下一级再进行一次纠错，使得系统的误码性能达到很高的水平。但是，前一级输出的误码率必须在下一级纠错解码的可纠错范围内，才能保证下一级的解码正常进行。

（2）匹配滤波

接收系统中的一个重要问题就是如何提高解调器输入端的载噪比，因为高的载噪比意味着解调后信号误码率的降低。由匹配滤波器理论可知，只要发射信号频谱与信道的频率特性有最佳的配合，或在信道的输出中插入一个具有某种频率特性的滤波器，使信道和滤波器的综合特性得到最佳，就可以提高解调输入端的载噪比。信道和发射信号具有多样性和随机性，因此一般应采用插入滤波器的方法才能实现频谱与综合信道的匹配，该滤波器就称为匹配滤波器，其频率特性应满足以下要求。

如果发射端输出的信号为 $s(t)$，在叠加信道加性噪声 $n(t)$ 后的输出为 $v(t)$，则匹配滤波器的频率特性应为

$$H(f) = s^*(f)/N(f)$$

其中，$s^*(f)$ 为 $s(t)$ 傅里叶变换的共轭，$N(f)$ 为 $n(t)$ 的傅里叶变换。这样，经过该匹配滤波器滤波之后，输出信号就获得最大的信噪比。通常，信道的噪声是高斯白噪声，即 $N(f)$ 是常数，则匹配滤波器的传输函数只要设计为 $s^*(f)$ 就可以了，即为输入信号频谱函数的共轭函数。

（3）信道解码

1）差分解码与符号至字节的映射。和前端的信道处理相对应，在信号进行 QAM 解调后，要对接收的 m 位符号的最高两位差分解码，并相应地执行符号至字节的映射。处理过程和前端的处理完全相逆，这里不再具体阐述。

2）去交织。在 DVB 传送系统中，采用卷积交织来减少突发干扰的影响，把突发错误转化为随机错误。因此，接收端应有去交织电路以恢复原来的数据顺序，交织与去交织电路可以用 Froney 方案来实现，如图 8-26 所示。

图 8-26 Froney 方案交织与去交织示意图（I=12）

3）RS 解码。RS 码是 BCH 码的一个重要子类，它的解码方法与 BCH 码解码类似，BCH 的解码方法可分为频域和时域解码，前者是把接收到的 $R(x)$ 先进行 DFT（离散傅里叶变换），然后利用数字信号处理技术解码，最后进行反变换得到已解的码字；而后者是利用码的代数结构进行解码，一般而言，它比前者简单。下面就是 RS 代数解码的步骤。

①根据接收多项式 $R(x)$ 计算伴随式 $S(x)$。

②根据 $S(x)$ 求出错误位置多项式 $\sigma(x)$，根据该多项式的根，定出错误位置数 X_l 和错误值 Y_l $(l=1,2,3,\cdots,r)$。

③根据 X_l 和 Y_l 求得错误图样 $E(x)=Y_1X_1+Y_2X_2+\cdots+Y_rX_r$，从而得到纠错后的码元多项式 $R'(x) = R(x) + E(x)$。

4）能量去扩散。能量去扩散即为去扰电路。在发射端使用了伪随机序列对统计特性不好的码序列进行扰码（能量扩散），故在接收端只要把加扰后的数据再与一个和发送端相同的伪随机序列相加即可恢复原来的数据。

2. 数字解调与信道解码电路实例

数字解调与信道解码电路主要是以数字电路来实现大量的数字处理和复杂的算法，通常都采用超大规模集成电路来实现。这些芯片通常都将数字解调与信道解码部分所需的各个模块集成在单一的芯片中，即包括 ADC、匹配滤波器、QAM 数字解调器（这一部分包括插值操作、时钟和载波恢复）、差分解码器、符号至字节映射电路、去交织电路、RS 解码器和能量去扩散电路等。DC581 是一个针对 DVB-C 标准的数字解调与信道解码芯片，下面介绍其主要技术性能和工作原理。

（1）内部组成和主要性能

数字解调与信道解码专用芯片的内部主要组成如图 8-27 所示。它包括一个双路 ADC、所有模式的 QAM 数字解调器（时钟恢复、载波恢复、AGC、内插器等）、信道解码器（差分解码器、符号至字节映射电路、去交织电路、RS 解码器、能量去扩散电路等）。芯片的主要技术参数如下。

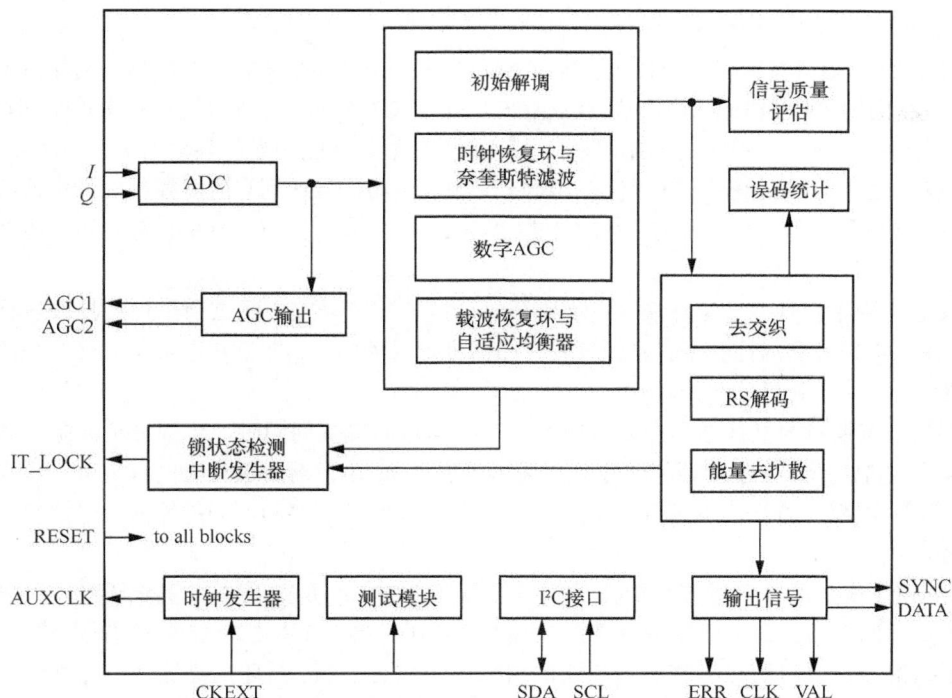

图 8-27 数字解调与信道解码专用芯片的内部主要组成框图

1）数字解调部分。

- ADC：双路中频 ADC。
- 数字解调：可实现 16QAM、32QAM、64QAM、128QAM、256QAM 共 5 种数字调制模式。
- 输入符号率范围：0.87~11.7 Mbaud。
- 数字奈奎斯特滤波器：滚降系数为 0.15~0.35。
- 数字载波环：解相位旋转器（Derotator）、跟踪环路和锁相检测。
- 数字时间基准：全集成定时环路、内插滤波器和时钟基准（4 MHz）。
- 内部设有误差监视功能。
- AGC 控制电路："粗"控 AGC 和"细"控 AGC 电路（"粗"控 AGC 用于控制前端调谐器的增益，"细"控 AGC 用于控制信号中频输入的增益，防止输入模拟 I、Q 的幅度太大或太小，这样有利于时钟、载波的恢复）。

2）信道解码部分。

- 差分解码、符号至字节映射。
- 同步字的提取。
- 去交织。
- RS 解码：纠正多达 8 B 的错误。
- 能量去扩散。
- 码流输出形式：串行或并行。

（2）各个模块的工作原理

1）ADC。采用高性能的 ADC 对有线电视前端 Tuner 输出的中频信号进行采样，它允许 Tuner 输出信号的频率是一个较大的频率范围内的某个频率，它们通常为 36 MHz、44 MHz、

72 MHz 等。

2）AGC。通常有两个 AGC，分别为 AGC1 和 AGC2。AGC1 用来控制前端 Tuner 的增益，AGC2 则用来控制中频通道的增益。AGC1 和 AGC2 通过可编程设置的折中点来切换，尽可能地为后端提供一个最大的增益，以此来获取一个最佳性能。当射频输入信号功率较低时，AGC1 锁定在它的最大值，AGC2 仅在 Tuner 变频输出的信号达到它所能控制的最小值时才启动。当射频输入信号功率较高时，AGC1 和 AGC2 同时启动，其中 AGC2 起主要的增益控制作用。

奈奎斯特滤波与符号时钟恢复。固定采样造成的定时误差，经过奈奎斯特滤波进行滤波以后，在二级时钟环的控制下，通过时域内插器进行内插操作，即可获取最佳采样时刻的正确符号值。

因为奈奎斯特内插滤波器在滤除所有存在的信道间串扰的同时，也部分地滤除了解调信号本身的能量，所以在奈奎斯特滤波后，采用数字 AGC 单元对解调符号的幅度进行了相应的补偿。该数字 AGC 单元的增益主要依赖于固定的采样时钟频率和不同的输入信号的符号率之间的比值。

3）载波恢复环与自适应均衡器。载波恢复环（CRL）是一个二级闭合环路，主要用于消除初始解调之后的载波频率偏移和相位偏移。它还具有一个扫描功能来扫描一个较大范围内的频率偏移，采用的扫描算法包括线性扫描算法和 Zig-Zag 循环扫描算法。通过载波恢复环和初始解调器的优化，有可能将芯片的性能优化到最佳。信道均衡器主要用于自适应消除大量回波和线性信道失真，刚开始工作时，均衡器启用自动均衡算法，一旦锁定后，就切换至 LMS 算法。

4）去交织。该模块基于 Froney 方案，对交织深度为 12 的数据流进行去交织，该部分只要通过相应的寄存器进行使能设定即可自动进行。

5）RS 解码。该模块对（188,204,8）的 RS 码进行解码，以纠正传输中出现的误码。对这一部分的操作，也是只要通过相应的寄存器进行使能设定和某些初始设置即可自动进行。

6）能量去扩散。对 RS 解码后的数据进行去扰。这一部分的相关操作基本上也是在芯片内部自动完成的，用户只要对相应的寄存器进行使能和某些初始设置即可。

（3）输出信号

信道解码输出的信号端子共有 5 组：①SDA 数据线 D0～D7；②数据时钟信号 CLK；③数据/奇偶校验时钟 SYNC/DATD；④错误指示信号 ERR；⑤数据有效信号 VAL。其中，数据线可定义成并行输出方式或串行输出方式。若是并行输出方式，则 D0～D7 为并行数据输出线，相应的 CLK 为比特时钟。若是串行输出方式，则数据从 D7 端输出，相应的 CLK 为位时钟。

8.3.3　卫星数字电视数字解调与信道解码电路

1．数字解调与信道解码系统组成

电子调谐解调器产生的正交模拟 *I*、*Q* 两路基带信号送到数字解调与信道解码电路进行进一步处理。数字解调与信道解码电路的功能是将模拟 *I*、*Q* 基带信号进行数字化变换后，采用数字信号处理方式进一步进行数字解调和纠错解码。数字解调与信道解码系统组成框图如图 8-28 所示，包括双路模数转换器、匹配滤波器、数字解调器、内码解码器、去交织器、外码解码器和能量去扩散电路等。下面分别进行介绍。

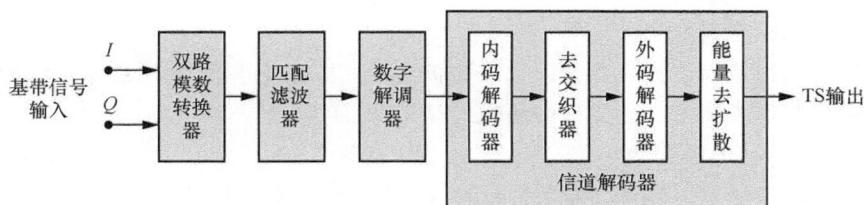

图 8-28 数字解调与信道解码系统组成框图

（1）匹配滤波器

匹配滤波器的作用和工作原理与有线数字电视匹配滤波相同。

（2）数字解调器

数字解调器原理框图如图 8-29 所示。它包括 ADC、匹配滤波、插值、定时恢复和载波恢复等。

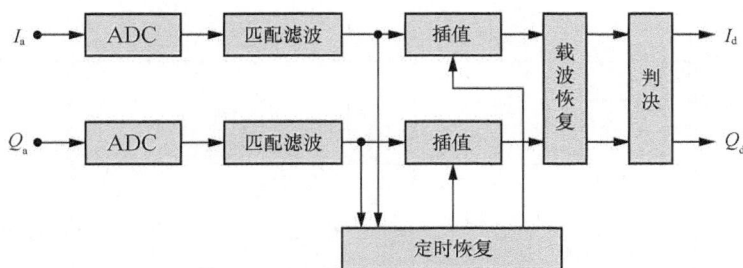

图 8-29 数字解调器原理框图

数字解调器的作用和工作原理与有线数字解调相同。

（3）信道解码器

下面以 DVB-S 系统为例，简要介绍其信道解码器的工作原理。

1）内码（卷积码）解码器。

DVB-S 系统的内码采用卷积码。卷积码的解码方法分为两大类：代数解码和概率解码。前者利用编码本身的代数结构进行解码，没有考虑信道的统计特性；后者基于信道的差错特性和卷积码的特点进行解码，它提供的信息会更多，结果也会更加准确。概率解码又分为序列解码和维特比解码两种方法。序列解码搜索的时间、深度和次数取决于信道差错率的大小，当信道干扰很强时，解码的时间较长，接收存储器可能会发生溢出，因而解码的错误概率在很大程度上取决于溢出的概率；维特比解码是一种最大似然解码算法，利用码树的重复性，当解码约束长度不太长、要求的误码率不太高时，它比序列解码的效率更高，速度更快，解码器的结构也更简单。

维特比解码实际上就是选定某种判定准则，从所有的路径中找出一条最有可能的路径。判定准则一般有两种：一种是以汉明距离作为量度依据，另一种是以欧氏距离作为量度依据。前者对接收的信号做不是 0 即是 1 的判决，然后与可能路径做汉明距离比较，最后做出判决。这种解码方法称为硬判决解码，其缺点是原来的幅度信息没有得到充分的利用。后者是对输入信号进行量化，直接利用其幅度量化信息，或者说利用其欧氏距离作为量度依据，这充分利用了幅度量化信息，结果会更准确，这种解码方法称为软判决解码。

与硬判决解码器相比，软判决维特比解码器有 2～3 dB 的增益，而且解码器的结构并不比硬判决复杂多少，因此，维特比解码几乎成为一种标准的解码技术而广泛地应用于卫星通信和其他通信系统中。卫星数字电视接收机中也采用软判决的维特比解码。

2）去交织器。

交织与去交织是为了把突发错误改成随机错误，发送端进行交织，接收端进行去交织，以便恢复正常的码流次序，去交织实现方式参见 7.1.4 节。

3）外码（RS 码）解码器。

RS 解码器的作用和具体工作原理与有线数字电视接收端的 RS 解码相同。

4）能量去扩散。

能量去扩散的作用和具体工作原理与有线数字电视接收端的能量去扩散相同。

2．DVB-S 信道处理芯片简介

图 8-30 给出了 DVB-S 信道处理芯片内部电路组成框图，其内部集成了一个双路 6 位 ADC、QPSK 数字解调器（包含时钟恢复、载波恢复、AGC、内插器等）、信道解码器（卷积码解码器、去交织器电路、RS 解码器、能量去扩散电路等），以及用于进行外部 CPU 控制的 I^2C 总线接口等电路。

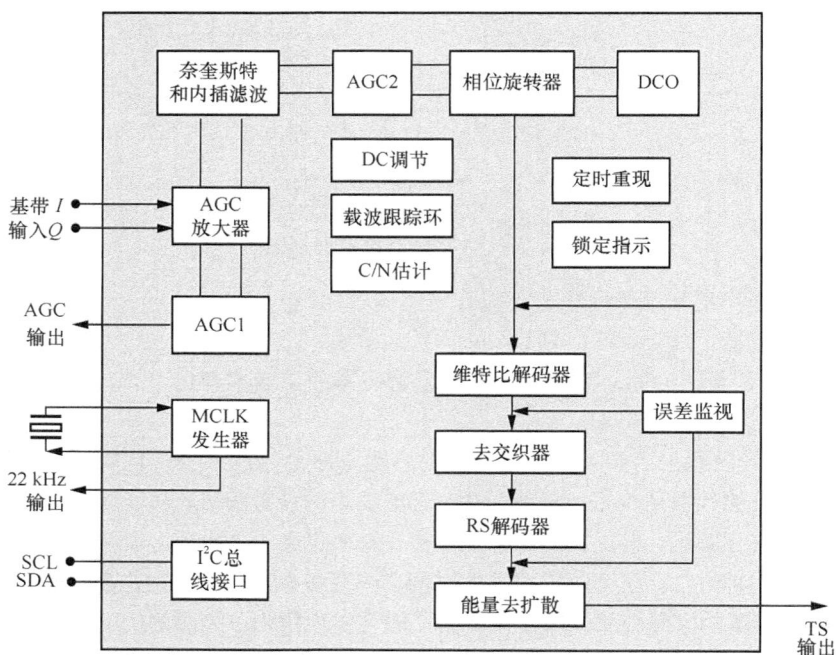

图 8-30　DVB-S 信道处理芯片内部电路组成框图

该芯片处理的输入符号率范围为 2～45 Mbaud；内部数字奈奎斯特滤波器的滚降系数为 0.2 或 0.35；AGC 控制电路包含"粗"控 AGC（用于控制前端调谐器的增益）和"细"控 AGC（用于实施功率优化，有利于时钟、载波的恢复）；卷积码采用软判决维特比解码器，可自动识别或手动设置识别不同的编码收缩率（1/2、3/4、5/6、6/7 和 7/8）。芯片还包括了用于控制室外接收高频头的 22 kHz 输出和 Diseqc 输出模块。各模块电路的工作原理介绍如下。

1）时钟的产生。芯片使用外部晶振产生 4 MHz 时钟，通过其内部的压控振荡器（VCO）和相应的分频器分别产生所需的各种时钟。芯片也可使用外部时钟，此时内部的 VCO 旁路、外部时钟直接接到 MCLK 发生器的输入端。

所产生的主时钟（MCLK）用于对信号进行采样；所产生的 22 kHz 辅助时钟用于对室外接收单元的高低本振的切换和天线进行控制。

2）AGC。主控 AGC1（粗控 AGC）的产生：将 I、Q 输入信号与内部一个可编程阈值进行比较，其差值经积分后形成一个脉冲宽度调制信号（PWM），作为 AGC 控制输出。该输出的 PWM 信号，经外部简单的低通滤波器滤波后，可用于控制前端调谐解调器的放大器增益，以保证输入信号幅度不变。

辅控 AGC2（细控 AGC）的产生：和主控 AGC1 一样，将 I、Q 输入信号的有效值与一个可编程阈值进行比较，获得误差信号，再分别加到 I 和 Q 通道放大器上，对 I、Q 两路信号进行增益控制。芯片内部有一个相应的寄存器与该 AGC 值相对应，可用于指示频段内信号功率的大小。

3）定时重现。该模块根据不同的符号率寻找相应的定时信号，以得到最佳的采样值。与定时环有关的寄存器有符号率寄存器、计时常数寄存器和计时频率寄存器。其中符号率寄存器与所需的符号率相对应；计时常数寄存器是控制定时二阶环的自然频率和阻尼因子；计时频率寄存器在定时锁定时，其所存的数值即为频率偏移的对应值。

4）载波跟踪环。该模块不仅可以纠正标称频率与实际频率的差别，还可以校正高频头的随机频率偏移，使有用信号的频谱集中于解调频率两侧。与载波跟踪环有关的寄存器包括载波环控制寄存器和载波频率寄存器，前者寄存控制载波环的自然频率和阻尼因子的数值，后者用于在搜索时寄存载波的偏移量值。

5）信噪比指示器（即 C/N 估计）。该指示器用于指示接收信号的质量。无论天线是否正确对准，也无论前端电路（包括天线、高频头、电缆、调谐器等）性能是否良好，均可在此得以体现。此外，它还可以指示 RF 信号质量是否符合接收要求。事实上，它直接对应 E_b/N_0 的量化值。

6）维特比解码器。维特比解码器计算出 4 种可能路径中的每个符号，它们是以接收到的 I、Q 输入信号的欧氏距离的平方值为度量的。在误差率的基础上测出收缩率和相位。DVB-S 的收缩码率有 5 种，分别为 1/2、2/3、3/4、5/6 和 7/8。当选择自动识别收缩率时，对于每一个可能的收缩率，将其当前的误差率与一个可编程阈值进行比较，若误差较大，则要尝试其他收缩率或相位，直到获得最小误差。

维特比解码器也可以根据已知的收缩率进行设定，这样整个同步的时间会短一些。

去交织器、RS 解码器和能量去扩散的作用和工作原理与有线数字电视接收端的去交织、RS 解码和能量去扩散相同。

3. DVB-S2 信道处理芯片简介

与 DVB-S 信道处理芯片类似，DVB-S2 的信道处理芯片也是以数字信号处理电路来实现数字解调与信道解码的算法，不同的是 DVB-S2 的算法更复杂，故其实现的集成电路芯片规模更大。同时，考虑到能够兼容已经被广泛应用的上一代 DVB-S 标准系统，往往在 DVB-S2 芯片内还必须集成 DVB-S 标准的信道处理相关的模块，并通过内部的自动检测和判决电路来实现对两种信道传输标准的自适应切换，以方便整机的设计和用户的使用。图 8-31 给出了 DVB-S2 信道处理芯片内部电路组成框图。

该芯片主要由 8 个电路模块构成：①输入 AD 转换模块；②数字解调模块；③信道解码模块；④锁定监视模块；⑤错误监视模块；⑥I²C 接口模块；⑦天线控制模块；⑧TS 输出模块。DVB-S2 与 DVB-S 信道处理芯片的区别主要体现在以下方面。

1）DVB-S2 标准采用了 8PSK 调制方式，对输入基带信号的幅度分辨率要求更高，因此在输入 AD 转换模块中，采用了一个精度更高的双路 8 位 ADC，采样率达 96 MHz；输入的参考时钟取自前端调谐器的晶振时钟（频率为 4～30 MHz），经过本芯片内部的频率合成器，生成芯片内部解码所需的各种时钟，并产生 27 MHz 时钟输出，用于后端的信源解码等电路使用。

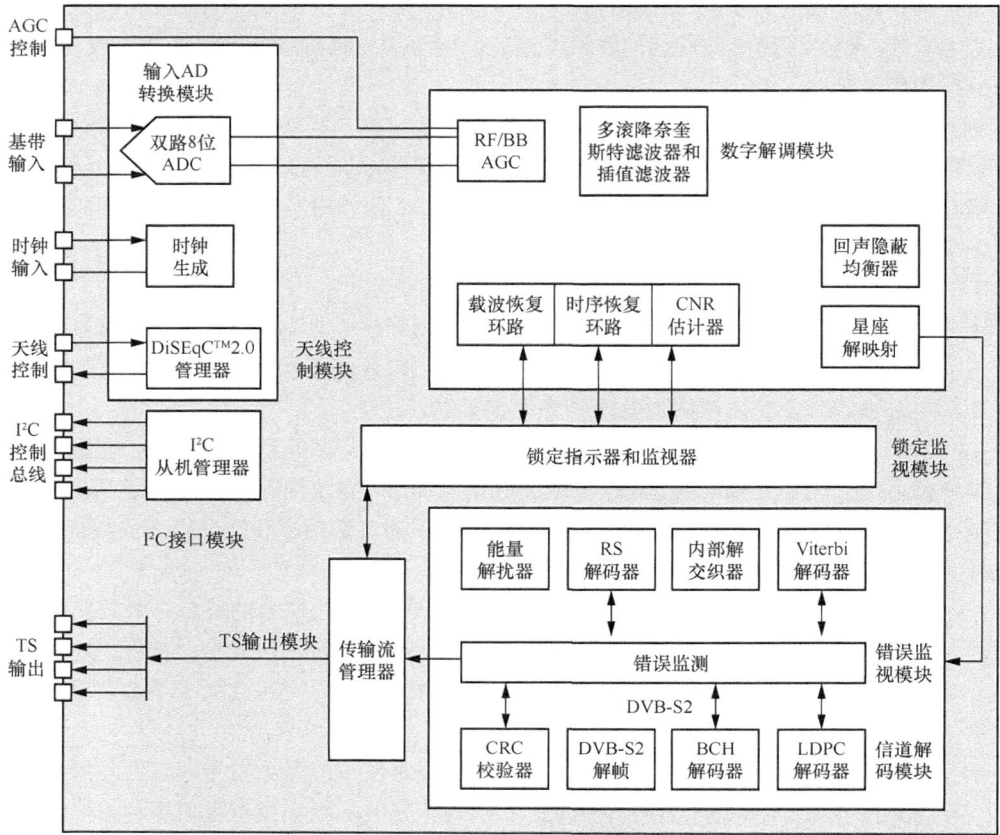

图 8-31 DVB-S2 信道处理芯片内部电路组成框图

2）考虑到要兼容 DVB-S 标准的 QPSK 和 DVB-S2 标准的 8PSK 两种数字调制方式，芯片内部集成了两种标准的数字解调模块。其中的 DVB-S 解调模块结构与前面列举的 DVB-S 信道处理芯片相同，DVB-S2 数字解调模块结构如图 8-32 所示。数字解调模块包含了中频和基带两级 AGC 控制环路、载波恢复环路、定时恢复环路、均衡器，以及物理层去扰和去映射等电路。

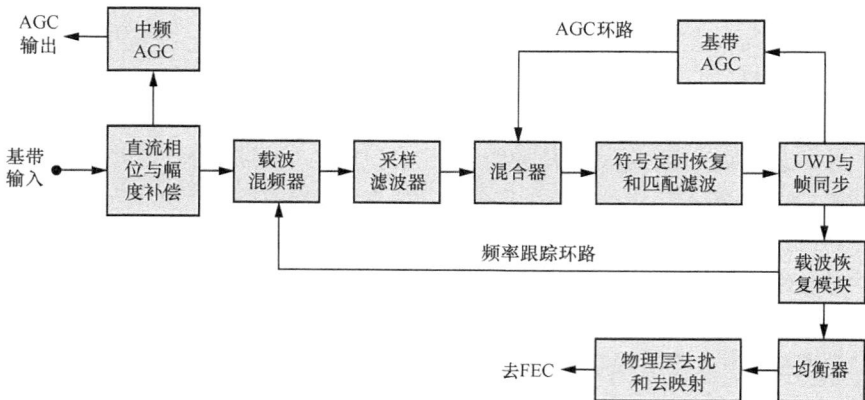

图 8-32 DVB-S2 数字解调模块组成框图

① AGC 控制模块。输入的经过 ADC 后的 I、Q 信号经过直流相位和幅度补偿后，与内部的可编程阈值比较获得差值，输入中频 AGC 模块，经 AGC 模块中积分器积分后形成一个脉冲

信号，再经过 DAC 产生一个模拟信号电平，用以控制前端的中频放大器的增益。基带 AGC 模块用于调整进入唯一字处理器的信号幅度处于最佳的数值。其中唯一字处理器（Unique Word Processor，UWP）用来估计载波频率偏差，决定帧定时，确定调制模式、码率和帧结构等。

② 定时恢复模块。I、Q 信号由采样器取值后，经定时恢复匹配滤波器和唯一字处理器，与寄存器中的预设值进行比较取差值，信号分为两路：一路进入基带 AGC 环路控制时差，另一路进入载波恢复模块。该模块根据不同的符号率寻找相应的定时信号，以得到最佳采样值。该循环中的各个值由内部寄存器控制。

③ 载频恢复模块。载波恢复由相位跟踪环路和唯一字处理器组成，UWP 完成大频偏的捕获，相位环路完成剩余频偏、相偏的跟踪，两路信号形成一个循环环路。该模块不仅可以纠正标称频率与实际频率的差值，还可以校正高频头的随机频率偏移，使有用信号的频率集中于频率两侧。相关寄存器寄存载频环的自然频率、阻尼系数和在搜索时的载频的偏移量。

3）信道解码模块同样包含了 DVB-S 和 DVB-S2 两种标准的前向纠错解码通道。上通道为 DVB-S 信道解码器，包含维特比解码器、去交织器、RS 解码器和能量去扩散等子模块，其工作原理前面已经介绍过；下通道为 DVB-S2 解码器，包含 LDPC 解码器、BCH 解码器、DVB-S2 解帧和 CRC 校验器等子模块。

在 DVB-S2 FEC 通道中，首先要对输入信号进行信噪比（SNR）估计、去映射和去交织处理。去映射器支持 QPSK、8PSK、16APSK 和 32APSK 的星座图去映射；去交织器将信号帧内的码元映射回帧内的原始位置，并将去交织后的数据送入 LDPC 解码器进行下一步处理。LDPC 解码器支持帧长度为 64 800 bit 的软解码，解码器同时记录正确和出错的 LDPC 帧数用于误码监控。随后的 BCH 外码解码器支持纠错位数为 8、10、12 的 3 种编码方案，具备自动检测编码方案和编码收缩率的功能，也能够进行误码监控，对不正确的 BCH 帧进行计数，用于进行误码估计。经过 BCH 解码后的数据再经解帧和 CRC 之后，送到输出 TS 模块，按照 MPEG 格式形成输出 TS。

该芯片处理的输入符号率范围可达 2～90 Mbaud/s；内部数字奈奎斯特滤波器的滚降系数为 0.2、0.25 或 0.35；在 DVB-S2 工作模式时，可支持的编码收缩率为 1/2、3/5、2/3、3/4、4/5、5/6、8/9 和 9/10；在 DVB-S 模式工作时，可支持的编码收缩率为 1/2、2/3、3/4、5/6、6/7 和 7/8；支持 Diseqc 2.0 标准的室外接收高频头与天线控制功能，控制信号载波为 22～100 kHz 可变；可支持的输出 TS 码率高达 81 Mbit/s，并可为后端解码器提供精确的 27 MHz 参考时钟信号。

8.4 多路解复用器

信道解码后的数据是一种多路复用的码流，它不但含有多个节目的码流，而且每个节目流中的视频、音频和数据也是通过多路复用的形式合成在一起的。因此，该信息码流必须先经过多路解复用器，才能提取出所需的各个单独的信号流，并对其进行进一步的处理。

8.4.1 多路解复用的工作过程

要对信息码流进行多路解复用，首先应获取与码流多路复用相关的信息。TS 中 PAT 和 PMT 就包含着这些信息。利用码流中的 PAT 和节目识别符可以找到所需接收的节目传输码流相应的 PMT 的 PID，再从与该 PID 对应的 PMT 中找到组成该节目的各个基本码流的 PID，根据这些 PID 就可以过滤出感兴趣的基本码流。图 8-33 给出了多路解复用的过程示意图。

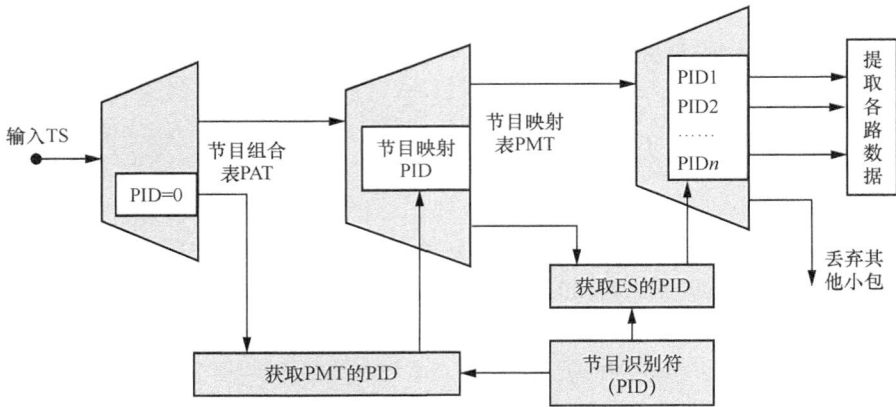

图 8-33　多路解复用过程

　　下面用一个例子来说明多路解复用过程中调用各个表的具体流程，如图 8-34 所示。首先找到 PAT（PID=0），从中得到相应节目的 PMT 表的 PID，再根据该 PID 找到对应的 PMT。然后在该 PMT 表中找到该节目流所包含的视频、音频和数据流的 PID。最后再根据这些 PID 提取所需的各路数据。

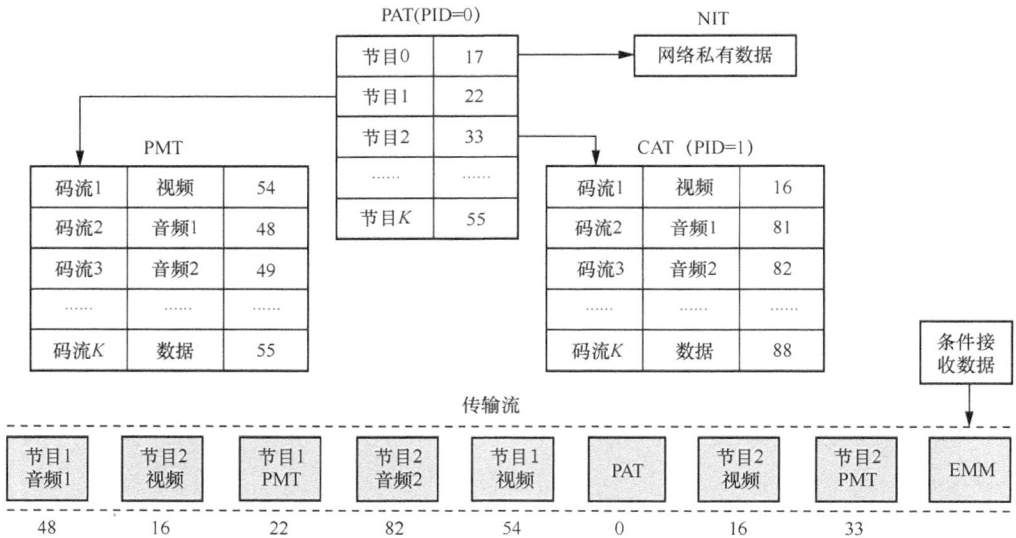

图 8-34　解复用器码流信息分析过程的例子

　　在图 8-34 中，假设要对节目 1 进行解码，首先要找到 PAT，在 PAT 中列出了若干节目的 PMT 的 PID。由节目识别符可知，节目 1 的 PMT 的 PID 是 22，由此可以找到 PID 为 22 的 PMT。在这个 PMT 中有若干个码流的 PID，如码流 1、码流 2 等的 PID 分别为 54、48 等，它们分别为某个节目（如节目 2）的视频、音频和数据。根据各码流 PID 就可以在传输流中分别找到对应的码流。

8.4.2　多路解复用器电路结构

　　在实际系统中，为了实现实时解复用，多路解复用器通常由硬件电路构成，并且需要在微处理器控制下工作，故通常将解复用电路与微处理器集成在一起形成专用的多路解复用器芯片。图 8-35 所示为一种多路解复用器内部结构框图。

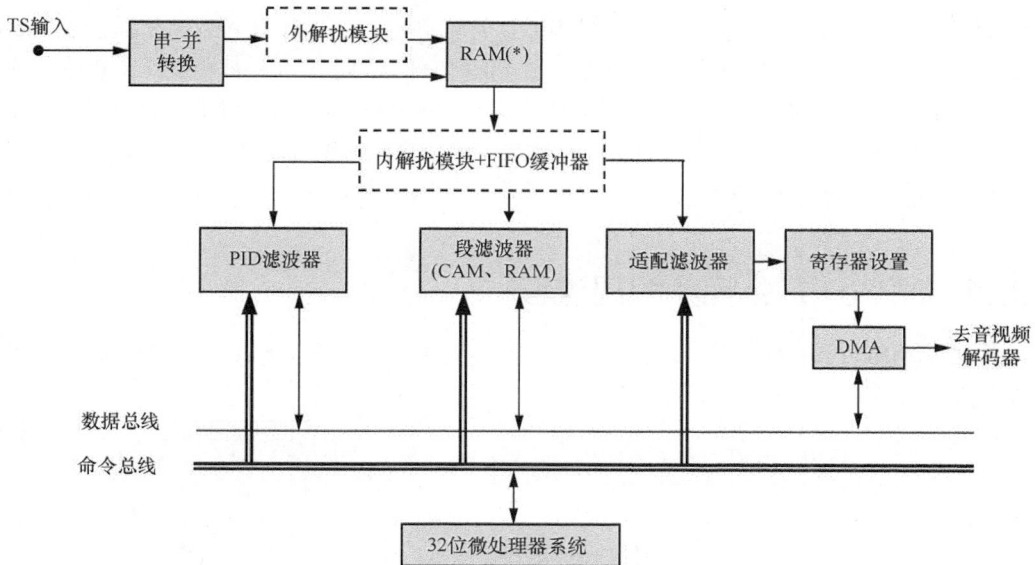

TS输入 → 串-并转换 → 外解扰模块 → RAM(*)

内解扰模块+FIFO缓冲器

PID滤波器　段滤波器(CAM、RAM)　适配滤波器　寄存器设置

DMA　去音视频解码器

数据总线　命令总线

32位微处理器系统

图 8-35　一种多路解复用器内部结构框图

在图 8-35 中，来自信道解码器的 TS 为串行流，而芯片内部的处理方式是并行的，故要进行串-并转换，将其转换为 TP（传输包）字节形式，再存入 RAM 缓存。

外解扰模块是符合 PCMCIA 规范的 CA 硬件模块，具备解密和解扰两项功能，无须经过内解扰模块；内解扰模块遵循 DVB 规范（64 位控制字通用加扰算法），FIFO 缓冲器提供 20 B 缓冲。图中虚线框部分为可被旁路的部分。当不接收加密节目时，无须启用解扰模块。

PID 滤波器用于滤出该 PID 所对应的所有 TP 包；段滤波器是解多路复用的核心单元之一，它分析 PSI 和 SI 的各类表的段，并通过 DMA 引擎送至内部数据总线。适配滤波器用于滤出承载用户所需节目的音视频基本流的 TP 包中的自适应字段，并分析其信息，主要是 PCR。

接着，将本地 27 MHz 时钟的采样值存储到相应的寄存器中，启动硬件解复用器与音视频解码单元间数据传送的 DMA 引擎。音视频解码器接收到 DMA 的请求后，开始进行数据传输，进行音视频解码。

以上操作都是在 32 位微处理器的控制和协调下进行的。该微处理器是一个 32 位的处理器内核（CPU），包含算术逻辑单元、结构与数据指示器（如程序计数器、状态寄存器等）和运算寄存器。在此系统中，存储器需要有较大的容量。微处理器通过外部存储器接口（EMI）访问外部存储器。存储器系统包含 SRAM 和 EMI。其中，位于芯片内部的 SRAM 有 8 KB，用于存储对时间敏感的程序代码，如中断服务子程序、软件内核或器件的驱动程序以及频繁使用的数据等。EMI 控制 CPU 和外部存储器之间的数据交换，包括 CPU 与音视频解码器的数据接口通信和 DMA 控制器的数据端口访问。

这里的微处理器实际上不仅用于码流解复用控制，还要承担整台接收机的协调控制等任务。因此在其控制软件方面应包括：采用嵌入式 RTOS 的微内核，在微内核中提供包括存储管理、进程管理、中断管理以及设备管理等必要功能。在此基础上还应提供支持特定任务的应用程序接口（API）；应用程序将基于 RTOS 内核和特定 API，采用模块化设计，以便于功能扩展。

8.5　音视频解码器

解多路复用的过程不仅把各个节目从多节目的 TS 中分离出来，还可以将所需接收节目中的视频、多路音频和数据都分离出来。因此，信源解码部分的主要任务就是按照所接收的数字电视节目所采用的信源编码标准，采用相应的视频和音频解码器，分别对所接收的码流进行解压缩处理，恢复视频和音频信号。目前，视频压缩编码主要采用 MPEG-2 或 H.264 两大视频压缩编码标准，音频压缩编码主要采用 MPEG 音频压缩编码标准。

8.5.1　MPEG-2 视频解码流程

下面以 MPEG-2 视频解码器为例，说明视频解码器的系统构成和工作原理。图 8-36 给出了 MPEG-2 视频解码器的解码流程框图。

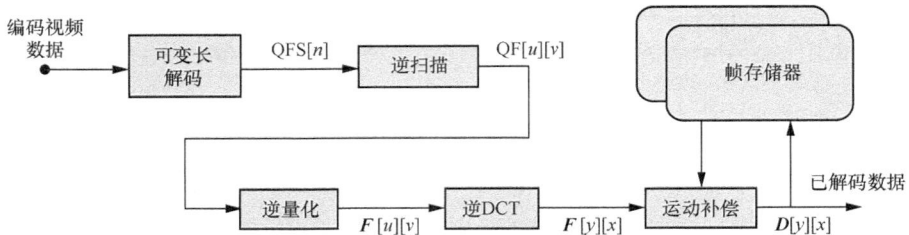

图 8-36　MPEG-2 视频解码器的解码流程框图

由图 8-36 可知，视频解码过程主要包括 5 个步骤。

1）读入视频码流，通过可变长解码器提取有关参数。首先提取的是 DCT 直流系数，按照两个码表（一个是亮度码表，另一个是色度码表）进行解码。因为 DCT 直流系数是经过差分编码后传送的，所以需要通过预测器来恢复原来的 DCT 直流系数。此外，其他的 DCT 系数都要按 MPEG-2 标准的 B14、B15 和 B16 码表（参见《ISO/IEC 13818：运动图像及其伴音通用编码国际标准——MPEG-2》一书中的相关内容）来解码。运动矢量等若干个其他参数也有相应的码表来解码。

2）将解出的 DCT 系数做"逆 Z 扫描"以重新排序。这一方面使得接收数据可以按同样的次序恢复出来，另一方面是将进来的一维量化后的数据 QFS[n] 重新恢复成二维 DCT 数组 QF[u][v]，以便用于对二维数据进行反量化。

3）对 DCT 系数矩阵实行"逆量化"，重建 DCT 系数 $F''[u][v]$。这个过程就是对 QF[u][v] 乘以步长。步长的大小受两方面的因素控制：一个是加权矩阵 $W[w][u][v]$，另一个是量化放大因子（quant_scale_value）。加权矩阵 $W[w][u][v]$ 是依据人眼的视觉灵敏度确定的，其中 w 的取值可以为 0～3，对应 4 种不同的情况，不同的情况选用不同的加权矩阵，具体矩阵可在 ISO/IEC 13818-2 标准内查到。4 种情况如表 8-1 所示。量化放大因子被编码成固定长度的码。

表 8-1　各种亮度和色度比对应的 W 取值情况

亮度和色度比	4：2：0		4：2：2和4：4：4	
项目	亮度	色度	亮度	色度
帧内块	0	0	0	2
非帧内块	1	1	1	3

通过以上分析，可以得到由 QF[u][v] 重建 $F^n[v][u]$ 的计算表达式（不包括直流系数）：

$$F^n[v][u] = \text{int}\frac{(2\text{QF}[v][u]+k)\times W[w][v][u]\times \text{quant\_scale\_value}}{32}$$

其中

$$k = \begin{cases} 0 & \text{I帧} \\ \text{sign}(\text{QF}[v][u]) & \text{非I帧} \end{cases}$$

4）进行 DCT 的逆变换，生成数据 $f(x,y)$。逆变换的公式如下：

$$f(x,y) = \frac{2}{N}\sum_{u=0}^{N-1}\sum_{v=0}^{N-1}C(u)C(v)F(u,v)\cos\frac{(2x+1)u\pi}{2N}\cos\frac{(2y+1)v\pi}{2N}$$

其中

$$C(u),C(v) = \begin{cases} \dfrac{1}{\sqrt{2}} & u,v = 0 \\ 1 & \text{其他} \end{cases}$$

5）根据解出的运动矢量 $d(x,y)$，从帧存储器中提取相应的图像块数据，并加上 $f(x,y)$ 生成重建的图像数据，从而完成运动补偿过程。

从图 8-36 可以看出，解码后的数据还应存入帧存储器中，用于下一次运动补偿时作为基准帧进行运算。可见，运动补偿所使用的帧数越多，需要的帧存储器也越多，相应的编码和解码电路也就越复杂。

8.5.2 H.264 视频解码流程

H.264 的编码结构与之前的标准类似，但是在细节上引入了新的编码工具，以提高编码效率。H.264/AVC 解码器的处理流程框图如图 8-37 所示，从右到左解码过程主要包括以下 3 个步骤。

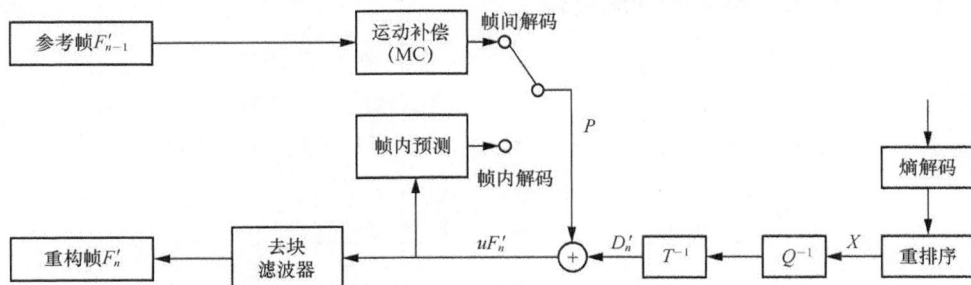

图 8-37　H.264/AVC 解码器的处理流程框图

1）与编码过程相反，解码器在网络提取层（Network Abstraction Layer，NAL）接收 H.264 码流，在进行熵解码和重排序之后，得到一组残差系数 X。H.264 标准规定的熵编码包括基于上下文的自适应变长编码（Context-based Adaptive Variable Length Coding，CAVLC）和基于上下文的自适应二进制算术编码（Context-based Adaptive Binary Arithmetic Coding，CABAC）。进行 CAVLC 解码时，从 coeff_token 中解析出非零变换系数幅值的总数和拖尾系数幅值的数量；从 trailing_one_sign、level_prefix 和 level_suffix 中得到非零变换系数的幅值；通过解析 run_before 和非零系数前零的总数 ZerosLeft 得到非零变换系数之间 0 的个数。CABAC 常规解码模式解码主要包括上下文模型及其初始化、查找上下文模型、查找概率模型与大概率值、二进制解码与归一化以及反二进制化等过程。

2）熵解码后的数据再经反量化 Q^{-1} 和反变换 T^{-1} 后得到 D'_n。反量化公式如下所示：

$$Y_{DQ}(i,j) = (Y_Q(i,j) \times DQ(QP,i,j) + 2^{5-QP/6}) / 2^{6-QP/6}, i,j = 0,1,2,3$$

其中 DQ(QP,i,j)是解码端每个 QP 对应的反量化表，如表 8-2 所示。

3）根据从码流解析出的预测模式、量化参数等信息，解码器重建预测宏块 P（与编码器中的原始预测宏块 P 一致）；预测宏块 P 与残差 D'_n 相加得到 uF'_n；最后经过去块滤波后得到解码图像 F'_n。去块滤波器在处理时以 4×4 块为单位，通过去块滤波器能达到去块效应的目的。块边界进行滤波的过程主要包括边界强度判断和像素滤波处理两个步骤。边界强度取决于宏块类型、边界位置、运动矢量等因素。滤波强度不同，进行像素处理时参与的像素个数和滤波器类型也不同。对于 H.264 High Profile，若该块采用 8×8 变换，则在 8×8 块边界进行滤波。此外需要注意的是，编码器中用到的参考帧和解码器中的参考帧必须是一样的，如果参考帧不同，解码后的图像与原图像相比，有可能产生误差扩大或漂移的现象。

表 8-2　H.264/AVC 反量化表 DQ（QP，i，j）

QP/6	(i,j) (0,0)，(2,0)，(2,2)，(0,2)	(i,j) (1,1)，(1,3)，(3,1)，(3,3)	其他
0	10	16	13
1	11	18	14
2	13	20	16
3	14	23	18
4	16	25	20
5	18	29	23

8.5.3　MPEG 音频解码流程

MPEG 音频编码标准分为 3 层，在卫星数字电视广播中采用的是层二（Layer2）。基于编码算法的解码算法不需要进行动态比特分配，所以音频解码比音频编码简单得多，主要的计算量是合成各子带信号，也称合成子带滤波。MPEG 音频解码流程框图如图 8-38 所示。

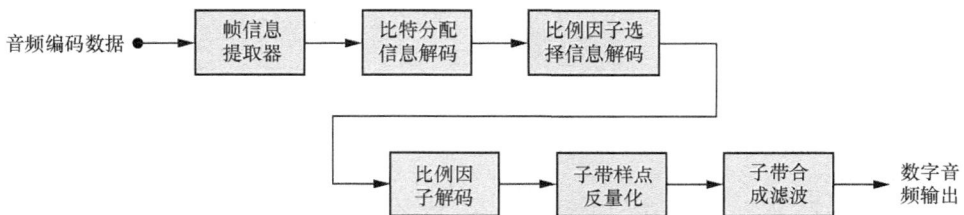

图 8-38　MPEG 音频解码流程框图

在图 8-38 中，输入的音频编码数据为音频 ES，MPEG 音频解码器对其处理过程如下。

1）帧信息提取器。从接收到的成帧信号数据流中找到帧同步字，将各部分信息拆开，得到控制及服务信息、比特分配信息、比例选择因子、比例因子信息、量化的样值信息和附加信息，接着开始进行解码。

2）比特分配信息解码。根据接收到的比特分配信息，以及其值和子带号决定此子带样点在编码时的量化级数。

3）比例因子选择信息解码。根据接收到的控制信息决定比例因子的处理方式，若收到 0，则依次接收 3 个比例因子，分别用于第一、二、三个位置；若收到 1，则接收 2 个比例因子，且把第一个收到的比例因子用于第一个和第二个位置，第二个收到的比例因子用于第三个位置；若收到 2，则只接收 1 个比例因子，3 个位置共用；若收到 3，则只接收 2 个比例因子，且把第一个收到的比例因子用于第一个位置，第二个收到的比例因子用于后两个位置。

4）比例因子解码。对于每个非零比特分配的子带，根据比例因子选择信息及接收到的比例因子，可查表求出相对于子带样点的比例因子的具体值，它将与反量化后的样点值相乘，以便恢复原声音的样值。

5）子带样点反量化。根据比特分配解码得到的量化级数（即 3、5、9）来判断接收到的量化样点数据在编码时是否进行了成组操作。若是，则要进行反操作，即把一组中的 3 个样点拆成 3 个独立的样点，反量化过程为乘加两个系数完成，然后与比例因子相乘得到反量化后的样值数据。

6）子带合成滤波。反量化后的数据经合成子带滤波器输出原采样的声音数据。

8.5.4 MPEG-2 信源解码器电路简介

在数字电视接收系统中，为了能够实现对数字音视频编码信号的实时解码，通常采用硬件电路来设计视频解码器，采用 DSP 来设计音频解码器。此外，为了减小体积和方便设计，通常又将视频解码器、音频解码器、多路解复用器、微处理控制器及其相关电路等都集成在同一个集成电路芯片内。在音视频解码器和解复用器工作时，解码器在 CPU 的控制下，与芯片外的存储器相互配合，以实现对输入 TS 的多路解复用和音视频实时解码功能。图 8-39 给出了 MPEG-2 信源解码器芯片内部电路组成框图。解复用器的工作原理在前面已经介绍过了，下面分别介绍其中的视频解码器和音频解码器的工作原理。

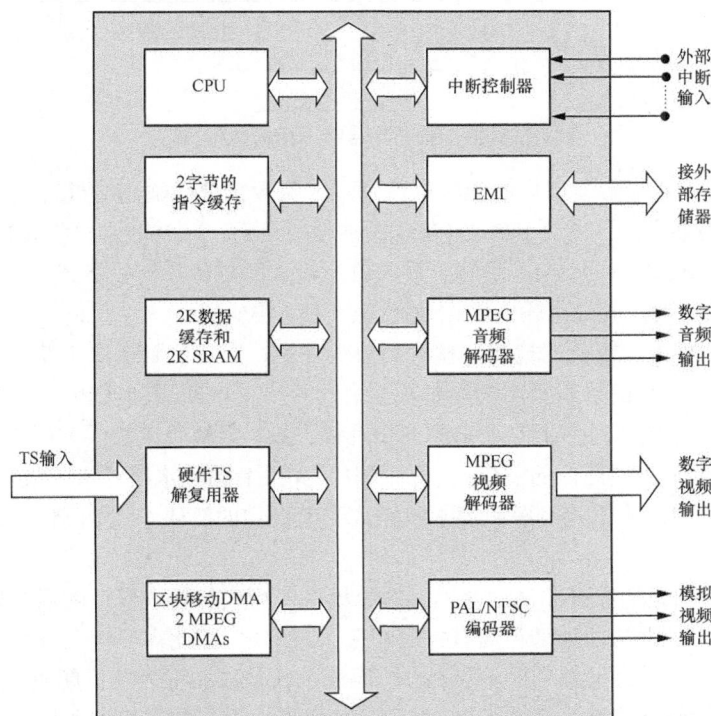

图 8-39 MPEG-2 信源解码器芯片内部电路组成框图

1. 视频解码器工作原理

视频解码器的工作流程是：首先对来自解复用单元的位流进行缓冲寄存，并对位流中的起始码进行搜索，然后按照 MPEG-2 标准对位流进行解码，并显示已解码后的画面帧。在每一帧的处理过程中，CPU 都要进行参数的设置，并运用中断进行监视。视频解码器工作原理框图如图 8-40 所示，具体的工作过程如下。

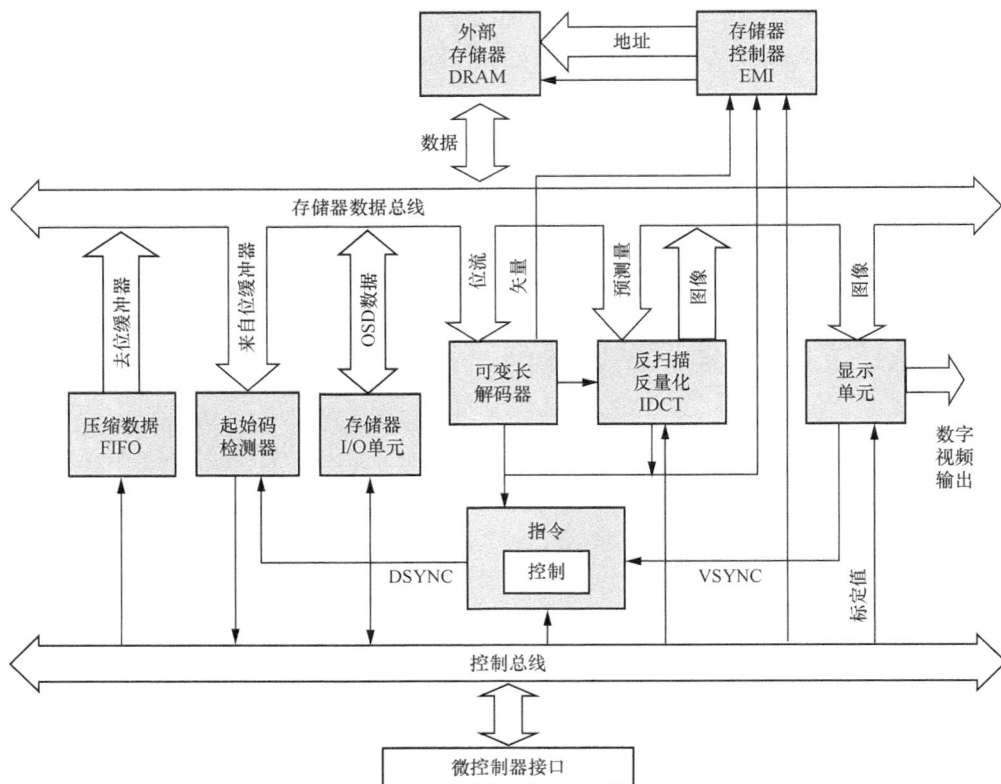

图 8-40　视频解码器工作原理框图

1）位流缓冲寄存。解复用后的视频位流通过 8 位数据总线输出给外部存储器 DRAM。在芯片内部，位流数据经过一个 1 KB 的 FIFO 缓冲器，当 FIFO 装满时，则输出一个中断信号作为指示。内部数据传送采用 DMA 机制，最大位流输入率与实际视频格式有关。对于 MPEG-2 标准的 MP@ML 序列，其最大输入数据速率达到 15 MB/s。

2）起始码的搜索。起始码检测器搜索码流缓冲器，当定位到图像头及其以上各层的起始码后，读取起始码之后的供解码用的各种头信息，并产生中断通知 CPU。起始码检测器与解码流水线并行工作，但在时序上有一定的同步互锁关系。当解码流水线解码当前图像时，起始码检测器可以检测下一幅图像的图像头。检测到后，如果解码流水线还未完成当前图像的解码，则起始码检测器停止工作，直到解码流水线完成当前图像的解码，起始码检测器才能开始下一幅图像的检测。

3）解码流水线。从位缓冲寄存器读出的位流进入可变长解码器，随后开始复原图像。运动补偿的基准图像必须从与外部存储有关的相应区域取出，因此需要把已复原的画面重新写入原已确定解码该画面的存储器的同一区域。解码流水线是以图像为单位解码，图像头及其以上各层头信息由起始码检测器搜索并提供。解码流水线可根据起始码检测器检测提供的头信息和微处理器的相应指令，完成对图像层以下各层数据的自动检测及解码处理，这些处理包括变长解码、反扫描、反量化、IDCT、运动补偿等。解码流水线是视频解码的核心部分，其内部按照严格的时序进行解码工作，可以完成对一幅图像的自动解码。

4）显示单元。显示单元模块从已解码的帧图像缓冲区中读取用于显示的解码数据。为适应隔行扫描显示需求，应优化视频解码器。此时，使用 27 MHz 标准视频时钟，对应 13.5 MHz 像素时钟频率。为了使已解码画面的水平尺寸与显示行的长度相协调，应该对其进行亮度和色度的水平上采样和下采样，解决解码图像和显示样点数之间的差距。

2. 音频解码器工作原理

图 8-41 是芯片内部的音频解码器工作原理框图，它由 4 个基本部分组成：微处理器接口与控制寄存器、输入处理器、DSP 内核和 PCM 音频输出。

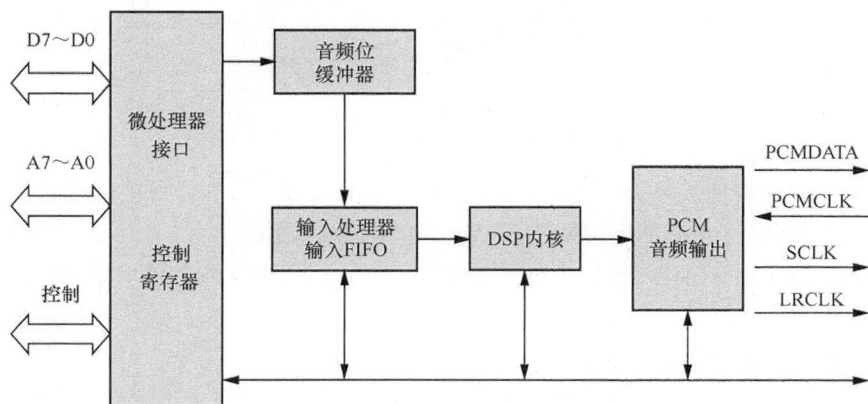

图 8-41 音频解码器工作原理框图

1）微处理器接口和控制寄存器。这是一个 8 位接口，通过它与 CPU 连接，实现所有的控制和信息存取功能。

2）输入处理器。该处理器模块实现 TP 包层次上的位流搜索，在 DRAM 存储前，实施同步算法，进行解码及与 PTS 相适应的音频位流的跟踪，在音频解码器内部还有一个 256 B 的 FIFO 缓冲寄存器。

3）DSP 内核。DSP 负责音频位流的解码，按照 MPEG-2 层 I 和层 II 标准执行综合子带滤波。

4）PCM 音频输出。以串行方式输出 PCM 格式的音频数据信号，并产生所有 DAC 所需的控制信号。

8.6 智能卡及其通信接口

对于进行了加扰和加密处理的数字电视节目，卫星数字电视接收机需要完成相应的控制字解密与数据流解扰过程。接收机中与解扰和解密处理相关的核心硬件是解扰器和智能卡。通常，解扰硬件作为一种通用解扰器集成于接收机主芯片之中，或集成于专用的 CA 模块之中；而智能卡则通过接收机或 CA 模块上的专用智能卡接口与主机进行通信。

8.6.1 智能卡构成

接收机上使用的智能卡芯片是一种内嵌微处理器、存储器的高保密性的可编程集成电路。

智能卡内含嵌入式卡操作系统，用于管理卡内的程序、数据和安全保护机制。智能卡与外部主机的通信通过异步总线连接，输入的数据须经卡内系统鉴定核实后才能传送给专门的解密电路。卡内存储器不能直接被外部访问；卡内具有简单实现的逻辑加密功能，具有对数据内容读取、修改、进行安全控制的逻辑电路。智能卡内部的硬件结构框图如图 8-42 所示。

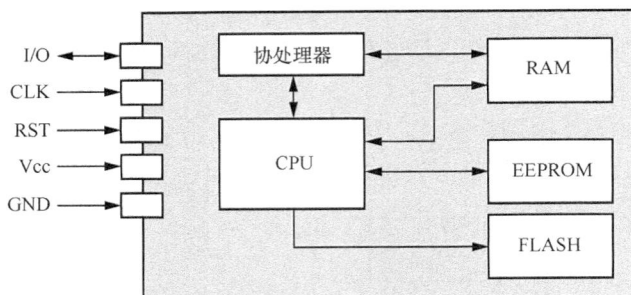

图 8-42　智能卡内部的硬件结构框图

ISO7816 协议定义了智能卡内文件和数据的组织、管理方式和物理接口规范。在图 8-42 中，智能卡接口的各个引脚的定义如下：①I/O 为串行数据通信端口；②CLK 为时钟信号输入端口；③RST 为卡复位端口；④Vcc 为卡电源供电端口；⑤GND 为卡接地端口。

8.6.2　智能卡通信协议

ISO7816 协议还进一步定义了智能卡与主机之间的通信方式，包含异步传输和同步传输两种类型。常用的是 $T=0$ 的异步半双工传输方式，即协议所处理的最小单位是单个字节。

通信首先由主机发起，主机发出一个 5 B 的指令报头，通知智能卡它要发送的数据类型、长度或它要从卡中取的数据类型、长度等。卡在接收到操作指令后，返回一个状态控制字，或根据实际情况返回接口设备所需的数据。指令报头由 5 B 组成，分别指定为 CLA、INS、P1、P2、P3。其中，CLA 为指令类别，INS 为指令类别中的指令代码，P1、P2 为一个完成指令代码的参考符号（如地址），P3 由一个可变长度的条件体组成。条件体包括命令数据域长度字节、命令数据域和响应返回的最大长度字节。根据不同的命令，条件体的组成也不相同。

一个 5 B 命令报头传输后，主机等待一个或者两个过程字节。过程字节的值将指明主机请求的动作。如果过程字节的值与 INS 字节相同，表示主机向卡发送或者从卡接收所有数据；如果与 INS 字节的补码相同，则表示主机向卡发送或者从卡接收下一字节；如果为 0x60，则表示延长等待时间；如果为 0x61，则表示主机等待第二个过程字节，并根据第二个过程字节发送命令取回数据；如果为 0x6c，则表示主机等待第二个过程字节，并根据第二个过程字节重发上一条命令；如果为 0x90、0x00，则表示通信成功完成。

8.6.3　智能卡通信接口的配置

接收机通常选取主芯片上的一组可编程 I/O 口作为与智能卡的通信接口，并通过对这些I/O 口的软件编程，将其分别设置成与智能卡接口相对应的 Vcc、I/O、RST 和 CLK 端口。另外再选取一个 I/O 口作为智能卡插拔检测端口，并向主机申请一个 I/O 口中断，检测脚的电平跳变指向此中断。在中断处理程序中，智能卡软件控制模块将根据智能卡的插拔情况来确定关断 I/O 或启动智能卡复位程序。在智能卡复位操作中，软件程序获取一套 UART（通用异步接收发送设备）资源并根据智能卡协议来配置其通信参数，随后通过 I/O 口为智能卡供电并启动、时钟信号，同时保持复位脚低电平 40 000 个时钟周期以上。400 个时钟周期后，主机开始监听 UART，查看是否有数据从 I/O 口输入。若通信正常，智能卡正确，此时可获取智能卡与主机之间的第一次数据交换，即获取复位应答（ATR）数据。分析 ATR 数据，得到智能卡的工作参数，如工作电压、工作时钟、接口通信参数（如保护带间隔）等，根据这些参数重新配置 I/O 口和 UART，以完成通信接口的配置。

8.6.4　智能卡复位流程

在异步传输模式中，每个传输字符包含 8 位数据信息，1 位起始位，1～2 位停止位，0～1 位奇偶校验位。智能卡与外部物理电路的连接只有在电路达到稳定状态以后才开始通信，以避免可能对卡造成的损坏。稳定状态的标志是智能卡与主机电路接口稳定接通、卡供电电源稳定、时钟正确、复位端口处于低电平，主机的 I/O 端口处于等待接收状态。

在稳定状态下，智能卡在 40 000 个时钟周期内发出不超过 33 B 的复位应答序列 ATR，主机以此来认证智能卡的身份。ISO/IEC 7816-3 协议定义了此序列的语法。如果智能卡在 40 000 个时钟周期内没有复位应答，主机将电源和时钟信号撤销，复位端口设置为低电平状态，I/O 设置成空闲状态。

第 *9* 章

数字电视接收终端控制软件

数字电视接收终端控制软件建立于数字电视接收系统硬件平台之上，通过对硬件系统的协调、控制及数据处理，实现终端的多种复杂功能。因此，控制软件实际上是一种依赖其硬件平台的复杂嵌入式系统软件。通常，硬件系统决定终端的主要技术性能，而控制软件则决定应用功能的扩展。随着超大规模集成电路技术的不断发展，硬件系统的性能得到不断提高，为各种新功能、新业务的开发和应用创造了有利条件，也使得控制软件系统变得越来越庞大，复杂度越来越高。

9.1 数字电视接收终端软件的基本架构

从软件角度看，数字电视接收终端可以看成一个以高端微处理器为核心的高性能嵌入式计算机系统，它还同时带有许多具有特殊功能的专用处理模块和多种通信接口，需要并发进行各种复杂的运算、处理和控制任务。因此，和其他计算机系统一样，其控制软件也需要在操作系统（OS）的协调下有条不紊地工作，包括提供存储管理、进程管理、中断管理以及设备管理等必要的功能。在此基础上根据数字电视接收终端的实际应用的要求，提供支持各种特定任务的应用程序接口（API），并将应用软件建立在微内核和解码API的基础上。图 9-1 给出了数字电视接收终端控制软件的典型架构图。由图可知，数字电视接收终端的控制软件通常包含 4 个层次，从下到上分别为硬件开发平台、实时操作系统、设备驱动层和应用层。

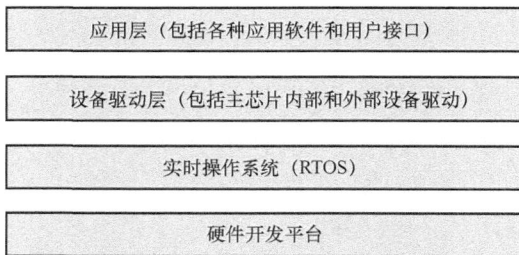

图 9-1 数字电视接收终端控制软件的典型架构图

图 9-2 给出了数字电视接收终端控制软件的基本工作流程。当用户接口模块收到用户输入的新指令后，首先向数据库控制模块发送消息，通知其启动一个分析码流、提取节目信息、构建频道节目库的工作进程。接着通知调谐控制模块，使调谐器调谐到相应的频道上，控制解调解码器启动信号的信道解调解码工作，并输出包含所接收频道的 TS。

数据库控制模块收到用户接口模块发来的启动消息后，首先向解复用模块申请得到 PAT 信息，解复用模块响应数据库控制模块的请求，从 TS 中提取 PAT 信息并发送给数据库控制模块。数据库控制模块为 PAT 中给出的每个节目在节目数据库中添加一项；其次，数据库控制模块依次向解复用模块申请 PAT 中给出的所有 PMT，并根据解复用模块送来的 PMT 数据，为每一个节目添加该节目的音频、视频、PCR 的 PID；当所有的 PMT 都分析完后，数据库控制模块向解复用模块申请 NIT、SDT，从中提取有关网络和节目提供商的信息。当这些都分析完后，数据库控制模块向用户接口模块发送消息，通知它节目信息已经建好，可以开始解码工作了。

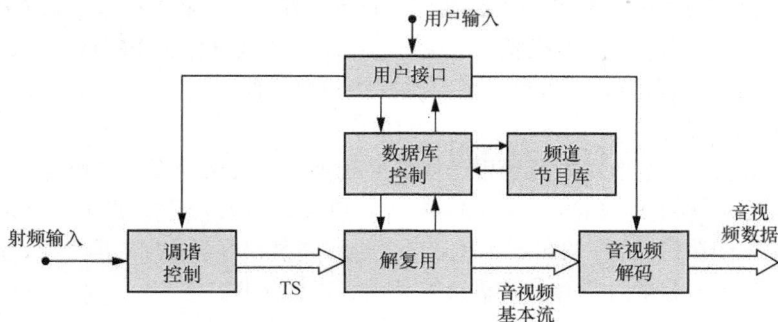

图 9-2　数字电视接收终端控制软件的基本工作流程

用户接口模块收到数据库控制模块发来的信息后，从频道节目库中获取节目的有关信息，根据这些信息控制音视频解码模块完成解码工作，音视频解码模块输出解码后的音视频数据，这些数据经过视频编码和音频 DAC 后就得到模拟的音视频信号，从而可以在电视机上进行播放。

随着数字电视接收终端朝着功能多样化的方向发展，交互业务、Web 浏览等功能的出现不仅需要硬件的支持，同时也需要增加大量软件。可以说，软件的完善性在很大程度上影响着数字电视接收终端在市场上的竞争力，因而今后数字电视接收终端的开发将对软件提出更多更高的要求。

作为一种专用的嵌入式控制软件，数字电视接收终端控制软件与其所运行的特定的硬件平台密切相关，而硬件平台中最核心的部分是带有信源解码器和微处理器（CPU）的系统级芯片（System on Chip，SoC）。随着集成电路技术的发展，以 32 位（甚至 64 位）CPU 为核心的单片式接收终端硬件方案具备技术、性能、成本、体积等方面的优势，已经成为近年来市场应用的主流。图 9-3 给出了基于某一主流硬件平台的数字电视接收终端控制软件结构模型。其按照从下往上的顺序可以分为 4 个层次，即硬件开发平台层、实时操作系统层、设备驱动层和应用层，各层的组成与作用简要介绍如下。

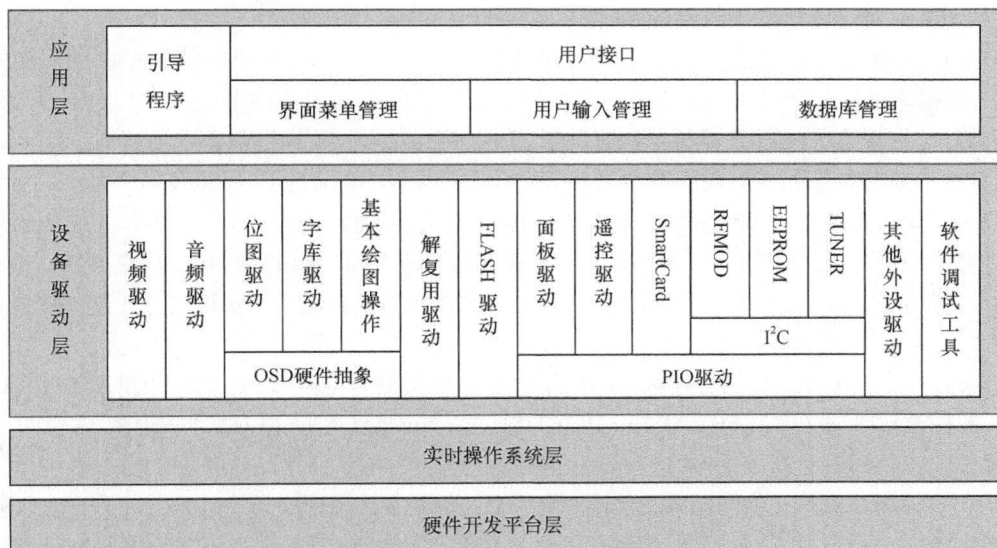

图 9-3　一种数字电视接收终端控制软件结构模型

1. 硬件开发平台层

一旦硬件平台系统确定，硬件层的结构也就确定了，它主要包括硬件平台所采用的主芯片（包括内部的 32 位 CPU、解复用器、条件接收解扰器、音视频解码器等核心模块）及其外围的调谐解调器、信道解码器、存储器（包括 SDRAM、FLASH、EEPROM 等）、智能卡接口、控制面板、红外遥控接收器，以及其他各种通信接口等硬件。

2. 实时操作系统层

实时操作系统层主要取决于所选用的操作系统类型。常用的嵌入式操作系统有 uC/OS、VxWorks、Nucleus、pSOS、Linux、Windows CE，以及近年来广泛流行的 Android 等。这些操作系统的主要作用涵盖了内核的初始化和启动、进程调度、内存管理、信号量、消息队列、中断处理、事件管理以及与 CPU 相关的硬件配置等方面的工作。

3. 设备驱动层

设备驱动层建立在实时操作系统层之上，主要针对各硬件模块提供相应的驱动程序。设备驱动层通过操作系统层提供的工具，实现对硬件设备和接口模块的控制和管理等。数字电视接收终端的设备驱动主要包括以下方面。

1）音视频驱动。音频驱动和视频驱动主要用于管理音视频解码和播放设备，其主要功能包括解码参数设置、解码器中断处理、音视频同步控制、音频解码模式设置、软件音量控制，显示尺寸和比例设置，图像、电视制式设置，以及控制信源解码器与 SDRAM 之间高速可靠的数据传输等。

2）位图驱动、字库驱动、基本绘图操作。图形引擎的底层驱动将屏上显示（On-Screen Display，OSD）硬件抽象成逻辑的 API 控制接口，在此基础上提供一组绘图函数接口，使硬件对程序员不可见，以便兼容各种 OSD 硬件。该模块负责提供各种图形以及字符的绘制功能、色彩的管理，包括在指定的坐标显示指定的字符、位图，绘制点、线、面、矩形、圆，设置菜单的背景色、前景色等。

3）解复用驱动。解复用驱动控制可编程传输接口和传输解复用器完成传输流的解复用操作，包括为输入的传输流分配缓冲区和 DMA 通道，从中分离出视频、音频、数据等不同类型的基本流和 PSI 等。分离出的这些信息用于系统建立节目数据库，设置传输解复用器的分段过滤参数，并配置过滤后的接收缓冲区等。

4）面板驱动。面板驱动模块负责控制面板上数码管的显示信息和按键输入命令的接收和转发。该模块使用一个进程进行控制，首先将要显示信息的 BCD 码转换为 LED 段码，然后采用动态循环扫描点亮的办法驱动 4 位数码管。以中断方式实时检测键盘矩阵的状态，及时识别和转发用户随时按下的键盘操作命令。

5）调谐解调驱动。调谐解调驱动（TUNER）用于实现接收终端的前端频率调谐、信道解调与解码控制等，包括 TUNER 初始化、创建并启动调谐进程、接收用户接口模块的接口命令、采用灵活的搜索策略实现固定参数搜索或给定参数范围的盲搜索，并实现信号强度、信噪比、误码率、误包率等信息的输出。

6）其他设备驱动。其他的设备驱动包括外部存储器接口（如 EEPROM、SDRAM、FLASH 等）、多种通信接口（如 UART、PIO、I^2C、USB、SmartCard 等），以及其他外设硬件驱动（如 PWM、时钟、红外遥控接收器等）。

7）软件调试工具。软件调试工具模块的主要功能是在应用程序开发时提供所需的信息输出等功能。通过执行软件调试函数，能够在屏幕上显示出相应的反馈信息，反映程序的执行状况，这是软件开发中的一个重要环节。这部分函数在实际产品中是不需要的，通常通过条件编译的方式管理，仅在软件调试的时候打开编译开关，而在最终产品中这些代码是不参与编译和链接的。

4. 应用层

应用层是实现系统应用功能的主体，也是控制软件与用户实现人机交互的接口，因此成为软件设计开发的主要内容之一。所有与数字电视接收终端相关的上层功能的组织和实现都在该层完成，主要包括以下功能模块。

1）界面菜单管理。界面菜单管理利用底层图形引擎驱动提供的基本功能绘制各种菜单，并且将系统的各种菜单功能有机地组织起来，给用户提供美观、方便、快捷、友好的人机交互界面。该模块还负责根据用户的按键信息调用设备驱动层及数据库管理模块的相应函数，实现用户所需要的操作。

2）用户输入管理。用户输入管理模块负责人机交互界面的数据输入管理。在需要用户输入信息的菜单中，利用该模块提供的函数可以获取用户的输入信息并传送给其他模块，进行控制或者存储操作。

3）数据库管理。数据库管理模块负责节目数据库的创建和管理，其功能包括两方面。一是根据用户接口模块发来控制消息启动或停止数据库的分析、创建工作。当处于分析建库状态时，通过滤波操作向解复用模块发出指令要求相应的服务信息，收到解复用模块送回的服务信息后，分析并提取相关内容，然后将其添加到数据库中相应的字段，完成建库操作。二是提供数据库索引操作，能够根据不同字段，利用快速排序算法对数据库进行排序。此外，其还提供对数据库节点的创建、移动、删除功能；访问和更新数据库中的各种变量并供其他模块调用。

4）引导程序。引导程序存储在 FLASH 中，在接收终端开机时，CPU 从 FLASH 中读取指令并运行。所有的系统程序和用户应用程序都存放在 FLASH 中，但是 FLASH 能够支持的访问速度很慢，CPU 直接从 FLASH 取指令运行会使处理速度显著变慢，因此需要通过引导程序将全部代码复制到 SDRAM 中，复制完成后，软件代码就跳到 SDRAM 中的相应地址开始执行。

9.2 实时操作系统内核

用户对系统功能的需求越来越多，这使得数字电视接收终端控制软件需要使用实时嵌入式操作系统。操作系统既是一个加快系统软件开发的开发工具，又是最终产品的一部分。操作系统能够提供多种系统服务，如任务的调度、任务间的通信、中断和时钟管理等，这些服务能为开发复杂的应用程序提供极大的方便。

9.2.1 实时内核的特点

实时操作系统内核通常具有如下特点。

1）高度的硬件集成性。实时内核是专门为特定系列的微处理器编写的，它充分利用了该系列处理器的特性，使内核得到充分优化，并且在该系列中所有的处理器都是通用的。

2）基于多优先级抢先式调度策略。实时内核通常可以提供多达 16 个以上的任务优先级，允许为不同的任务定义不同的优先级，调度程序根据任务的优先级来调度。同优先级任务采用时间片轮转调度策略。

3）提供信号量机制。信号量机制可以用来同步多个任务进程，可以实现系统资源控制。

4）提供消息队列。消息队列提供了一种任务间缓冲通信的机制。

5）实时时钟。实时时钟为用户控制延时和定时提供了方便。

6）中断处理。能够处理多个中断请求。

7）占用内存少。实时内核只需要很少的内存就可以运行，以利于节省内存空间，降低成本。

8）现场切换时间很短，运行效率高。

9.2.2　实时内核的工作原理

实时内核通常使用面向对象的编程风格，采用 C 语言实现，能够提供多种内核服务，这些服务为嵌入式系统的开发提供了极大的方便。其提供的内核服务通常包括任务、分区、信号量、消息队列、中断和实时时钟管理等。任务、分区、信号量、消息队列等服务称为对象，每个对象对应一个或多个数据结构，对这些对象的操作就是对这些对象的数据结构进行操作，用户并不需要了解内部的数据是如何管理的。

1.　任务调度

一个任务描述了应用程序中一个离散的、独立的代码段的行为。除了能与其他任务通信，任务的其他行为与独立的程序差不多，新的任务可以由已存在的任务动态创建。应用程序可以被分成多个任务，创建和调度任务所需的处理器和内存开销很小。任务由数据结构、堆栈和代码组成。一个任务的数据结构称作它的状态，堆栈用作函数的局部变量和参数空间，而代码就是任务运行的程序主体。

任务是基于优先级的，优先级分为多个（如 16 个，0 是最低优先级，15 是最高优先级）。一个任务的初始优先级是在任务创建的时候定义的，任务的优先级可以更改。如果更改任务的优先级使当前任务的优先级比某个等待运行的任务的优先级低，或者使另外一个任务的优先级高于当前运行任务的优先级，那么就会引起任务的重新调度。在微处理器上有一个时钟寄存器专门用于时间分片计时，当该时钟超过一个设定数量的时钟周期后，系统就认为一个时间片结束。当一个任务连续执行超过两个时间片时，操作系统就会试图剥夺该任务的 CPU 控制权，如果这种情况发生，该任务的 CPU 控制权被剥夺，下一个等待运行的同等优先级的任务将被调度。

任务的调度是根据优先级来进行的，如果有多个任务准备好运行，调度程序将选择具有最高优先级的任务运行；如果有多个相同优先级的任务，则采用时间分片方式来运行。

2.　内存与分区

在嵌入式系统中可用的内存通常是非常有限的，必须对它们进行有效的使用。通常提供 3 种不同风格的内存管理方式，分别是堆分区、固定分区和简单分区。这为用户控制如何分配内存，在空间/时间平衡的选择方面提供了方便。

堆分区使用的内存分配方法与传统 C 语言提供的分区库函数使用的内存分配方法相同，可以分配不同大小的块，已分配的内存块可以释放回分区中，也可以重用。当内存块释放时，如果在该块的前面或后面有空闲块，那么该块将与它们合并以形成更大的块。堆分区的缺点是分配和释放内存所需的时间是不确定的，而且每次分配都需要多个字节的额外内存。在固定分区中，每次可分配的内存块的大小是固定的，大小是在分区创建时指定的。在固定分区中分配和释放一个块所花的时间是一个常量（即确定的），并且需要很小的内存开销。简单分区的内存分配只是简单地将指针增加到下一个可用的内存块。这意味着分配的内存不可能释放回分区中，但在进行内存分配时没有内存的浪费。

3. 信号量

信号量提供了一种多任务同步的简单而有效的方法。信号量也可以用来同步多个任务，保证互斥、控制对共享资源的访问，实现中断处理与不同优先级任务间的同步执行。有 4 种不同的信号量：①先进先出不带超时的信号量；②先进先出带超时的信号量；③基于优先级不带超时的信号量；④基于优先级带超时的信号量。

4 种信号量的不同之处在于，等待信号量的任务的排队方式和是否有超时限制。任务通常是以它们调用等待信号量函数的顺序来排队的，在这种情况下，信号量就称为先进先出的信号量。然而，有时允许高优先级的任务插到队列的前面，这样可以使其等待最短的时间，此时可以使用基于优先级的信号量。对于基于优先级的信号量，任务先按它们的优先级，再按它们调用等待信号量函数的顺序来排序。带超时方式的信号量在任务等待信号量时可以给定一个等待时间，如果超过等待时间信号量还没有到来，则认为函数调用失败。而对于不带超时的信号量，任务在等待信号量时会发生阻塞，要一直等到信号量到来才返回。

4. 消息队列

消息队列提供了一种任务间缓冲通信的方法，也提供了不用数据复制的通信方法，这种方法可以节省时间。一个消息队列包含两种队列：一种是当前没有被使用的消息缓冲区，称为空闲队列；另一种是保存已经发送了但还没有被接收消息的缓冲区，称为发送队列。消息队列是由多个消息块组成的，每个消息块的大小和结构是由用户定义的。用户调用不同的消息函数使消息缓冲区在空闲队列和发送队列中移动。在消息队列初始化时，所有的块都属于空闲队列，而发送队列为空，消息缓冲区在两个队列中的移动情况示意图如图 9-4 所示。

在系统中，所有的消息队列链接在一个消息队列链表中，每个消息队列由各自的消息队列结构来控制。对于消息队列链表的访问控制以及各消息队列中两个队列的控制都是通过信号量来实现的。

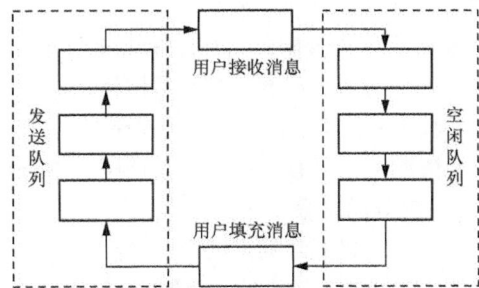

图 9-4 消息缓冲区在两个队列中的移动情况示意图

5. 中断与实时时钟

中断提供了一种外部事件控制 CPU 的途径。通常只要有一个中断发生，CPU 就立即停止执行当前的任务，转而执行该中断的中断处理程序。从当前任务切换到中断处理程序的过程全部由硬件完成，其速度是很快的。同样，当中断处理程序完成后，CPU 将恢复被中断的任务的运行，因此被中断的任务根本就感觉不到它曾被中断过。

实时内核提供了丰富的中断处理函数，使外部事件可以中断当前任务并获取 CPU 控制权；实时内核还提供了基于中断的事件处理机制。当注册事件引发中断时，系统将通过事件控制块找到注册该事件的任务并完成相应的处理。

时间对于实时系统来说非常重要。实时内核提供了一组功能完善的基本时间操作函数，包括获取当前时钟、延迟指定时间、定时结束任务的特定操作、定时结束任务间通信等。

9.2.3 实时内核的应用

1. 实时内核的启动

内核和应用程序是编译在一起的。为了完成系统初始化，需要连接器配置文件和运行时启动代码之间的相互配合。内核的启动通过在应用程序的 MAIN 函数中调用相应的函数来完成。与内核启动相关的两个调用是 KERNEL_INIT 和 KERNEL_START 。

KERNEL_INIT 主要完成的工作包括初始化硬件、任务和各种服务访问控制信号量。硬件初始化完成初始化任务队列、初始化硬件定时器、开中断、启动实时时钟运行等操作；任务初始化完成创建根任务的数据结构、将根任务控制结构添加到任务链表的头、初始化任务链表访问控制信号量等操作；服务访问控制信号量的初始化完成系统中各种服务的访问控制信号量。

这个时候，系统中没有任何任务存在，因为调度程序还没有安装。调度程序的启动是通过 KERNEL_START 调用来完成的。KERNEL_START 主要是创建调度程序，并将调度程序作为一个陷入处理程序进行安装，然后允许调度陷入。从这个函数返回后，抢先式调度程序开始运行，而调用该函数的函数（即应用程序的主函数）被安装成内核的第一个任务。从 KERNEL_START 函数返回后，用户就可以创建自己的任务了。

2. 任务堆栈

每个任务都需要一个堆栈，堆栈用作任务函数的局部变量和函数调用的堆栈，堆栈的大小需要设计者自己指定。根据内核及编译器的规定，每个函数使用的空间为：①任务返回时移走该任务需要 4 个字；②用户初始化堆栈需要 4 个字；③硬件调度程序需要 6 个字，以保存工作空间的状态；④在某些情况下，所有的 CPU 现场内容需要保存到任务的堆栈上；⑤对于一个库函数来说，在函数中定义的局部变量所需的空间和以递归方式调用其他函数所需的空间，最坏的情况下需要 150 个字。

根据上述参考值，用户应该根据每个任务的不同情况确定堆栈的大小。当然，很难精确地算出一个任务应该使用多大的堆栈。为了保证系统的正常运行，应该在系统内存中为每个任务定义稍大的堆栈。同时，还要对任务进行调试，看在所有的任务都运行的情况下是否有堆栈溢出的情况，如果有，则要重新调整有堆栈溢出情况的任务的堆栈大小。

3. 任务优先级

对于任务优先级的定义，主要是考虑该任务完成的操作对时间的敏感程度。例如，EEPROM 读写任务就对时间较敏感，如果该任务正在向 EEPROM 写数据，用户关掉电源就可能丢失一些数据，造成不必要的损失。通过提高该任务的优先级，可以大大减少这种情况的发生。

4. 任务的同步与通信

作为一个完整的系统，其中有很多任务，任务之间可能存在相互联系，如何很好地组织这些任务，处理好它们之间的同步和通信是非常重要的。对于多个任务都需要访问的资源，采用信号量进行控制。某些任务和中断处理程序之间的同步也是通过信号量实现的。任务间数据的传递一般是通过消息队列实现的。

5. 信号量

信号量提供了一种任务同步的方法，在中断服务程序和任务间的同步以及控制共享资源的访问和互斥方面起到了极为重要的作用。用作任务和中断服务程序之间的同步时，信号量的计数初值为 0；当任务第一次等待该信号量时，该任务就被阻塞。此后，中断处理程序释放信号量，这将重新调度等待该信号量的任务。

信号量可以让一定数量的任务共享某种资源，能同时访问该资源的任务个数是在信号量初始化时决定的。在规定数量的任务获得了对资源的访问权后，下一个请求访问该资源的任务要等到那些获得资源的任务中的某一个释放资源。只有当所有希望使用某个资源的任务都使用同一个信号量时，信号量才能起到保护资源的作用，如果某个任务不使用该信号量而直接访问资源，信号量就不能保护资源。

通常，信号量被设置成允许最多一个任务在给定的时间内访问某个资源，这就是所谓的二进制信号量模式。在这种模式下，信号量的计数不是 1 就是 0，这在互斥或同步共享数据的访问时是很有用的。当用作互斥信号量时，信号量的计数初值是 1，表明目前没有任何任务进入"临界区"，且最多只有一个任务可以进入"临界区"。"临界区"以等待信号量开始，并以释放信号量结束。因此第一个试图进入"临界区"的任务将成功进入，而所有其他的任务就必须等待。

在基于优先级的调度策略下，"临界区"中的任务离开"临界区"时将释放信号量，并允许正在等待的最高优先级任务进入"临界区"；在基于 FIFO 的调度策略下，"临界区"中的任务释放 CPU 的控制权时将释放信号量，并允许第一个进入等待的任务获得 CPU 的控制权。

一个任务希望在某个规定的时间内获得对某个共享资源或设备的访问权限，即获取控制共享资源或设备的信号量，如果在给定时间内没有等到该信号量，则任务继续执行。这可以通过带超时设定的信号量来实现。在创建信号量时创建带超时设定的信号量，在任务调用时可以给定一个时间值，规定任务的最长等待时间。带超时设定的信号量可以很好地实现系统的实时性，它可以限定任务的等待时间，在规定的时间内给出任务运行的结果。

另外一种可以提供实时性能的方法是创建基于优先级的信号量。对于这种信号量，等待信号量的任务将按照任务的优先级进行排队，相同优先级的任务按照到达的时间来排队。这种信号量赋予时间紧迫的任务优先访问的权限，可以提高系统的实时性。

6. 消息队列

消息队列为操作系统内核提供了任务间数据交换的方法。因为传递的消息是由用户定义的，所以收发双方都应该知道消息的格式和大小，否则无法进行消息的传递。对于多个模块共用一个消息队列的情况，因为传递的消息内容和格式不一样，所以在消息的定义中除了包括消息的内容，还必须包括该消息是哪个模块传递来的信息，否则不能正确提取消息的内容。如果消息的大小是可变的，用户就应该指定消息大小为可变，然后使用指向消息的指针作为传递给消息函数的参数。在这种情况下，实际的消息内存块的分配和释放由用户控制。

消息队列中最终存放消息的是消息缓冲区，它被分成若干大小相等的块，消息就存放在这些块中，所有的消息块连接起来构成队列。消息块的大小由具体的消息内容而定，等于消息内容的大小加上一个消息头的大小。如果消息缓冲区是由实时内核来分配的，系统会在分配空间时自动加上消息头的大小。如果是用户控制消息缓冲区的分配和释放，在分配空间时应该加上消息头的大小。消息个数的定义也应该充分考虑实际的应用情况。如果队列中所能容纳的消息个数太少，则任务在申请消息缓冲区时经常会发生阻塞；如果消息队列太大，则空间得不到充分利用。

消息队列支持超时机制。消息队列的超时机制是通过信号量的超时机制来实现的，一个消息队列被分成空闲队列和待发送队列，每一个队列的访问都是由一个信号量来控制的，信号量的初始值就是可访问的消息块的个数。使用带超时的消息队列同样可以增强系统的实时性，它可以限定任务等待消息的时间。

7. 中断

中断作为外部设备控制 CPU 的一种途径，在嵌入式系统中十分重要。实时内核支持带中断级别控制器和不带中断级别控制器两种中断控制模式。带中断级别控制器可以同时支持多个（如 21 个）外部中断，每个产生外部中断的设备都对应一个中断号，带中断级别控制器接收外部中断，然后将它们映射到不同的中断级别上，每一个中断级别可能对应多个中断源。从中断级别到中断源的映射是可编程的，用户可以在程序中进行控制。带中断级别控制器将中断信号送往 CPU，以便运行相应的中断服务程序。

在处理中断之前，必须为每一个中断级别安装一个中断服务程序，即将对应的中断服务例程的入口指针写到中断向量表中。这些工作可以通过中断初始化功能来完成，这个功能函数需要传递中断源的中断号、对应的中断级别和指向中断服务程序的指针。一旦一个中断服务程序与中断源联系起来了，就应该立刻开放该中断，只有这样 CPU 才能在发生中断时及时响应中断，调用相应的中断服务程序。

在系统中，每个中断级别上所有的中断服务例程共享一个堆栈，所以堆栈必须足够大，以便每个中断服务程序都能够在其中运行。堆栈必须能够容纳中断服务例程中定义的所有局部变量，并将中断处理程序可能调用的函数考虑进去。通常一个中断处理程序需要如下的工作空间：①8 个字用来保存状态；②5 个字用来保存内部指令指针等；③4 个字用来初始化堆栈结构；④对于一个库函数来说，在函数中定义的局部变量所需的空间和以递归方式调用其他函数所需的空间，最坏的情况下需要 150 个字。

9.3 调谐解调控制模块

数字电视接收终端中通常将对接收信号的调谐、解调和信道解码等部分集成于一个模块或一个芯片中，简称 Tuner。Tuner 处于接收终端信号接收的最前端，因而是准确、快速接收所需节目的关键部件。根据实际应用要求，接收终端在进行信号搜索、调谐和解调的过程中，必须做到以下两点。

1）一旦有信号线接入，接收终端必须能够立即检测到信号，并启动 Tuner 开始工作。如果信号突然丢失，机器同样要立刻做出反应，并提示用户检查信号线是否接好。

2）用户切换节目时，如果前后切换的节目不在同一个频点上，需要 Tuner 进行新的调谐解调操作，并迅速锁定新的频点。

9.3.1 软件控制流程

接收终端的嵌入式实时操作系统能够支持程序的多进程工作，因此需要在内存中划分出一块资源，单独运行一个对信号进行实时调谐并可实时接收用户调谐命令的进程。该进程的软件控制流程如图 9-5 所示。

由图 9-5 可知，调谐进程只根据本模块的状态来控制调谐解调器、信道解调和信源解码器的工作，与外部模块的交互少、独立性强，可以提高工作效率，并保证调谐的速度和可靠性。同时，把对调谐影响大的外设控制操作封装在单独的函数中执行，保证与调谐控制进程之间没有寄存器访问的冲突。Tuner 进程是一个从开机就运行的进程，需要实时监视信号的状态，自动更新进程运行状态，因而需要频繁通过 I²C 操作对硬件进行读写。需要注意，这可能引起 I²C 冲突问题。

接收终端开机启动后，初始化一个实时调谐进程，该进程将 Tuner 的调谐状态分为 7 种，分别为空闲状态、检测频率合成器锁定、检测解调器锁定、检测信道解码器锁定、检测去交织锁定、检测去扰码锁定以及信号监测状态。

Tuner进程

寄存器初始化

释放CPU，等待若干毫秒

调谐参数设定
启动信号搜索 ← Y — 是否收到
调谐指令 — N → 监测信号。如信号
丢失，则通知上层

检测频率合成器
是否锁定 — N →

↓ Y

检测解调器
是否锁定 — N →

↓ Y

检测解码器
是否锁定 — N →

↓ Y

检测去交织
是否锁定 — N →

↓ Y

通知上层软件
调谐成功 ← Y — 检测去扰码
是否锁定 — N → 通知上层软件
调谐失败

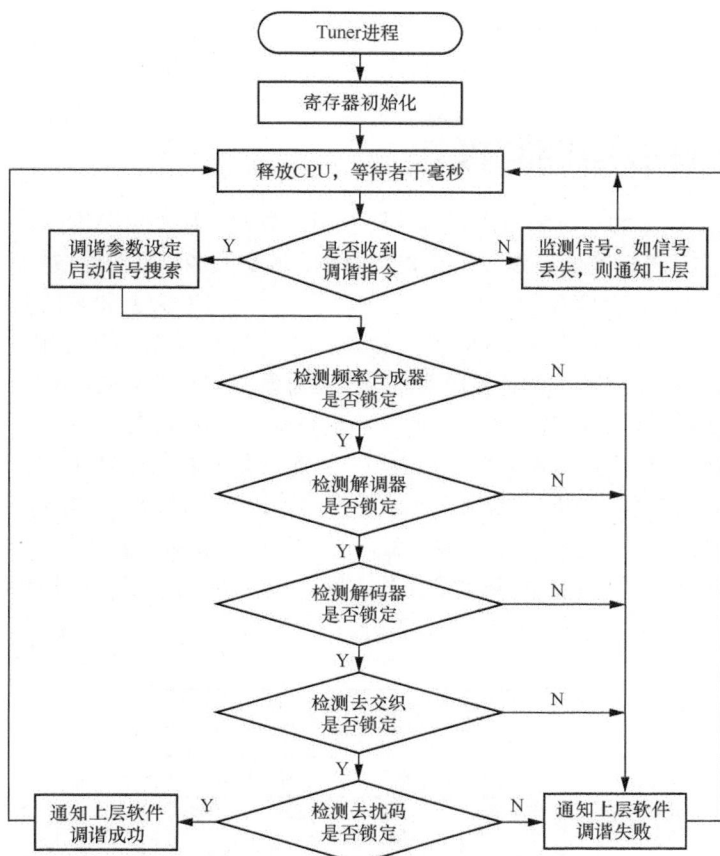

图 9-5 实时调谐进程的软件控制流程

9.3.2 自动搜索算法

为了方便非专业用户的使用，通常要求接收终端具备对未知信号的搜索功能，即在对信号的各项参数毫无了解的情况下，自动搜索存在的信号并获取信号的相关参数，这一过程也称为盲搜索。常用的盲搜索算法的具体步骤如下。

1. 频率搜索

1）按照固定带宽间隔，在频率范围内（47～870 MHz 或 950～2 150 MHz）对信号进行等间隔采样，并且记录每个采样点的信号强度。

2）利用全部采样点的信号强度记录对频率范围内信号的频谱分布状况进行分析。

3）查找、计算频谱中的信号峰值并记录这些峰值点的频率。可以认为这些峰值点上极有可能存在有用的信号。

2. 参数搜索

1）将信道解码器中的编码收缩率搜索模式设置为自动识别模式，在该模式下，Tuner 能够快速地获取信号的收缩率信息。

2）使用目前常用的符号率参数逐一进行信号搜索尝试，如果信号能够正常锁定，则记录信号的频率、符号率和收缩率等参数；如果信号无法锁定，则说明该频率上不存在有用信号。参数搜索时间对于整个搜索速度的影响极大，为了提高搜索的速度，可以在软件设计时对常用的符号率进行统计，按照其概率分布的情况排列其先后顺序，这样大部分频率都能够很快找到符号率，从而节省大量的搜索时间。

9.4　多路解复用控制模块

　　为了实现高速码流的实时解复用，多路解复用器通常由硬件电路构成。硬件解复用器最重要的功能就是实现各种滤波操作（包括 PID 滤波、段滤波和自适应滤波等），从传输流中提取 PSI/SI 等服务信息，分离视频、音频、数据等业务信息，恢复接收端的系统时钟等。解复用软件控制模块主要是根据接收终端的指令或工作状态的改变，启动解复用进程，配置相关寄存器，及时控制解复用器工作，使解复用器能够根据系统要求正确地提取所需的视、音频码流，通过 DMA 方式送往视、音频解码器，并通过对定时信息的处理，保持系统时钟的同步。

　　因此，当接收终端得到接收某个节目的用户指令（如开机后的默认频道、切换频道、节目自动搜索等）时，解复用控制模块就必须从前端输入码流中提取并设置 PID，对硬件解复用器重新进行初始化，提取和分析码流中的 PSI，再从码流中滤取所需的节目数据。从码流中提取和分析 PSI 是解复用控制模块最重要的工作内容。解复用进程工作流程如图 9-6 所示。

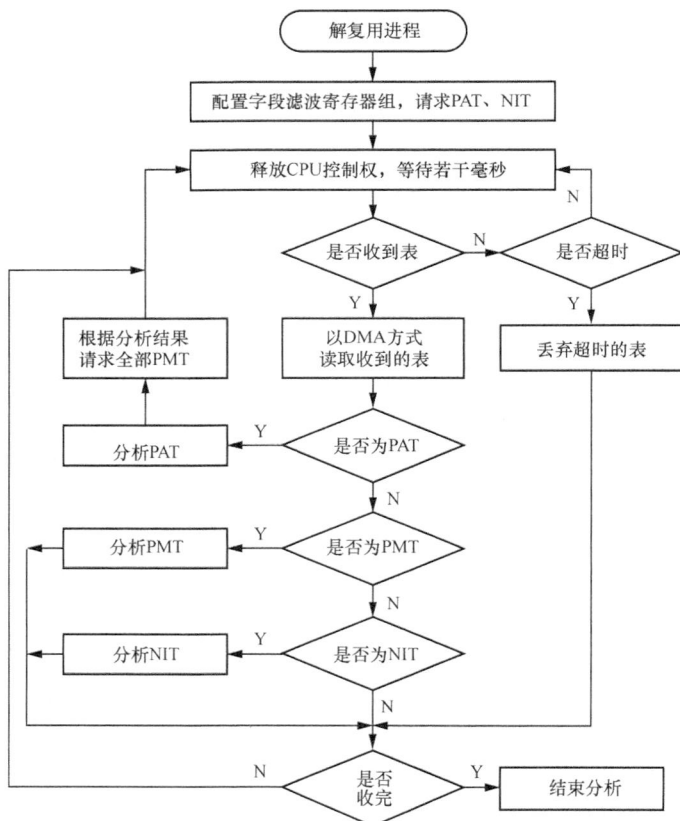

图 9-6　解复用进程工作流程

　　同时，解复用控制模块还需从传输流中提取节目时钟信息 PCR，并与时钟恢复模块、PWM控制模块等一起工作，共同完成对接收终端解码器系统时钟 STC 的校准任务，从而保证音频与视频之间、接收端与发送端之间的时间同步。具体的处理过程如下。

　　1）通过自适应字段滤波，从输入的传输流中获取当前的 PCR 值，并将它与系统时钟值

STC 求差值，从而产生一个数字化误差值。

2）该误差值被送往 PWM 模块，PWM 模块据此产生相应的脉宽调制信号。该 PWM 脉冲信号经过外部的低通滤波器进行平滑滤波之后，转化成一个直流控制电压。

3）直流控制电压被送到接收终端的系统时钟电路，用于调整系统时钟发生器（VXCO 振荡器）的振荡频率。通过这样一个闭环控制系统，使系统时钟处于锁定状态。在系统时钟处于锁定状态时，PCR 与系统时钟值 STC 的差值将为一个恒定值，这样就使得解码器系统时钟值 STC 同步于前端编码器的系统时钟。

9.5 视频解码软件控制模块

视频解码软件控制模块主要完成对视频解码硬件系统的驱动控制，完成视频解码及其显示功能。因此，控制软件的主要工作是对图像层及其以上部分的分析处理，分析序列头和图像头中的解码和显示参数，使其与时间标签同步，并实时监测系统的工作状态，保证系统的稳定性。

图 9-7 为视频解码软件控制模块的结构框图。在启动解码器之前，需要进行初始化设置，设置关于缓冲区、视频图层显示窗口和解码中断等的寄存器，配置外部存储器和视频接口，分配解码和显示图像存储空间及图像类型等。初始化完成后，解码器暂时处于停止状态，没有显示输出，但必须使能自动同步，并将错误恢复模式默认为完全模式。

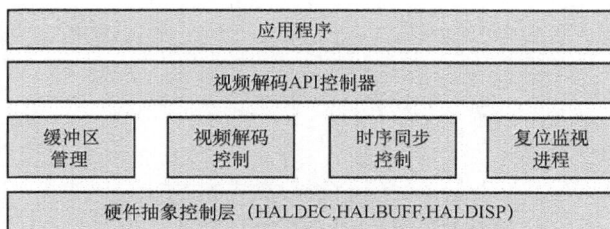

图 9-7 视频解码软件控制模块的结构框图

用户通过应用程序操作视频解码的 API 控制器，完成视频解码任务，实现视频的播放。API 层为上层提供了函数接口，分配 VID 命令（如 Start、Stop、Pause、Resume 等），并进行错误检测及响应外部命令。它由缓冲区管理模块、视频解码控制模块、时序同步控制模块和复位监视进程模块组成，每个模块都有相应的硬件抽象控制层模块。

9.5.1 解码器初始化

视频驱动 API 提供相关的命令函数来控制视频解码器实现视频解码的整个过程。这些命令函数包括初始化、打开、启动、设置存储空间、播放、使能输出等。VID 初始化参数的设置内容包括设备名、设备类型和设备基地址等。初始化完成后，调用 API 函数进行视频解码，视频解码器的软件控制流程如图 9-8 所示。

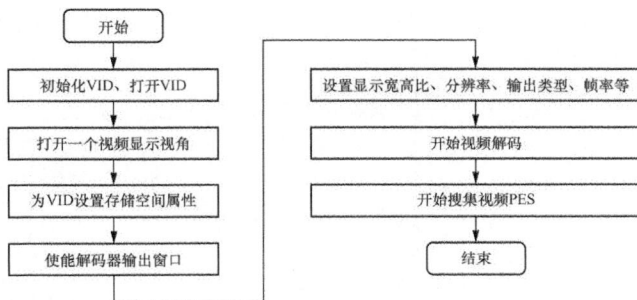

图 9-8 视频解码器的软件控制流程

9.5.2 解码中断处理

解码中断处理程序是整个视频解码控制软件的核心，视频解码中断处理的流程如图 9-9 所示。当视频解码器硬件产生中断后，操作系统自动调用该中断处理程序。中断处理程序首先检查是否为"严重错误中断"，若是则中断计数加 1。当严重错误中断计数超过一定值时，执行软件复位。其次，检查是否为"流水线空闲中断"，若是则在合适的条件下停止解码工作。再次，检查是否为"场同步中断"，若是则将当前解码场设置为相应的顶场或底场，执行场同步处理。场同步处理主要根据缓冲、同步、解码图像的显示情况，决定是开始新的解码还是进入等待。接下来，检查是否为"解码同步中断"，执行解码同步处理。再下来，检查是否为"缓冲区满中断"，若是则检查系统是否正在获取序列头后的第一幅图像，若是则设置开始解码。最后，检查是否为"起始码中断"，若是则获取起始码的值，判断起始码的类型，执行相应的起始码处理程序。

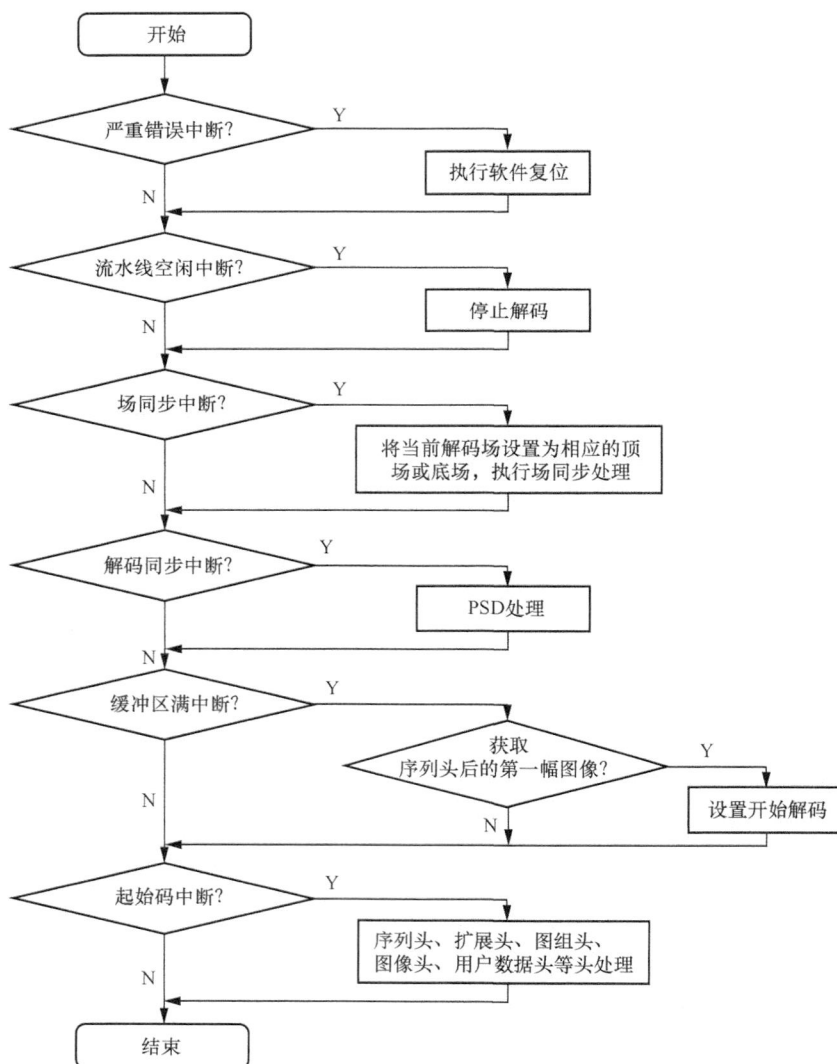

图 9-9 视频解码中断处理的流程

9.5.3　同步处理流程

同步处理流程如图 9-10 所示。同步处理程序通过检查系统解码时间与码流中的时间标签的偏差，决定同步纠正的类型，并对同步偏差进行计数，当不同步太多次时要进行复位。当系统解码时间超前于码流中的时间标签时，执行显示扩展纠正；当系统解码时间落后于码流中的时间标签时，执行解码跳过纠正。在这里只是设置纠正的类型，实际的显示扩展纠正在解码同步处理中执行，解码跳过纠正在图像头分析中执行。

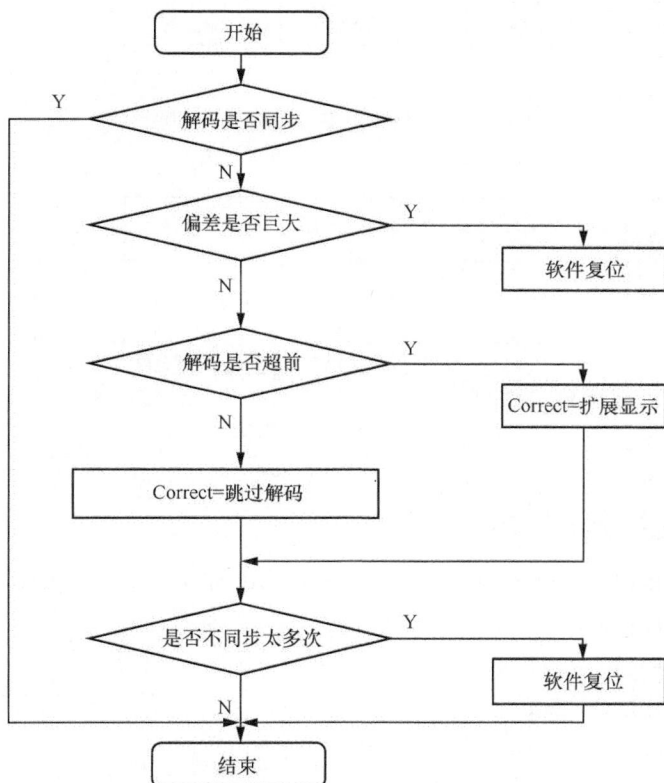

图 9-10　同步处理流程

9.6　条件接收控制模块

在解复用模块对码流 PMT 的信息进行分析的过程中，如果所接收的节目是被加扰的，则需要从 PMT 中取得相应的 ECM_PID，并据此找到相应的 ECM 数据包；从 CAT 中滤取相应的 CA 描述符，得到 EMM_PID，并据此找到相应的 EMM 数据包。再将获得的 EMM 和 ECM 数据发送给智能卡模块，进行信息匹配。在智能卡内，利用唯一的卡内个人分配密钥 K_D 对 EMM 数据解密，可得到业务密钥 K_S；再用 K_S 对 ECM 数据解密，可得到控制字 CW。将智能卡模块解出的控制字 CW 发送至解扰器，就可对加扰的数据流进行解扰，从而恢复出音视频数据流。图 9-11 给出了接收终端 CA 解密、解扰处理过程示意图。

根据以上的 CA 处理过程要求，相应的 CA 软件控制模块应完成的功能包括 PSI 监控、CA 滤波、智能卡监控、控制字处理和相关信息显示等。这些功能子模块需要在一个 CA 管理进程

（CA 进程）的统一管理、调度之下协调配合，共同完成码流的解密和解扰工作。图 9-12 给出了 CA 软件控制模块的组成，并显示了 CA 进程与各个子模块之间的关系。

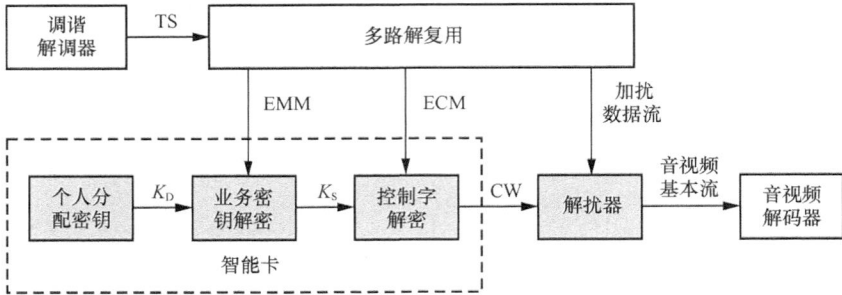

图 9-11　CA 解密、解扰处理过程示意图

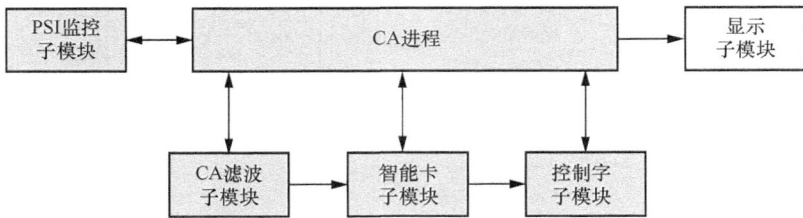

图 9-12　CA 软件控制模块的组成

9.6.1　PSI 监控子模块

　　PSI 监控子模块用于滤波 CAT 和 PMT 并对其内容进行监控。一般情况下，被加扰的节目 PMT 中必含有 CA 描述符，而未被加扰的节目 PMT 中则没有 CA 描述符（或其中的 CA_PID 为无效）。当节目由加扰到非加扰变化时，PMT 必将发生变化。因此，对 CAT 和 PMT 的实时监控是及时、正确地获取用户授权信息和节目加扰信息的前提。图 9-13 给出了 PSI 监控子模块的工作流程。

　　CAT 和 PMT 的 CA 描述符中的 CA_system_id 是判断 CA_PID 是否有效的标志。当智能卡插入时，CA 进程发送命令给智能卡子模块，读取卡中的 CA_system_id，并将其与 PSI 监控子模块从码流中提供的 CA_system_id 进行比较。

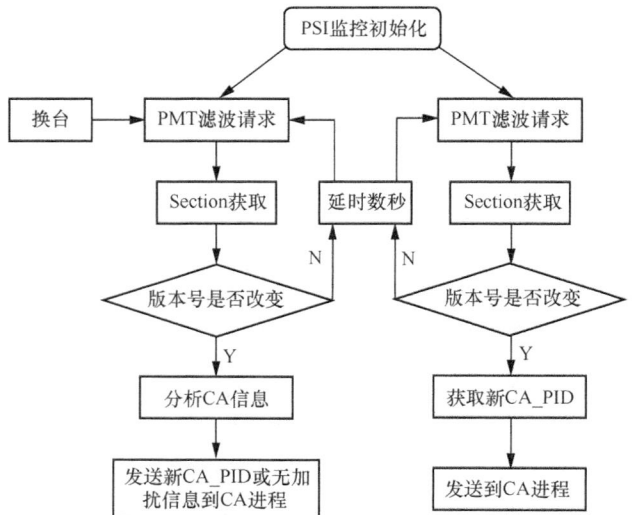

图 9-13　PSI 监控子模块的工作流程

如果码流中提取的 CA_system_id 与智能卡中的不相符，则 PSI 发送特殊消息给 CA 进程表示其当前状态。

当 CAT 发生变化时，PSI 监控模块分析新的 CAT 以获取新的 EMM_PID，并将 CAT 更新信息发送到 CA 进程。CA 进程将信息反馈到 CA 滤波子模块，使其设置新的 PID 到 EMM 滤波器中，以滤取新的 EMM，再由智能卡子模块将其发送到智能卡中进行新的授权。

PMT 的变化操作与 CAT 类似。当节目由加扰变成非加扰引起 PMT 变化时，PSI 监控模块发送 ECM_PID 无效信息给 CA 进程，CA 进程得到此信息后将 ECM 滤波和控制子模块进程挂起。反之，如果节目从非加扰到加扰，这两个进程将被激活。因为每个节目都含有 PMT，所以每次频道切换都要滤取相应节目的 PMT，以获取正确的节目加扰信息。

9.6.2 CA 滤波子模块

CA 滤波子模块用于滤取输入码流中的 EMM 和 ECM 数据，判断数据的有效性，并将其发送给智能卡模块进行解密处理。图 9-14 给出了 CA 滤波子模块的工作流程。

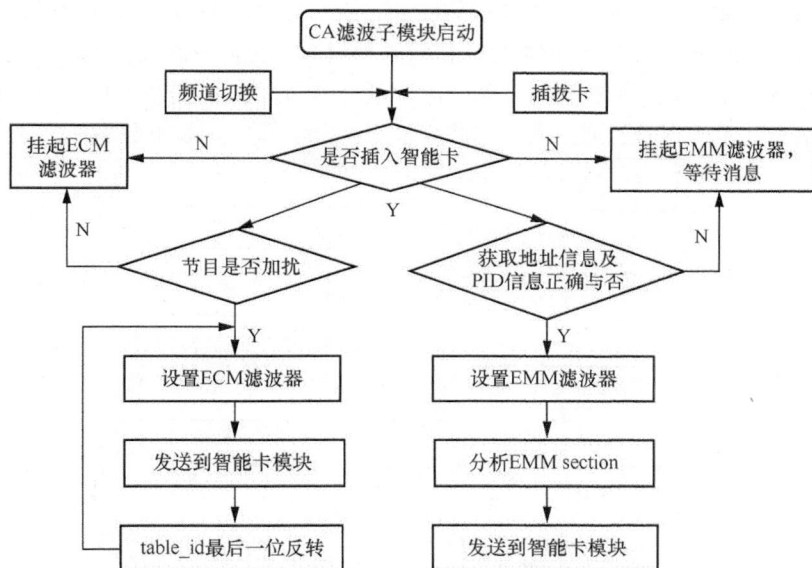

图 9-14 CA 滤波子模块的工作流程

从正确的智能卡被插入开始直到智能卡被拔出期间，EMM 滤波器处于激活状态。当智能卡插入并复位成功后，CA 进程发送命令给智能卡模块，读取智能卡中的地址信息。此地址信息为智能卡的唯一寻址信息。CA 进程获取智能卡地址信息后，通知 CA 滤波子模块，将此地址信息设置到滤取 EMM 的滤波器中。滤取 EMM 后，判断 EMM section 是否与前次有异，若是则发送到智能卡模块，否则忽略本次 EMM，避免重复处理。

ECM 滤波器只有当节目被加扰时才启动。ECM 滤波器的 table_id 按 0x80 和 0x81 交替变化，所以每次滤取到 ECM section 后，将这个 section 的 table_id 最后一位反转，设置 ECM 滤波器，用于滤取下一个 ECM section，并将 ECM 数据发送给智能卡子模块，用于智能卡解密处理。

在 CA 滤波子模块中，智能卡是否存在将决定整个模块的运行状态。如果没有插入智能卡，则 EMM 和 ECM 滤波器都将被挂起。当节目被加扰而智能卡没有插入，或者插入的智能卡所提供的 CA_system_id 与 CAT、PMT 中的不相符时，则 CA 进程发送信息到显示模块，显示提示信息给用户。

9.6.3　智能卡子模块

智能卡子模块用于处理与智能卡相关的所有操作，包括智能卡通信接口（包括 I/O 口和 UART 设备）的配置、智能卡的插拔监控以及智能卡与主机间的数据通信等。

1．通信接口的配置

接收终端通常选用解码主芯片上的一组可编程序 I/O 口作为智能卡通信接口，并定义了各个接口引脚的输入、输出特性。其中，一个 I/O 口被定义为智能卡插拔检测引脚，用于向主机申请一个 I/O 口中断，检测引脚的电平跳变指向此中断。在中断处理程序中，智能卡子模块根据卡的插拔状态控制复位流程，并通过I/O 口上电、启动时钟、拉低复位脚。随后主机监听 URAT 接口，接收智能卡返回的 ATR 数据并解析其工作参数，如波特率、时钟频率和通信协议等。系统依据解析结果动态计算波特率，并重新配置I/O 口和 UART 接口，完成与智能卡的通信接口的匹配设置。

2．智能卡接口配置和复位流程

智能卡接口初始化和智能卡复位流程如图 9-15 所示。当智能卡状态确定时，智能卡子模块发送其状态到 CA 进程，CA 进程据此来协调其他模块（包括激活或挂起某个模块进程，发送相应的信息到某个进程等）。例如，当智能卡复位失败时，CA 进程发送信息给显示模块，显示模块将信息显示于屏幕上通知用户，并挂起 CA 滤波进程和控制子模块等。

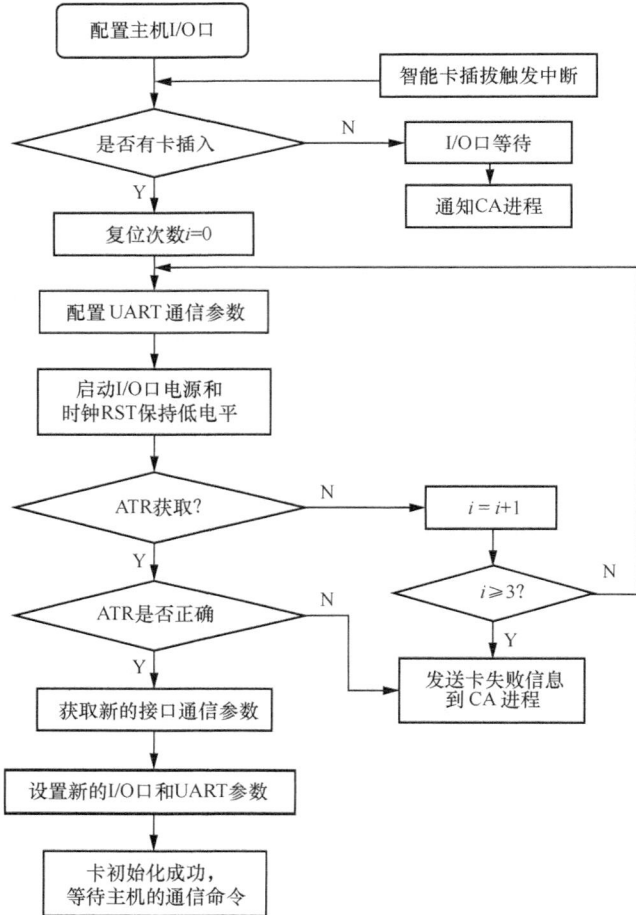

图 9-15　智能卡接口初始化和智能卡复位流程

9.6.4　CA 进程模块

　　CA 进程是接收终端条件接收软件模块中的管理进程。它负责各个 CA 任务的初始化，协调各个 CA 子模块之间的通信，控制各个子模块的激活和挂起。CA 进程首先初始化各个模块，并使这些模块的进程处于待激活状态。再根据节目是否加扰、智能卡是否正确插入等因素，决定是否激活相应的模块或将其挂起。CA 进程的初始化流程如图 9-16 所示。

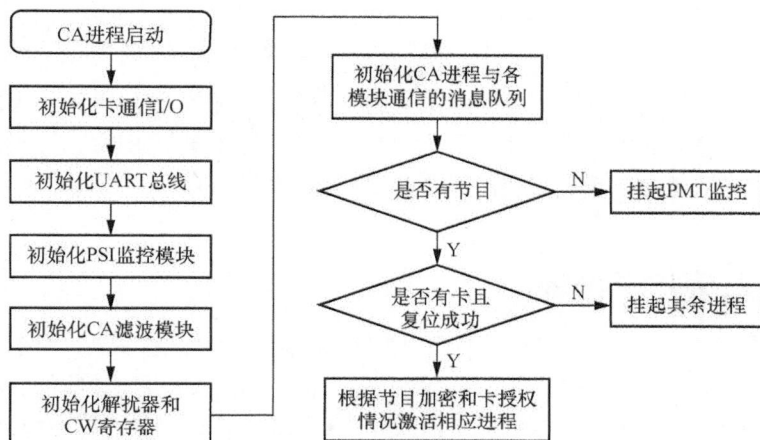

图 9-16　CA 进程的初始化流程

　　为避免大量数据被反复传输，CA 进程只传送命令给各个模块，各个模块在获得 CA 进程的许可命令后相互传递数据处理，如智能卡模块与控制子模块之间的 CW 传送，以及与 CA 滤波模块之间的 ECM、EMM 数据传送等。显示模块是与其他系统共用的，CA 进程中使用显示模块来显示一些必要的状态信息，以提示用户做出反应。显示模块处于 CA 系统的末端，它不反馈信息给 CA 中的任何模块。

9.7　用户接口模块

　　接收终端的用户接口为用户与机器之间提供一个人机交互的途径，使用户能够根据其需要，方便、灵活地控制和使用接收终端。因此，用户接口首先必须为用户的操控提供输入设备，用户操作输入设备时将产生相应的输入信号。而用户接口软件模块首先必须能够正确识别输入信号，并将输入信号转换成系统可以识别的键值；其次是将输入信号的控制含义以某种文字或图形的方式显示在屏幕上，同时将输入的指令传送给接收终端其他相关模块进行相应的处理；最后还要接收来自其他相关模块的处理结果，并将结果以文字或图形的方式显示在屏幕上，以此方式将处理结果反馈给用户。

　　对于功能完善的数字电视接收终端，用户操作内容覆盖其全部功能模块。如果对每个操作分别进行设计，势必会使软件架构复杂度显著增加。为此在用户接口模块的设计上，通常将其划分成若干个功能相对独立的小模块，以简化系统的设计。用户接口模块的组成如图 9-17 所示，它主要由 3 个子模块组成，即输入接收子模块、用户界面控制子模块和屏上显示（OSD）图形库子模块。其中，输入接收子模块主要负责接收输入设备的输入信号及其解码，用户界面控制子模块主要根据输入信息进行相应的处理并传送给节目管理模块，而 OSD 图形库子模块主要产生显示信息所需的文字和图形。

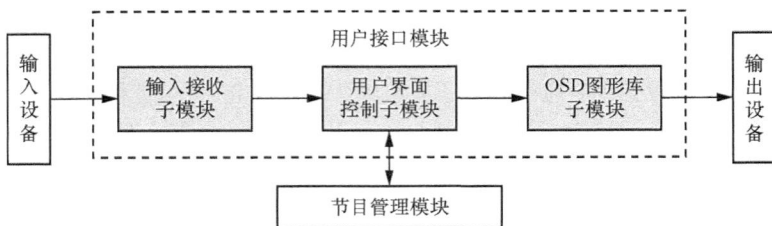

图 9-17 用户接口模块的组成

为使各个模块更好地实现其功能，模块之间必须协调工作。模块之间的协调是通过相互之间的通信来进行的，通信方式一般采用消息队列。用户接口模块创建了一个消息队列，模块内部以及模块与外部其他各模块的通信都通过这一消息队列进行。

9.7.1 输入接收子模块

接收终端的输入设备包括红外遥控器和接收终端前面板的一组按键。两个设备输入信号的接收都采用中断方式进行。中断服务例程负责输入信号的接收，并将接收的脉冲信号翻译成对应的码值。中断服务例程在接收到一个输入后就要设置一个信号量，以通知键码处理进程。键码处理进程从前面板寄存器或遥控器输入缓冲区中读取键码值，并释放该信号量，然后将键码值发送到消息队列中。输入接收模块的工作流程如图 9-18 所示，具体工作原理说明如下。

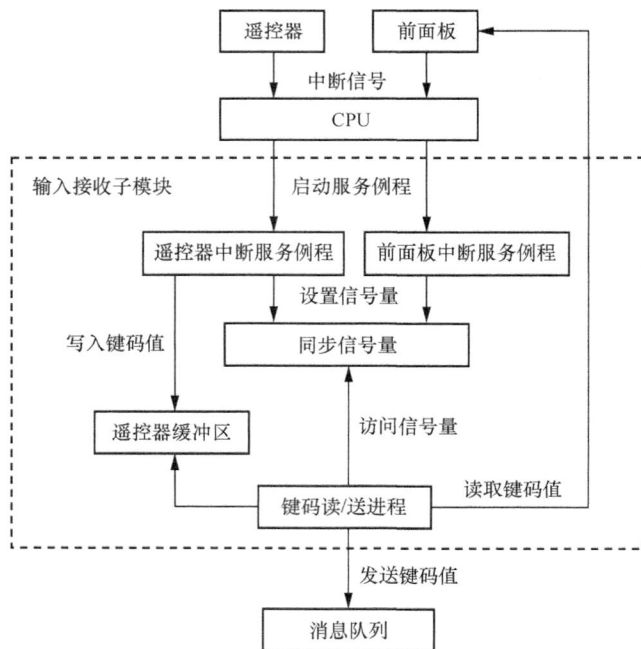

图 9-18 输入接收模块的工作流程

1. 前面板中断服务例程

当有前面板按钮被按下时，前面板控制芯片就向 CPU 发送一个中断信号，CPU 收到该中断信号后，就启动中断服务例程。前面板中断服务例程完成的主要工作是将按钮被按下的计数值加 1，同时设置信号量，通知发送任务有按钮被按下，然后返回。前面板控制芯片已经将接收的信号解析成键码值存放在控制芯片的寄存器中。

2. 遥控器中断服务例程

当遥控器上有按钮被按下时，遥控器接收芯片就向 CPU 发送一个中断信号，CPU 收到该中断信号后，就启动遥控器中断服务例程。这个中断服务例程完成的主要工作是将接收芯片接收到的脉冲信号解析成键码值，包括去掉脉冲启动和终止信号，同时还要过滤掉那些非法的脉冲信号。经过解析后的键码值被存放在用户定义的缓冲区中，该缓冲区是一个循环缓冲区，有一个读指针和一个写指针，中断服务例程在写指针位置写入解析后的键码值，同时设置信号量，通知发送任务有按钮被按下，然后返回。

3. 键码读取和发送任务

前面板和遥控器中断服务例程只负责接收输入，读取并发送键码值到 queue_usif 的工作由一个任务来完成。这个任务从前面板的寄存器或者从遥控器的缓冲区中读取当前的键码值，并将其发送到消息队列中。

由图 9-18 可知，在输入接收子模块中最重要的进程是键码读/送进程，该进程完成的主要功能是：①实时访问同步信号量，决定是否有键码要读取；②从前面板控制芯片或遥控器缓冲区中读取键码值；③向消息队列发送键码值。

9.7.2 OSD 图形库子模块

用于屏幕显示的 OSD 图形库子模块以电视机显示屏为显示平面，故需要建立与之相对应的两个基本概念。一是虚拟的"屏幕"的概念，二是"区域"的概念。这里的屏幕实际上是内存中将要在电视屏幕上显示的一个矩形区域。区域则是一个有特定模式的 OSD 矩形。通常设计上避免不同区域相互重叠，以确保信息展示清晰且管理方便。图形库中的区域的坐标是相对于虚拟屏幕的。屏幕和区域的水平大小以像素为单位，垂直大小以帧线数为单位。

OSD 图形库子模块提供从 OSD 初始化、OSD 屏幕与区域的管理、文字处理到 OSD 图形输出的全部 API 函数。应用程序可以利用这些 API 函数设计各种各样的用户界面。

OSD 图形库提供的 API 函数分为以下 6 个部分。

1）OSD 初始化。主要完成 OSD 初始值设置，包括 OSD 相关寄存器的设置、屏幕缓冲池和区域缓冲池的初始化等。

2）显示模式设置。负责设置 OSD 的显示模式，显示模式分为隔行扫描模式和逐行扫描模式两种。

3）屏幕管理。提供与屏幕相关的操作，包括屏幕的创建、向屏幕中添加区域、从屏幕中移走区域、屏幕显示和屏幕删除等。

4）区域管理。提供与区域相关的操作，包括区域的创建、区域调色板、混合加权因子与透明度的设定和区域的删除等。

5）文字处理。提供与文字处理相关的操作。文字的输出是将一个字符串转换成一个位图，然后将该位图输出到区域的相应位置，从而使字符显示在显示器屏幕上。

6）图形绘制。提供各种基本图形的绘制功能，包括点和线的绘制、区域的填充、位图的输出等。

在实际设计中，区域管理中的混合加权因子的设定和透明度的设定经常被用于产生特殊的屏上显示效果。混合加权可以将 OSD 调色板的颜色与相对应的视频像素融合起来。加权因子可以有 16 个等级，从透明到完全不透明。OSD 图像的某些部分可以设置成透明的，这样视频图像就完全可见，从而达到较好的叠加效果。例如，透明可以用在一个非透明的显示图形区域中，挖出一小块区域作为视频播放区域，以达到节目浏览的目的。

9.7.3 用户界面控制子模块

用户界面控制子模块主要负责从消息队列中接收消息，分析消息的内容，然后根据消息进行相应的操作。该模块对节目管理模块的交互、OSD 图形库子模块的调用十分频繁，因为与后台的节目和系统有关的操作都是通过节目管理模块来间接完成的，而与用户界面输出有关的操作都是由 OSD 图形库子模块来完成的。

1. 用户交互菜单

用户界面控制子模块的另一个重要任务就是用户交互界面的显示菜单的组织。显示菜单首先需要按照接收终端的功能进行组织，同时还要从使用者易懂与方便的角度进行设计。绝大部分的用户是非专业人士，这就要求用户界面菜单既要做到简单明了，又要符合用户的使用习惯，还要兼顾设备的功能和产品的美观与特色。因此，不同厂商的数字电视接收终端产品，在用户交互菜单的组织和显示方式方面各不相同。图 9-19 给出了一种较为典型的接收终端用户交互菜单的组织方式。

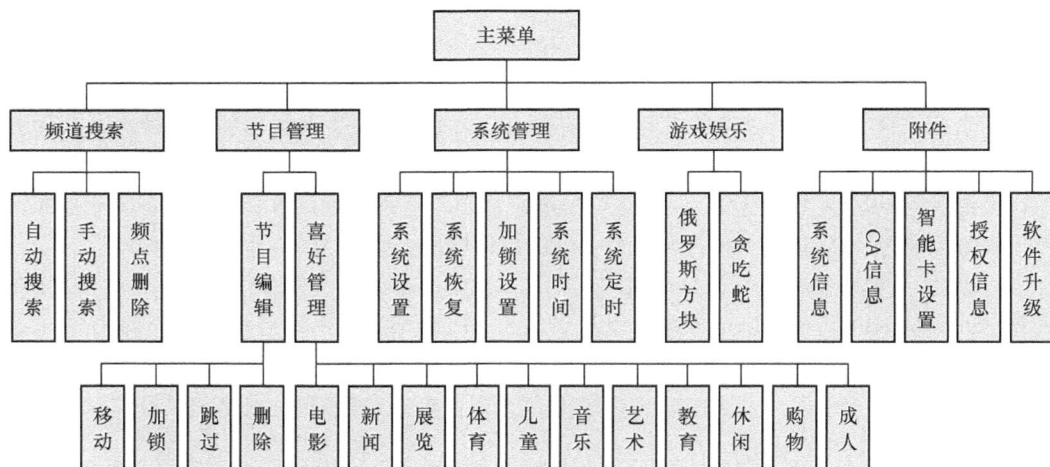

图 9-19 一种较为典型的接收终端用户交互菜单的组织方式

由图 9-19 可以看到，该用户交互菜单分为三级，主菜单下的一级菜单有 5 个类别选项，分别为频道搜索、节目管理、系统设置、游戏娱乐和附件；其中频道搜索下的二级菜单项目有3 个，分别为自动搜索、手动搜索和频点删除；节目管理下的二级菜单项目有两个，分别为节目编辑和喜好管理，这两个项目之下还有三级菜单，分别为节目编辑的具体操作内容和喜好管理的具体分类；系统管理下的二级菜单项目有 5 个，分别为系统设置、系统恢复、加锁设置、系统时间和系统定时；游戏娱乐下有俄罗斯方块和贪吃蛇两个菜单项目；附件下的二级菜单项目也有 5 个，分别为系统信息、CA 信息、智能卡设置、授权信息和软件升级。

通过以上菜单系统的组织和设计，可以把整个用户界面分解为一个个基本组成单元，每个基本组成单元由一个用户界面菜单单元和 5 个基本组成元素构成。5 个基本组成元素分别为文本框、按钮、对话框、列表和表格。每一个菜单界面都是一个用户界面菜单单元，只是各个菜单项目的具体组成元素和实现的功能不同；所有的非菜单操作界面也都是由基本组成元素组成的，只是具体的形式和实现的功能不同。

2. 用户界面控制子模块的实现

根据所设计的用户界面菜单的总体结构，用户界面控制子模块的主程序处理流程如图 9-20 所示。根据用户的选择，从主菜单可以进入各级子菜单，或直接显示当前的业务信息，或直接进入音量显示条。

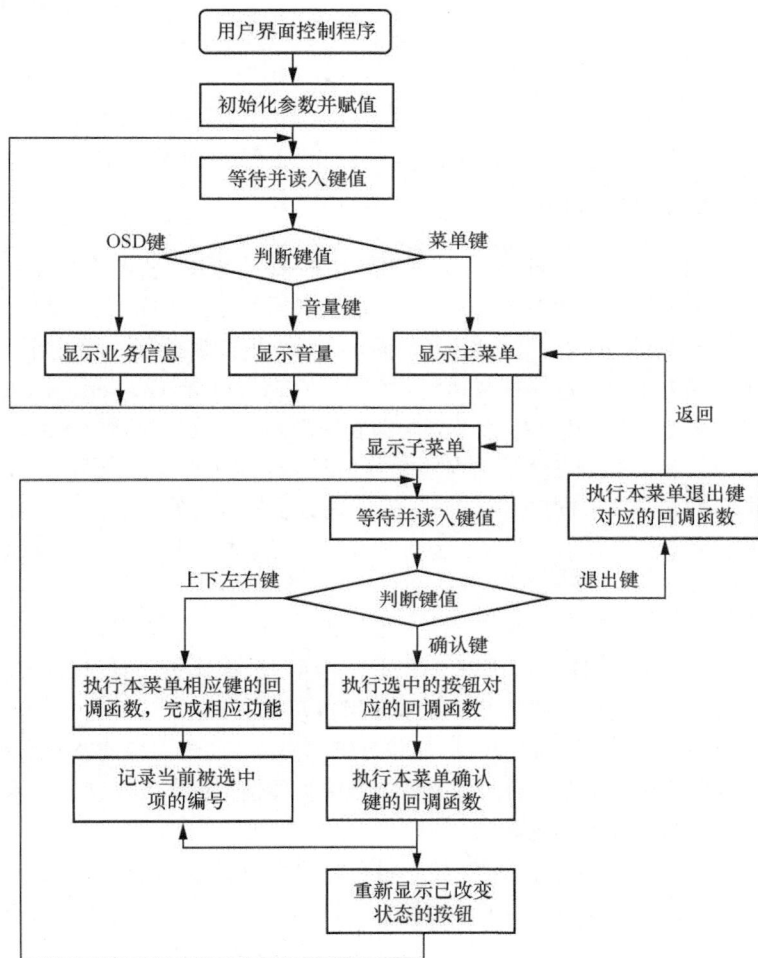

图 9-20　用户界面控制子模块的主程序处理流程

每一级菜单都要先设定自己的数据，通过依次调用菜单的各组成元素的显示函数来显示菜单，读取输入部分程序发送给消息队列的按键值，再根据相应的回调函数来实现菜单功能。整个菜单部分的程序就是一个从主程序到子程序逐级嵌套的过程。其中设置菜单参数就是设置特殊图形控件菜单类的一个具体实例的数据结构，按照已设计好的菜单的形式设置菜单的数据和具体的回调函数，以决定菜单的形式和完成的功能。

第 *10* 章
IPTV 技术

10.1　IPTV 系统结构

　　IPTV（Internet Protocol Television，互联网协议电视）技术在我国蓬勃发展，展现了多样化的业务形态和庞大的用户基数。自 2006 年起，我国的 IPTV 业务便迅速崛起，同时众多互联网视频平台（如优酷网、乐视、爱奇艺网、腾讯视频、搜狐视频等）也在同一时期开始商业运营，成功覆盖了国内主流互联网视频市场。此外，OTT（Over The Top，指通过互联网绕过传统运营商直接提供服务）电视作为近年兴起的新兴形态，为数字视频技术的多元化发展提供了新的契机。目前，我国的新媒体数字视频业务主要基于以下典型的应用平台。

　　1）数字交互电视：采用 DVB 或 ATSC 等先进数字信号传输标准，实现高清晰、稳定的音视频传输。观众可通过遥控器、语音、手势等互动方式参与节目，享受多频道选择和广告定制的个性化体验。

　　2）IPTV：利用以太网技术，在高带宽、低延迟的 IP 网络上采用组播技术传输直播和点播内容。采用 H.264、H.265/HEVC 等编解码技术，通过流媒体协议实现自适应比特率。数字版权管理确保内容安全，提供直观用户界面和丰富互动功能。

　　3）互联网视频：采用先进的编解码标准和流媒体协议，通过内容分发网络实现全球分布，提升加载速度。整合云计算平台，确保系统稳定和可扩展性。数字版权管理技术增强内容安全性，满足用户对高质量视频的需求。

　　4）OTT 电视：通过宽带接入提供视频点播和时移电视服务。用户可通过智能设备自由选择观看时间，无须受传统电视节目时间表的限制，提供互动功能、点播服务和个性化推荐，提升用户体验。

　　5）手机视频：通过智能手机实现视频服务，支持高清、超高清录制和先进编解码标准。先进的录制技术和流媒体传输使手机成为便捷的拍摄、观看和分享视频的工具，为用户提供丰富的视觉体验。

　　IPTV 系统主要涉及 IPTV 业务平台、IPTV 承载网络和用户接收终端 3 个组成部分，如图 10-1 所示。

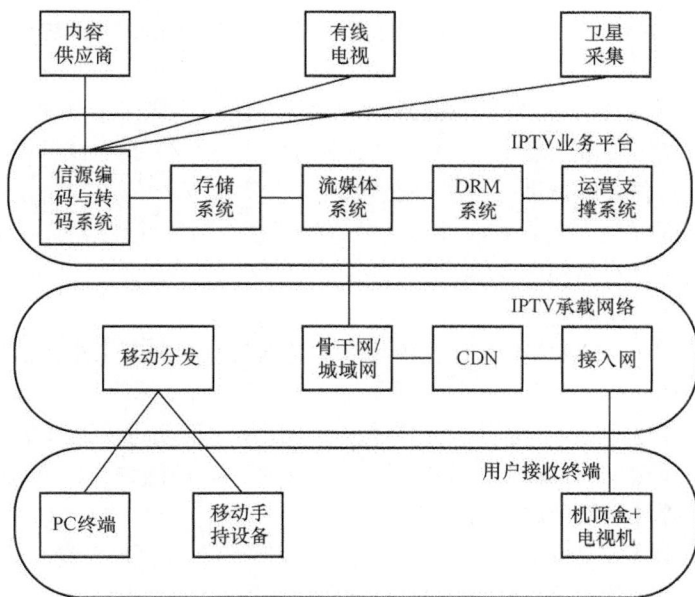

图 10-1　IPTV 系统结构

10.1.1　IPTV 业务平台

IPTV 业务平台主要包括信源编码与转码系统、存储系统、流媒体系统、运营支撑系统和 DRM 系统等，其功能涵盖节目采集、节目存储以及与节目相关的操作服务。

1. 信源编码与转码系统

信源编码与转码系统的主要任务是通过多种方式接收各类节目信号，并按照系统规定的编码格式和码率对音视频数据进行压缩编码。这一过程旨在使接收到的数字音视频流能够有效地适应 IP 网络传输环境。在实际应用中，因为存在众多信源编码标准，音视频节目之间可能采用不同的编码格式，所以信源编码与转码系统的转码功能显得尤为重要。

转码不仅仅是简单的格式转换，还涉及将音视频数据从一种编码方式转换为另一种编码方式，同时保持高质量的传输。这不仅有助于克服不同信源之间的兼容性问题，还确保了在 IP 网络上传输时的流畅播放和高清画质。此外，信源编码与转码系统还承担了其他重要任务，如实施错误校正、优化数据传输速率以及应对网络波动等挑战。通过这些功能的综合作用，系统能够提供稳定、高效的数字音视频流传输服务，满足用户对多样化、高质量媒体内容的需求。因此，信源编码与转码系统在现代数字媒体传输中扮演着不可或缺的角色。

常用的视频编解码原则遵循 MPEG-4、H.264、AVS 等标准，常用的音频编码原则遵循 MPEG-2 AAC、MPEG-4 HE-AAC 等标准。

2. 存储系统

存储系统的主要职责是存储音视频节目数据以及各类相关的管理信息数据。整个系统主要由存储设备、存储网络和管理软件 3 个关键部分组成。这 3 个部分共同承担着诸如数据存储、数据管理等重要任务。

首先，存储设备是存储系统的基础组成部分，负责实际存储音视频节目数据。这些存储设备包括硬盘阵列、磁带库等，其选择通常基于系统对容量、性能和可靠性的需求。

其次，存储网络在存储系统中起到桥梁作用，连接各个存储设备，实现数据的高效传输和共享。存储网络的设计直接影响系统的整体性能和扩展性，因此需要根据实际应用需求进行合理规划和配置。

最后，管理软件是存储系统的智能化核心，负责监控和管理存储设备、优化数据存储结构、实施备份和恢复策略等。这些管理软件在保障数据完整性和可靠性的同时，还能提供用户友好的管理界面，方便管理员进行操作和监控。

整个存储系统的协同工作，使其能够高效地处理音视频节目数据的存储与管理，从而满足不同应用场景对数据存储和访问的需求。

3. 流媒体系统

IPTV 技术平台采用流媒体技术通过 IP 网络传输音视频数据流文件。在流媒体系统中，提供多播和单播服务的流媒体服务器扮演着重要的角色。这些流媒体服务器负责将音视频数据流文件推送到宽带网络中。流媒体系统的流式播放技术采用边下载边播放的方式，这意味着用户无须等待整个文件下载完成，只需经过短暂的开启延时，即可开始播放。流媒体文件的剩余部分将在后台由服务器连续地传送到用户终端。

这种流式播放技术的优势在于用户能够更快地开始观看音视频内容，提升了观看体验的即时性。常用的流媒体传播协议包括 RTP（Real-time Transport Protocol，实时传输协议）和 RTSP（Real-Time Streaming Protocol，实时流协议）等，它们为流媒体系统提供了可靠的传输框架，确保音视频数据能够实时且高效地传送到用户终端。

4. 运营支撑系统

运营支撑系统负责完成 IPTV 系统运营的一些管理工作，主要有：系统管理，对所有系统服务器进行监控与管理；业务应用，业务受理、运营支撑、网关安全、统计报表管理、第三方运营管理等；流媒体内容管理，控制流媒体内容的采集、编码、存储等；用户管理，管理用户认证、授权、计费和账务处理等。

5. DRM 系统

数字版权管理（Digital Rights Management，DRM）旨在保护数字媒体内容免受未经授权的非法播放和复制，为实现 IPTV 产业的可持续发展提供了重要保障。其工作原理是：媒体制作者或内容提供者将个人标志、公司标志等版权信息嵌入媒体内容中，并通过加密方式对该媒体进行保护。当需要验证媒体是否合法时，可以从媒体内容中读取这些版权信息，并进行比对。

目前，数字版权保护主要采用数据加密、数字对象识别、数字水印、数字签名、反复制、防篡改、身份认证、授权、安全支付等技术。其中，普遍使用的数字版权管理技术是数字水印技术。该技术通过特定的数字水印算法，在多媒体内容（如图像、音频、视频等）中嵌入作者的序列号、公司标志及特殊意义的文本等标志信息。这些标志信息在外观和使用体验上不易察觉，但通过技术手段可以提取出来，从而证明该媒体的版权归属。

数字版权保护涵盖 IPTV 系统的各个环节，包括节目内容的制作、发布、传输和消费等。数字版权管理在 IPTV 系统中的基本流程是：首先获取原始媒体数据，将作者等版权信息嵌入媒体内容中；然后，发布该媒体流和与视频相关的元数据（包括版权信息、许可信息、内容标识和密钥标识等）到流媒体服务器上，并将内容标识和使用规则传递给许可证服务器。当用户通过网络请求访问流媒体服务器时，服务器将这些内容发送给用户。在视频流等内容到达用户端进行播放之前，终端播放器会根据媒体内容携带的要求访问许可证服务器，以获取正常播放所需的密钥。只有在接收端获得合法密钥后，用户终端才会根据授权规则对媒体内容进行解码和播放。

10.1.2 IPTV 承载网络

IPTV 系统主要采用以 TCP/IP 为主的网络架构，包含 3 个层次的网络：骨干网/城域网、CDN 和接入网。

1. 骨干网/城域网

骨干网/城域网构成整个 IPTV 网络的框架，主要分布在城市和城市之间，以及城市中各区之间，负责实现音视频数据流文件在城市之间和城市范围内的传送，通过对以 IP 单播或多播方式发送的音视频数据流进行路由互换，实现传播。为了提供高速度和大带宽，其网络媒介主要采用光纤。IP 骨干网的主要形式包括 IP over SDH/SONET、IP over ATM 和 IP over DWDM optical 等。

2. CDN

CDN（Content Delivery Network，内容分发网络）是叠加在骨干网/城域网上的应用系统，实现了对多媒体内容的存储、调度和转发等功能，从而提高了 IPTV 节目流点播的响应速度和实时性。

IPTV 拥有庞大的用户群体，用户请求具有随机性和突发性，这可能导致某一时刻某部分网络十分拥堵，而网络的其他部分则相对清闲，从而导致 IPTV 系统不够稳定，提供的服务质量也无法保证。为了解决这些问题，设计了 CDN 作为叠加在骨干网上的系统。该系统在骨干网的边缘部署一系列媒体服务器，根据区域的访问量情况将高负载的流媒体内容复制并保存在这些媒体服务器上。当用户提交访问请求时，网络的控制服务器会根据网络拥堵情况、用户所在区域以及媒体服务器的负载等，将用户请求转发给离用户较近且空闲的媒体服务器，由这些服务器提供服务。这一设计极大地提高了 IPTV 系统中媒体服务的实时性，同时解决了突发请求带来的网络波动和服务器负载压力等问题。

3. 接入网

接入网是位于用户层的网络，实现了用户与城域网的连接。由于 IPTV 业务内容较为丰富且所需带宽较高，需要一个具备高带宽和高速率的网络系统。从目前技术水平来看，最理想的解决方案是光纤到户（FTTH）。然而，由于光纤的成本高以及网络布局困难等，光纤到户在全面普及上仍然面临一些难题。在当前阶段，xDSL（如 ADSL、VDSL 等）技术仍然是宽带接入的主要方式。同时，随着通信技术，特别是 5G 网络技术的不断发展，无线接入也变得越来越普遍，成为新运营商竞争的另一重要焦点。

10.1.3 用户接收终端

IPTV 用户接收终端是 IPTV 系统中用户层的系统设备，主要用于接收、处理、存储和转发音视频流文件。其主要功能包括以下 5 方面。

1）支持 FTTH、FTTH+LAN、xDSL、WLAN 等宽带接入方式。

2）支持 MPEG-4、H.264、AVS 等视频解码功能。

3）支持网页浏览、电子邮件、IP 视频电话等。

4）支持数字版权管理，实现用户身份识别、计费和结算。

5）支持由前端网管系统实现远程监管和自动升级。

IPTV 的终端系统一般有 3 种形式：机顶盒+电视机、PC 终端和移动手持设备。

1. 机顶盒+电视机

机顶盒+电视机的组合是目前 IPTV 终端最主要的形式。电视机几乎普及到每家每户，基数巨大，通过在普通电视机上加装机顶盒，可以兼顾 PC 和电视机的功能。这种方式还能够直接利用家庭中已有的电视机和现有的大规模有线电视网络，快速推广 IPTV 业务。

作为用户接收终端，机顶盒的主要任务是接收和处理数据。机顶盒需要支持网络传输，即能够运行 TCP、UDP 和 IP，能够从网络接收数据并将用户请求的数据通过网络传送。接收到网络数据包后，机顶盒要能够进行解析，分析其数据，对不同类型的数据采取不同的处理方式，特别是对音视频数据要能够进行实时解码和播放，这是 IPTV 机顶盒的核心工作。

2. PC 终端

PC 作为 IPTV 的终端，充当了将 IPTV 视为互联网应用的角色。与传统的互联网数据流服务类似，它利用互联网技术，将携带音视频多媒体信息的数据包传输到用户的 PC 上。用户可以借助 PC 的强大功能进行复杂的数据处理，以实现 IPTV 所提供的各项业务功能。这种方式使得用户能够在 PC 上享受丰富多样的视听内容，将互联网与电视娱乐融为一体。这种灵活性和可扩展性使 PC 成为 IPTV 服务的理想终端之一，为用户提供了个性化和交互性更强的观看体验。

3. 移动手持设备

随着移动通信技术的不断发展，IPTV 系统得以通过通信系统将数据传输到用户终端上。诸如 4G/5G 手机等移动用户终端拥有强大的数字信号处理功能，完全能够胜任对接收到的数据进行处理的工作，可以完成多种业务，包括但不限于网络电视、视频电话、网页浏览、电视会议、电子商务等，使 IPTV 业务得以迅速扩展。

在国家大力改造通信网和人们对随时随地享受互联网服务的追求下，移动手持设备作为 IPTV 终端的数量将会迅速增加。这不仅丰富了用户的娱乐体验，还推动了 IPTV 业务在移动领域的广泛应用。

10.2　IP 视频压缩编码技术

在数字浪潮的趋势下，人们越来越追求更高清晰度、更少数据量的数字视频效果。视频数据是一种非常庞大的信息，随着人们对于视频流畅度、清晰度的要求逐渐增高，一帧视频所包含的数据量也不断增加。虽然网络和存储技术也在快速发展，但是视频数据量增长的速度更为惊人。更高的压缩效率（即视频编码方法）就是我们必须不断探索的。为了使编码后的码流能够在大范围内互通和规范解码，从 20 世纪 80 年代起，国际组织开始对视频编码建立国际标准。IPTV 的视频编解码方案通常涉及将视频信号进行压缩和解压缩，以便在网络上传输和播放。以下是一些常见的视频编解码方案。

10.2.1　H.265/HEVC 标准

尽管 1998 年提出的 H.264/AVC 视频编码标准已经具有相当出色的压缩性能，但优秀性能的背后是相当复杂的编码方法。虽然 H.264/AVC 标准相较于 H.263+和 MPEG-4（SP）在相同视频质量下可将码率降低 50%，但其编码复杂度也显著高于以往的编码标准。JCT-VT 会议确定 HEVC 的核心目标是在 H.264/AVC High Profile 的基础上，在允许编码端适当提高复杂度的前提下，再将压缩效率提高一倍。

H.265/HEVC 标准标志着视频编码技术的重大突破，它通过采用更高效的数据压缩方法，在相同带宽条件下能够传输更高质量的视频流。相较于前一代标准 H.264/AVC，H.265/HEVC 在压缩效率上取得显著的提升，这一优势对于 IPTV 和在线视频服务而言至关重要。H.265/HEVC 标准引入了更灵活的帧类型和更复杂的预测模式等新技术，使其能够更好地适应不同种类和分辨率的视频内容。同时，它支持高达 4K 分辨率和更高帧率的特性，为超高清视频传输创造了更为理想的条件，使用户在观看视频时能够享受更清晰、更流畅的画面。在多核处理技术的支持下，H.265/HEVC 标准能够更充分地利用现代多核处理器的性能，提高视频编解码的效率。这不仅有助于降低硬件要求，还在一定程度上提高了视频传输的实时性。适应性比特率的引入使得 H.265/HEVC 标准能够根据网络状况实时调整比特率，以确保在不同的网络环境下都能提供高质量的视频流，为用户提供更为稳定和流畅的观看体验。这一特性在移动网络环境中尤为重要，因为它允许视频服务在不同的网络带宽条件下灵活地调整，以适应移动用户的需求。

从编码框架上看，H.265/HEVC 编码标准延续了以往的混合编码框架，如图 10-2 所示。而其创新点在于，几乎每个模块都引用了新的编码技术。这使得该标准能够在保证视频质量和其他编码标准相同的前提下，将视频码率再减少一半，做到了提高压缩效率的同时尽量降低编码的复杂度。

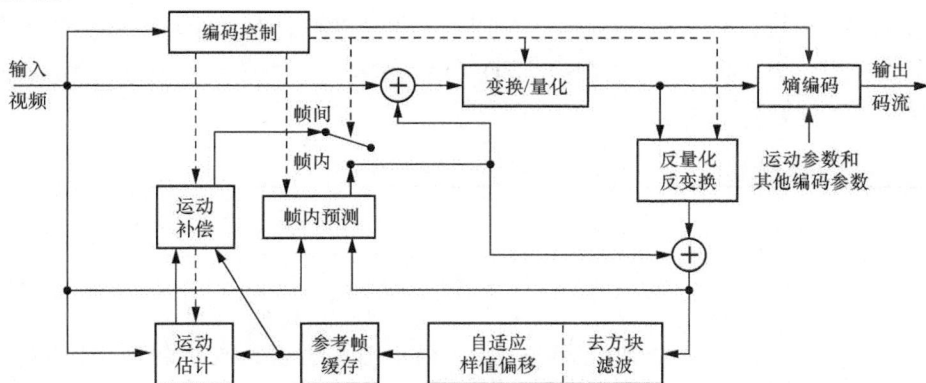

图 10-2 H.265/HEVC 编码框架

10.2.2 H.266/VVC 标准

随着人们对视频质量和视觉体验感的要求不断提高，视频软件对高效、高质量视频数据传输的需求不断增加。在保证视频画面质量的前提下，更高性能的视频压缩标准是我们一直以来的追求。H.266/VVC（Versatile Video Coding，多功能视频编码）作为未来的主流视频编码标准，将广泛应用于专业制作、日常拍摄、会议、直播、点播、赛事、HDR（高动态范围）、全景、监控等多种视频内容，并适配手机、计算机、摄像头、机顶盒、头戴式设备等多种播放终端。考虑到不同终端的软硬件能力相差悬殊，尤其是移动端，更需特别关注其功耗。JVET（Joint Video Experts Team，联合视频专家组）在制定 H.266/VVC 标准的过程中，不仅追求卓越的压缩性能，还始终关注 H.266/VVC 编解码算法的复杂度，以保证 H.266/VVC 标准的实现复杂度不超过目前软硬件的实现能力，从而促进 H.266/VVC 标准能够尽快在端侧软硬件中得到实现，并早日应用于业务和实际应用场景中。

H.266/VVC 标准在 IPTV 中的应用将带来视频传输领域的革命性变化。首先，其更高的压缩效率意味着在有限的带宽下，IPTV 服务能够提供更高质量、更清晰的视频内容，为用户带来更震撼的观看体验。这对于追求高清晰度、多屏互动的现代用户而言具有重要意义，尤其在支持 4K 和 8K 视频传输方面，H.266/VVC 标准的性能将为 IPTV 服务商提供更多发展的空间。其次，H.266/VVC 标准的推广将助力 IPTV 服务拓展到新兴应用场景，如虚拟现实（VR）和增强现实（AR）。这意味着用户将能够直观、沉浸式地体验内容，而 IPTV 服务商可以通过提供更具创新性和互动性的服务，赢得更广泛的用户群体。H.266/VVC 标准的高效性能为这些新兴娱乐形式的传输提供了技术支持，推动了 IPTV 服务的创新发展。最后，H.266/VVC 标准的应用还有望优化网络带宽的利用，降低传输成本。随着视频内容需求的不断增加，网络带宽的高效利用变得尤为重要。H.266/VVC 标准通过其高效的视频压缩技术，使 IPTV 服务商能够更经济地提供高质量视频流，为整个数字娱乐行业带来更加可持续发展的未来。

　　H.266/VVC 标准与 H.265/HEVC 标准一样，为了应对不同应用场合，设立了 3 种编码结构，即全帧内（All Intra，AI）编码、低延迟（Low Delay，LD）编码和随机接入（Random Access，RA）编码。在 AI 编码中，每一帧图像都按帧内方式进行空间域预测编码，不使用时间参考帧。在 LD 编码中，只有第一帧图像按照帧内方式进行编码，并成为即时解码刷新（Instantaneous Decoding Refresh，IDR）帧，随后的各帧都作为普通 P 和 B（Generalized P and B，GPB）帧进行编码，这主要是为交互式实时通信设计的。在 RA 编码中，主要是分层 B 帧结构，周期性地插入纯净随机访问（Clean Random Access，CRA）帧，成为编码视频流中的随机访问点（Random Access Point，RAP）。这些随机访问点可以独立解码，不需要参考码流中前面已经解码的图像帧。相比 H.265/HEVC 标准，H.266/VVC 标准对混合视频编解码系统框架中的每个模块都做了一定程度的改进，如表 10-1 所示。

表 10-1　H.266/VVC 标准的改进

模块	特点
块划分	1）将 CTU 的最大尺寸扩大到 128×128，最小尺寸还是 4×4。 2）不同于 H.265/HEVC 标准，H.266/VVC 标准的 CTU 除了四叉树划分方式，还引进了多类型树（Multi-Type Tree，MTT）划分，包括二叉树和三叉树。 3）在 H.265/HEVC 标准的基础上，H.266/VVC 标准在编码时，除了会将图像帧划分为若干条和若干片，还新增了矩形的子图像划分。 4）H.266/VVC 标准支持视频的 0～120 Hz 可变帧率，以适应不同视频应用的需求。支持环绕立体视频或多角度视频编码。 5）和 H.265/HEVC 标准一样，H.266/VVC 标准不再提供专门工具，将隔行视频的一帧看作两个独立的场，对各个场数据分别进行编码，简化了编码器的实现
帧内预测	1）H.266/VVC 标准的帧内预测技术的原理和 H.265/HEVC 标准类似，采用基于块的多方向帧内预测方式来消除图像的空间相关性，但是比 H.265/HEVC 标准预测的方向更细、更灵活。 2）规定每个帧内预测块至少要有 16 个样点，因此 4×4 块不再划分。 3）对色度分量增加了一种交叉分量线性模型（Cross-Component Linear Model，CCLM）预测模式。 4）新增多参考行（Multiple Reference Line，MRL）帧内预测，可减少预测误差
帧间预测	1）将 Merge 模式扩展为扩展 Merge 预测模式以及带运动矢量差的 Merge 模式，可以提高优异性。 2）改进了运动估计，引入了带有 CU 权重的双向预测、双向光流、仿射运动补偿预测和几何划分模式。 3）为了将运动参数更加精细化，引入了基于子块的时域运动矢量预测（SbTMVP）、自适应运动矢量精度、对称运动矢量差和解码端运动矢量修正。 4）提出联合帧间、帧内预测技术，提高了预测的准确性

模块	特点
变换量化	1）最大变换尺寸扩展为 64×64。 2）在 H.265/HEVC 标准的 DCT-2 变换基础上，采用多变换选择技术，增加了 DST-7 和 DST-8 两种变换函数。 3）对于高频部分的变换系数强制置零，仅保留其低频部分，降低了解码器的复杂度。 4）引入基于归零的不可分离二次变换技术，充分利用了不可分离变换更佳的去相关效果。 5）和 H.265/HEVC 标准一样，H.266/VVC 标准也是标量量化方式，但最大量化参数从 51 扩大为 63。H.266/VVC 标准采用了一种依赖性标量量化方法来降低量化误差
熵编码	H.266/VVC 标准在 H.265/HEVC 标准的基础上，为"常规的编码模式"设计了更加高效、灵活性更强的编码引擎，包括概率估计与码字匹配两个部分。概率估计的目的是确定下一个二进制符号的值为 1 的概率，码字匹配的目的在于将当前的间隔分为两个子间隔，再将每个子间隔与 0 或 1 相对应，每个子间隔的范围由当前间隔范围和相对应的概率估计值相乘获得
环路滤波	1）引入自适应环路滤波，在图像编码后再次对其进行滤波修正，降低图像失真度，减小了重建图像和原始图像之间的差异度。 2）对去块滤波进行了改善，使其在滤波强度的决策上不仅取决于最大量化参数，还与重建图像的平均亮度有关。 3）在滤波边界上增加了 4×4 边界的处理。 4）在色度块边界上增加了增强滤波模式。 5）增加了帧内及帧间预测中所增加的子块划分的子块边界滤波

10.2.3 AVS2 和 AVS3 标准

目前，AVS 标准的发展主要经历了两个阶段。第一阶段包括主要应用于地面电视的 AVS1 标准和主要应用于高清卫星的 AVS+标准。第二阶段即面向超高清视频应用的 AVS2 标准。但在各个模块上都做了一些技术上的革新，性能比 H.265/HEVC、AVS1 和 AVS+标准提升了一倍以上。

通过对不同的应用场景综合评估，AVS2 标准总体上的编码效率优于 H.265/HEVC 标准。在内部结构上，AVS2 标准与 H.265/HEVC 标准的主要区别如下。

1）在整个框架方面，H.265/HEVC 标准没有样本补偿滤波。

2）在帧内预测方面，AVS2 标准对所用的预测模式进行了简化，降低了编解码器的复杂度。

3）在帧间预测方面，AVS2 标准和 H.265/HEVC 标准的像素插值精度、运动矢量预测及编码等都有差异。

4）在变换方面，AVS2 标准以 8×8 大小的块为基本单元，对应的变换也采用 8×8 离散余弦整数变换，避免了 H.265/HEVC 标准的变换存在的失真问题。

5）在熵编码方面，AVS2 标准中采用的是自适应的变长编码技术，H.265/HEVC 标准的编码采用自适应二进制算术编码技术。

随着超高清内容在互联网流量中的占比逐步攀升，更高的空间和时间分辨率、更广的色域和更宽的动态范围都给数据存储及其高效传输带来了巨大的挑战。相较于 AVS2 标准，AVS3 标准在保留部分编码工具的同时，针对不同模块引入了一些新的编码工具，并采用了更灵活的块划分结构、更精细的预测模式、更具适应性的变换，实现了约 30%的码率节省，显著提升了编码效率。

AVS3 标准采用的仍是混合编码框架，表 10-2 以各个模块为基点介绍其特点。

表 10-2　AVS2 与 AVS3 标准各模块的比较

模块	AVS2 标准	AVS3 标准
块划分	AVS2 标准采用基于四叉树的递归划分编码框架，每个编码单元的尺寸都是方形，并可进一步划分为不同形状的预测单元	1）AVS3 标准引入了基于四叉、二叉和扩展四叉树的划分方式，允许划分区域呈现非方形，更加符合内容丰富、信号多变的超高清视频。提升了块划分的灵活性。 2）AVS3 标准引入局部分离树技术，提升了硬件可实现性。 3）AVS3 标准引入了对小块的模式限制。当块的大小达到限制条件时，该节点及其划分的编码块只能选择相同的编码模式，例如帧间预测或帧内预测。这样显著提升了硬件流水线的处理效率
帧内预测	AVS2 标准包含 33 种预测模式	1）AVS3 标准引入了帧内预测模式扩展技术，将预测模式扩展至 66 种，可以适应纹理丰富的超高清视频内容。 2）AVS3 标准引入了预测像素滤波技术，可以对预测模式和参考像素的距离进行进一步的修正，以提高预测像素的准确性。 3）AVS3 标准引入了跨分量预测等技术，可使用亮度重构像素精细重建对应位置的色度像素，在色度上取得了显著的增益
帧间预测	1）AVS2 标准中的跳过模式和直接模式候选项只有 4 个相邻模式和 1 个时域模式，对图像的非相邻结构性和纹理多变性的区域编码效率不高。 2）在 AVS2 标准中，运动矢量精度只有 1/4 像素和 1/2 像素，且无法灵活选择	1）AVS3 标准提出基于历史运动矢量的预测，利用非局部相似性的原理获取了更多非相邻的运动矢量候选，增强了跳过模式、直接模式的处理能力，并提升了对非局部相似性运动的处理能力。 2）AVS3 标准引入了高级运动矢量表达，通过对跳过模式和直接模式候选项加入运动矢量偏移，对运动矢量进行更精细的表达，能更好地恢复视频场景中剧烈运动带来的匹配误差。 3）AVS3 标准引入了自适应运动矢量精度，使运动矢量精度有 1/4、1/2、1、2 和 4，且 MVD 可根据视频内容自适应地选择预测精度，提高了帧间预测在不同区域的适应性，提高了编码效率。 4）AVS3 标准引入了扩展运动矢量精度，其提供了不同的运动搜索起始点，扩大了运动矢量的搜索空间，有效提升了运动估计的准确性。 5）AVS3 标准引入了双向光流仿射运动、解码端运动矢量修正等技术，提高了帧间预测的准确性
变换量化	AVS2 标准采用 DCT-II 作为主要应用的变换核，适用于均匀分布的残差变换。缺点是处理不均匀残差分布的能力不足	1）AVS3 标准在隐式选择变换和子块变换中引入了新的变换核 DST-VII 和 DCT-VIII，解决了不均匀残差分布的处理问题。 2）AVS3 标准在系数编码中引入了基于扫描区域的系数编码方案，解决了码率和失真之间的平衡问题，提高了系数编码的灵活性，提升了编码时的压缩效率
环内滤波	AVS2 标准采用样本自适应补偿滤波技术	AVS3 标准为探索神经网络在编码标准中的可实现性，引入了基于卷积神经网络的环路滤波，通过海量的训练数据和算力的提升，最终基于卷积神经网络的环路滤波的网络泛化能力远高于传统滤波方式，进一步提升了色度分量的重建质量

10.2.4　AV1 标准

AV1 标准是由 Google 公司的 VP9 标准发展而来，是为解决 H.265/HEVC 标准昂贵的专利费和复杂的专利授权问题而产生的。其最大特点就是免专利费用，目前是 H.265/HEVC 标准的强力竞争者。

VP9 标准和 HEVC 标准均于 2013 年推出，两者的压缩性能均比 H.264/AVC 标准提高了 50%，并迅速被业界采用。在浏览器支持性方面，VP9 标准比 H.265/HEVC 标准更好，所以它在互联网视频网站中得到了广泛的应用。而 2018 年推出的 AV1 标准的压缩增益比 VP9 标准又提升了约 30%，这也说明 AV1 标准是目前性能较优的视频编码标准。H.265/HEVC 标准和 AV1 标准的比较见表 10-3。

表 10-3　H.265/HEVC 标准和 AV1 标准的比较

比较方面	H.265/HEVC 标准	AV1 标准
资金投入	目前专利门槛较高，需要大量资金投入	无论商用或非商用均完全免费
硬件要求	需要运行在编码性能优越的处理芯片上	可以运行在一般性能的处理芯片上
网络适应性	对编解码设备载体有较高要求	AV1 本就是为互联网打造的视频编码标准，故可适用于更多的网络终端设备

按照目前北大数字媒体研究中心的对比测试，AV1 标准的编码性能比 H.265/HEVC 标准的低 10%，但表 10-3 所体现的 AV1 标准在互联网方面的优势是 H.265/HEVC 标准不可超越的。

AV1 标准仍采用混合编码框架。表 10-4 根据混合编码的各个模块列出了 AV1 标准的特点和作用。

表 10-4　AV1 标准的特点和作用

模块	特点		作用
块划分	1）图像会首先划分成 128×128 的最大编码单元。 2）图像本身会进行二等分或四等分的二次划分。 3）二次划分后的子块还可以进一步划分（最多有 9 种划分方式）		针对不同的复杂图像或图像中复杂程度不同的地方使用最佳的块划分方式，各个块采用不同的预测模式，从而实现对复杂图像的高效编码效果
帧内预测	方向预测		对于有方向性纹理的图像，沿方向进行滤波可以将图像预测得更好
	递归滤波		对于复杂图像可以进行细分块化，各个块都与周围像素形成一个滤波器，再进行线性加权预测（滤波过程需要串行进行）
	Paeth 预测		可以对有颗粒效果的图像进行高质量、低比特率压缩
	交叉分量预测		对于彩色图像，通过利用亮度和色度的分量间相关性，建立亮度和色度分量的线性模型，再利用该模型预测当前块
	DC 预测和平滑预测		主要针对图像中平滑纹理的预测
帧间预测	仿射运动模型	全局仿射运动模型	减少视频数据的时间冗余
		局部仿射运动模型	
	重叠块运动补偿		
	混合预测模式	楔形预测划分	
		帧内帧间组合预测模式	
		差分掩膜预测模式	
		基于时域距离的混合预测模式	
变换	扩展了 DCT、ADST（非对称离散正弦变换）、IDT（逆离散变换）、Flip-ADST（翻转的非对称离散正弦变换），且最多支持 16 种行列变换组合		去除领域相关性，减少冗余信息

续表

模块	特点		作用
熵编码	引入多符号上下文自适应算术编码引擎		单周期内的熵编码吞吐量相较于二值算术编码引擎有所提升
环内滤波	去块效应滤波		提升图像质量
	约束方向增强滤波		
	环路修复滤波	维纳滤波	
		自导向投影滤波	
调色板模式	将图像亮度/色度进行索引编码，减轻系统的编码负担		当图像颜色小于 256 色时，可以减轻系统的编码负担
帧内块匹配	对于图像的重复部分，把一个部分编码完之后，增加一个矢量就可以预测和其内容相同的重复部分		对于内容、文字、纹理重复性较高的图像，可以减轻系统的编码负担

10.3 IPTV 的网络协议

IPTV 依赖多种关键网络传输协议来实现多媒体内容的高效传输。其中，HTTP 作为基础协议用于资源请求与响应，而流媒体协议 HLS 和 DASH 通过 HTTP 传输视频内容，实现自适应比特率，以适应不同网络环境。RTSP 则在 IPTV 中实现实时音视频流传输，支持直播功能。FTP 可用于文件的上传和下载。UDP 和 TCP 分别适用于对实时性要求高和对数据可靠性要求高的场景。这一复杂而协同的协议体系确保了 IPTV 能够高效、稳定地传输多媒体内容，为用户提供流畅、高质量的观看体验。

10.3.1 RTP/RTCP

RTP 定义于 RFC 3550 中，其工作在应用层和传输层之间，适用于封装需要实时传输数据的应用（如视频、音频、模拟数据等）。RTP 注重数据传输的实时性，为了降低时间开销，该协议基于 UDP 来实现。使用 UDP 能够提供较低的时延，但可能会导致数据包的丢失或乱序。因此，RTP 本身也属于不可靠的协议，需要上层应用加入差错控制和流量控制以保证传输质量。RTP 的报文结构如图 10-3 所示。

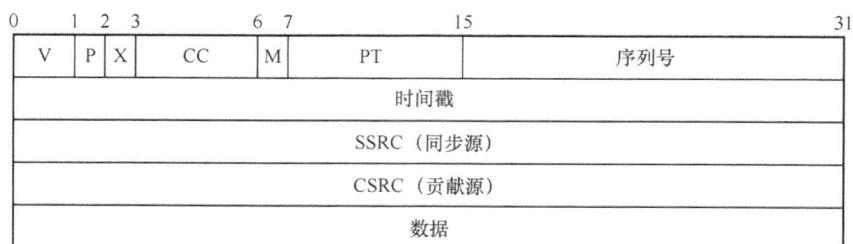

图 10-3　RTP 的报文结构

在 RTP 报文结构的字段中，V、P、X 和 CC 分别表示 RTP 的版本号、填充标志、扩展标志和 CSRC 计数器。M 为标记，根据当前的载荷类型定义字段值。PT 字段标记有效载荷的类型。在流媒体应用中，大多用于在接收端解码过程中区分音频流和视频流。为了有效应对数据包乱序的问题并检测链路丢包率，RTP 在报头中设置了序列号字段，用来标记当前 RTP 报文的编号。每发送一个 RTP 报文，该字段递增一个单位。在网络抖动的情况下，可以用来对数据进行重新排序。序列号的初始值为随机值，并且音频包和视频包的序列号分开进行计数。时间戳字段用来计算端到端延迟和延迟抖动，此外还具备同步收发端的功能。SSRC 字段和 CSRC 字段分别用来表示同步信源和在该 RTP 报文有效载荷中的所有特约信源，参加同一个视频会议的多个信源不能拥有相同的 SSRC。

到目前为止，RTP 依然是时下流行的实时流媒体传输协议。如前所述，RTP 报头结构主要包含有效载荷的类型、序号、时间戳以及信源标识。这些字段都是传输实时流媒体数据所必备的基础信息。此外，对于典型的实时流媒体应用框架，RTP 通常依托传输协议，以作为应用程序的一部分加以实现。典型的 RTP 应用框架如图 10-4 所示。

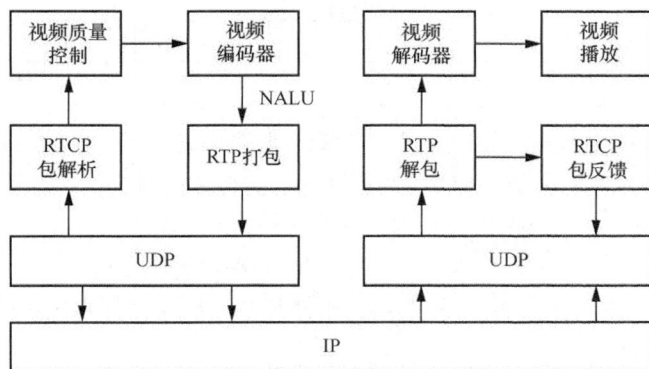

图 10-4　典型的 RTP 应用框架

RTP 不解决资源预留的问题，也不保证实时服务的质量，这些功能由与其配套的实时传输控制协议（Real-time Transport Control Protocol，RTCP）实现。RTCP 是为了弥补 RTP 可靠性不高、流量可控性差等缺陷而设计的，可以监控数据的传输过程，并提供控制和标识的功能。在 RTP 会话中，各参与者通过 RTP 发送实时数据，而为了有效地监控和管理传输质量，RTCP 作为必要的补充工具被引入。RTCP 定期传递控制数据，其中包括关于发送的数据包数量、丢失的数据包数量等统计信息。这些反馈的信息使得接收端和服务器端能够更好地理解网络状况，并采取相应的措施来优化实时传输的性能。在典型的 RTP 流媒体应用中，RTCP 通常同 RTP 一起使用（见图 10-4），所使用的端口号为 RTP 端口号加 1。

RTCP 需要向发送端和接收端定期发送控制报文，其分发机制与数据报文相同。因此，底层协议必须提供控制报文和数据报文的复用机制，典型的解决方案是使用 UDP，通过 UDP 的不同端口号进行区分。RTCP 的首要功能是提供数据传输的质量反馈，这是传输协议不可或缺的一部分。本书将其应用于视频多路传输环境下，通过质量反馈使得发送端实时获得链路状态信息（往返时延、丢包率）。在具体应用中，RTCP 为 RTP 会话提供网络监测、流量控制和 QoS 控制等可靠性保障。RTP 会话的参与者通过周期性地向视频服务器反馈 RR 报文，让服务端能够及时获取当前会话参与者的信息、已接收数据报文的最大序号、丢失的数据报文数、当前链路的时延抖动、时间戳以及传输链路的状况，从而使视频服务器能够根据网络状态及时调整视频的质量，保障会话参与者的视频体验。同时，视频服务器也向会话参与者周期性地发送 SR 报文，反馈当前服务器已经发送出去的数据报文以及字节的总数。会话参与者通过这些信息和自身统计的接收报文数目，可以很容易地统计出当前链路的丢包率，并估计出视频服务器的实际数据传输速率。通过 RTP 和 RTCP 的协同作用，可以高效反馈并以最小开销实现传输效率的优化，特别适用于实时数据在网络上传输。借助用户间的数据传输反馈，可以制定流量控制策略；而通过会话用户信息的互动，则可以制定会话控制策略。

如表 10-5 所示，RTCP 规定了发送者报告（Sender Report，SR）、接收者报告（Receiver Report，RR）、源端描述（Source DEScription，SDES）、BYE 和 APP 5 种分组类型报文来控制会话的质量。

表 10-5　RTCP 报文类型及其用途

类型	名称缩写	用途
200	SR	描述发送端的发包情况
201	RR	描述接收端的收包情况
202	SDES	源端描述
203	BYE	结束传输
204	APP	特定应用使用

SR 报文是指由 RTP 数据报文的发出者向 RTP 数据报文的接收者反馈的发送端发包情况，而 RR 报文则相反。SDES 报文主要搭载邮箱地址、参与会话的用户名称等会话成员相关的标识信息，同时也可以向会话成员传递相关的会话控制信息。BYE 报文的功能类似于 TCP 结束连接时的 4 次挥手，它主要用于向会话中的其他成员通知本成员即将推出该会话。APP 报文则是为了扩展 RTCP 以及满足后续特定的应用需求而设计的一种控制报文，该报文能够有效地提升 RTCP 的灵活性和扩展性。

10.3.2　RTSP

RTSP 与 RTP 和 RTCP 有所不同，它是一个应用层协议，主要规定了一对多应用程序如何在网络中有效传输多媒体数据。RTSP 既支持 TCP 模式也支持 UDP 模式，在进行拉流时通常采用 UDP 模式。RTSP 用于视频点播的会话控制，包括发起点播请求的 SETUP 请求，具体播放操作的 PLAY、PAUSE 请求以及视频跳转，这些操作通过 PLAY 请求的参数进行支持。与此同时，RTP 则用于传输具体的视频数据流。RTCP 中的 C 是控制的意思，用于在视频流数据之外，对丢包或者码率进行控制。RTSP 建立在 TCP 之上，RTP、RTCP 建立在 UDP 之上。不过也可以通过交错的方式，将 RTP 和 RTSP 一起在同一个 TCP 连接上传输。RTSP 是最早提出的协议之一，因此在设计中保留了早期的特征。例如，选择使用 UDP 考虑到传输效率以及视频协议本身对丢包的一定容忍度。然而，显然，UDP 并不适用于更大规模的网络，而在复杂网络中，路由器的穿透也会面临问题。从视频角度来看，RTSP 的优势在于可以精确地控制视频帧，因此适用于实时性要求较高的应用。这一优点相对于 HTTP 方式而言尤为显著。在 H.323 视频会议协议中，通常选择采用 RTSP 作为底层协议。RTSP 的复杂性主要体现在服务器端，因为服务器需要解析视频文件、定位到具体的视频帧，甚至可能需要实现倍速播放（即类似于老式 DVD 带有的 2 倍速、4 倍速播放功能）。值得注意的是，倍速播放功能是 RTSP 独有的，其他视频协议均无法支持。然而，该协议的缺点是服务器端的复杂度相对较高，因此实现起来也相对复杂。

RTSP 是一种以文字为基础的通信协议。它的消息可以分成两大类：一类为请求（request）

消息，另一类为回应（response）消息。

　　请求消息是指从客户端发送到服务器的请求，响应消息是指当服务器收到请求消息后发送到客户端的响应。

　　RTSP 请求消息格式如图 10-5 所示。

方法	URL	RTSP版本	CRLF
消息类型	:（冒号）	消息体	CRLF
消息类型	:（冒号）消息体	CRLF	CRLF

图 10-5　RTSP 请求消息格式

　　URL 是接收端的地址，CRLF 表示回车换行，方法主要有 SETUP、DESCRIBE、PLAY 等。其中 DESCRIBE 主要用来请求服务器上媒体资源的描述信息，而 SETUP 则用来请求建立对特定媒体资源的连接，确定媒体流如何传输，然后通过 PLAY 来请求播放该媒体资源。

　　常用的请求消息的方法和作用见表 10-6。

表 10-6　请求消息的方法和作用

方法	作用
OPTIONS	获得服务器提供的可用方法
DESCRIBE	获得媒体初始化描述信息，用于解码
SETUP	客户端请求建立对应媒体数据传输通道
TEARDOWN	客户端发起关闭通道请求
PLAY	客户端发起播放请求

　　RTSP 回应消息格式如图 10-6 所示。

RTSP版本	状态码	解释	CRLF
消息类型	:（冒号）	消息体	CRLF
消息类型	:（冒号）消息体	CRLF	CRLF

图 10-6　RTSP 回应消息格式

　　RTSP 通常采用 RTSP 1.0 版本，其中状态码是一个数值，用于表示请求消息的执行结果，而相应的短语则提供了对状态码的文本解释。CRLF 表示回车换行，位于每行的末尾，需要接收端进行相应的解析。每个消息的最后一个消息头需要有两个 CRLF。此外，消息体是可选的，因为有些请求消息并不携带消息体。

　　一次基本的 RTSP 操作过程如下。

- 客户端连接到流服务器并发送一个 RTSP 描述命令（DESCRIBE）。
- 流服务器通过一个 SDP（Session Description Protocol，会话描述协议）描述进行反馈，反馈信息包括流数量、媒体类型等信息。
- 客户端分析该 SDP 描述，并为会话中的每一个流发送一个 RTSP 建立命令（SETUP），RTSP 建立命令告诉服务器客户端用于接收媒体数据的端口。
- 客户端发送一个播放命令（PLAY），服务器就开始通过 UDP 传送媒体流（RTP 包）

到客户端。在播放过程中客户端还可以向服务器发送命令来控制快进、快退和暂停等。

- 客户端可发送一个关闭命令（TEARDOWN）来结束流媒体会话。

RTSP 属于双向协议，客户端及服务器端均能发送请求。RTSP、RTP、RTCP 工作流程如图 10-7 所示。

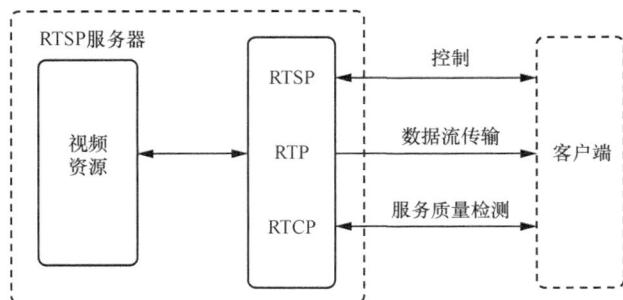

图 10-7　RTSP、RTP、RTCP 工作流程

RTSP 采用客户端和服务器模式，仅用于媒体资源传输中的控制。在媒体的实际传输中，由 RTP 进行数据流传输，RTCP 进行服务质量检测。

10.3.3　RTMP

实时消息传送协议（Real-Time Messaging Protocol，RTMP）是建立在 TCP 之上的应用层协议，用于客户端与服务器之间的实时数据传输。与 RTP、RTCP 和 RTSP 不同，RTMP 仅支持 TCP，并默认使用 1935 端口。类似于 RTSP，RTMP 也属于 TCP/IP 四层模型中的应用层。其支持多种数据格式和编码方式，并提供了灵活的数据交互机制。

RTMP 的应用范围广泛，国内主流的 CDN 平台和 OTT 平台基本都支持 RTMP，同时大多数硬件或软件编码器也支持 RTMP 推流格式。RTMP 在多个领域都有广泛的应用。

1）直播平台。直播平台通常使用 RTMP 作为推流和拉流的技术基础，确保用户能够实时观看直播内容。

2）在线教育。实时课堂和远程教育等在线教育场景需要实时的音视频传输和互动，RTMP 能够满足这些需求。

3）视频会议。视频会议对音视频数据的传输有较高的实时性要求，采用 RTMP 能够降低延迟，提高通信效果。

4）远程监控。远程监控系统需要实时传输高质量的音视频数据，RTMP 能够在保证实时性的同时保持画质稳定。

RTMP 同样采用客户端和服务器模式，通过一系列的"握手"过程来建立传输层连接，进而建立客户端与服务器端的 RTMP 连接。RTMP 的工作原理在于通过建立和维护客户端与服务器端的通信路径，以实现快速、可靠的数据传输。这种基于握手机制建立的连接方式确保了 RTMP 在音视频传输中的稳定性和高效性。

RTMP 建立连接分为 3 个步骤：握手、连接和推拉流。

第一步：握手。

RTMP 握手流程如图 10-8 所示。

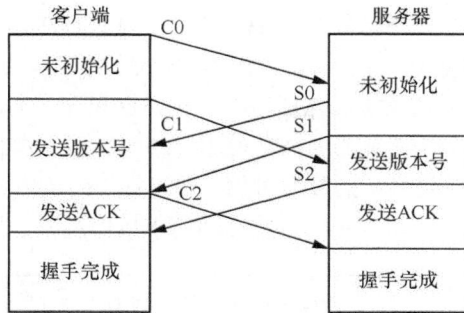

图 10-8　RTMP 握手流程

- 客户端依次发送 C0、C1、C2，服务器依次发送 S0、S1、S2。
- 客户端先发送 C0 表明自己的版本号，无须等待服务器回复，随后发送 C1 表明自己的时间戳。
- 服务器只有在收到 C0 后，才会返回 S0，表明自己的版本号。如果版本不匹配，可以选择断开连接。
- 服务器在发送完 S0 后，会直接发送自己的时间戳 S1。客户端收到 S1 后，发送 ACK C2 作为接收到 S1 的确认。同理，服务器收到 C1 后，发送 ACK S2 作为对接收到 C1 的确认。
- 握手建立完成。

第二步：连接。

- 连接步骤发生在 RTMP 客户端和 RTMP 服务器之间的握手之后。在连接过程中，客户端和服务器使用 AMF 编码交换编码过的信息。AMF 代表 Action Message Format，用于在 Adobe Flash 客户端和 Flash 媒体服务器之间发送信息。客户端和服务器还会交换 Set Peer Bandwidth 和 Window Acknowledgement Size 协议信息。当成功执行时，这些信息会表示连接的建立，然后服务器就可以传输视频数据了。

第三步：推拉流。

- 在 RTMP 握手和连接步骤后，RTMP 客户端和 RTMP 服务器之间的连接已经建立，现在就可以传送数据了。RTMP 支持 createStream、play、deleteStream、closeStream、receiveAudio、receiveVideo、publish、seek、pause 等命令。
- 与基于 HTTP 的传输协议 HLS 和 DASH 的操作相似，RTMP 也是将多媒体流分割成切片：通常情况下，音频的数据段大小为 64 B，视频的数据段大小为 128 B。切片的大小可以由客户端和服务器之间协商获得。
- RTMP 连接支持多路传输块流，每个块携带着一种信息流的特定类型，并且每个块流都有唯一的块流 ID。这些块通过网络传输，每个块都需要满载数据，接收端会根据 ID 重新组装这些块。这种分块传输机制允许通过更高级的协议对信息进行分割，例如可以通过阻止大块的低优先级消息（如视频）而不阻塞小块的高优先级消息（如音频或控制消息）。这种灵活性和优先级控制有助于保证传输过程中高优先级数据的及时性，增强了 RTMP 在实时数据传输中的效率和可靠性。

10.3.4　HTTP

超文本传输协议（Hyper Text Transfer Protocol，HTTP）是应用层的标准协议，用于客户端和服务器之间的请求和应答，通常运行在 TCP 之上，并被许多国内主流网站用于媒体传输。HTTP 采用客户端和服务器模式，具备灵活、简单和快速的优势。当客户端请求服务时，只需传送请求方法和路径。常用的请求方法包括 GET、HEAD 和 POST，每种方法对应不同类型的客户端与服务器交互方式。因为简单的 HTTP 使用程序的小型 HTTP 服务器，所以通信速度很快。此外，HTTP 允许传输任何类型的数据对象，并可标记传输内容的类型。

HTTP 请求报文由请求行、请求头部、空行和请求包体组成，如图 10-9 所示。

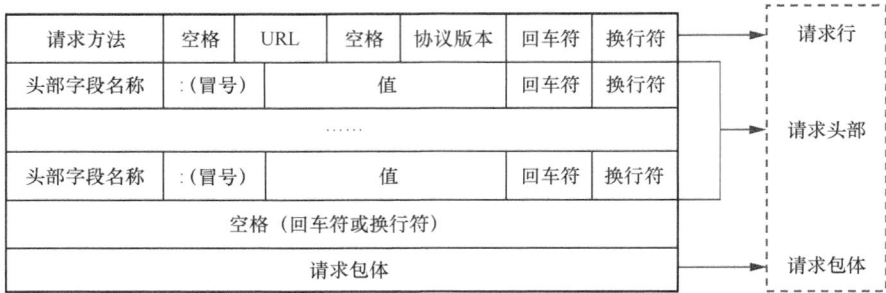

图 10-9　HTTP 请求报文

请求行主要描述了客户端想要如何操作服务器的资源，它由 3 部分构成：请求方法（表示期望对资源进行何种操作，常用的如 GET、POST）、URL（即请求目标，表明要操作的资源）和协议版本（表示报文使用的 HTTP 版本）。这 3 个部分通常使用空格来分隔，最后要用 CRLF 换行表示结束。

请求头部，即 HTTP 的报文头。报文头包含若干个属性，格式为"属性名:属性值"，服务器据此获取客户端的信息。与缓存相关的规则信息均包含在请求头部，请求头部可大致分为 4 种类型：通用头部字段、请求头部字段、响应头部字段和实体头部字段。

请求包体就是 HTTP 要传输的内容，HTTP 可以承载多种类型的数字数据，如图片、音频、视频、HTML 文档等。

HTTP 响应报文由状态行、响应头部、空行和响应包体组成，如图 10-10 所示。

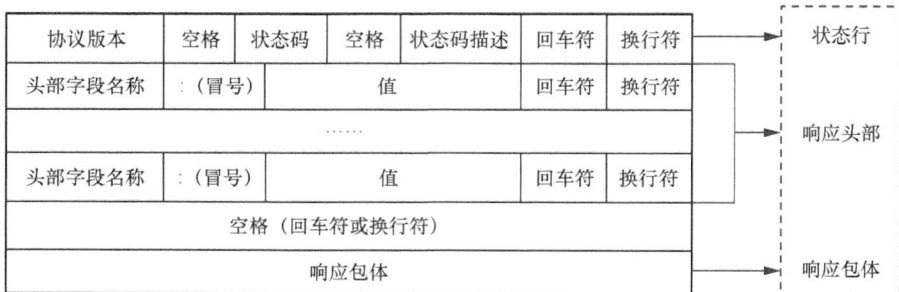

图 10-10　HTTP 响应报文

状态行包含了协议版本、状态码以及状态码描述。协议版本指明了报文使用的 HTTP 版本。状态码是一个 3 位数字，用来表示处理的结果。

和请求报文的请求头部类似，响应头部也由键值对组成，每行一对，键和值用英文冒号分隔。响应头部允许服务器传递不能放在状态行的附加信息，这些域主要描述服务器的信息和 Request-URI 进一步的信息。

响应包体即服务器返回给浏览器的响应信息，响应数据的格式取决于服务器，常见的响应数据格式有 text、html、application、json 等。

在发起 HTTP 请求之前，主要需要完成两个关键步骤：DNS 解析和建立通信链路。简单来说，客户端浏览器首先需要明确知道要访问的服务器地址，然后建立到该地址的通信路径。

DNS 解析的过程是将 URL 中的 Host 字段查询转换为网络中具体的 IP 地址。这是因为域名仅为了方便记忆，而实际访问服务器在网络中被识别为特定的 IP 地址，这个 IP 地址可视为服务器在网络中的"门牌号"。

DNS 解析过程如图 10-11 所示。

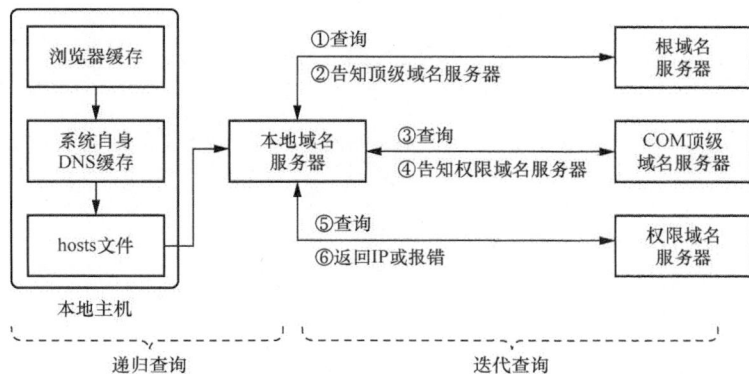

图 10-11　DNS 解析过程

通过 DNS 解析获取到目标服务器 IP 地址后，即可建立网络连接以进行资源的请求与响应。由于 HTTP 是基于 TCP 的，其建立需要 3 次握手流程。

第一次握手：建立连接时，客户端发送 SYN（Synchronize Sequence Number，同步序列编号）包（syn=x）到服务器，并进入 SYN_SENT 状态，等待服务器确认。

第二次握手：服务器收到 SYN 包后，必须确认客户的 SYN（ack=x+1），同时自己也发送一个 SYN 包（syn=y），即 SYN+ACK 包，此时服务器进入 SYN_RECV 状态。

第三次握手：客户端收到服务器的 SYN+ACK 包，向服务器发送确认包 ACK（ack=y+1），此包发送完毕，客户端和服务器进入 ESTABLISHED（TCP 连接成功）状态，完成 3 次握手。通过上述握手过程，即可成功建立 HTTP 连接。

使用 HTTP 作为流媒体传输的协议栈，通常分为网络层、传输层和应用层。在 HTTP 流式方式中，媒体文件会有多种码率的版本（可以在服务器端动态生成或者静态存储），高码率对应较高质量级别，反之则相反。服务器会进行媒体文件的切片、容器格式封装等操作，在服务器与客户端的交互过程中，根据宽带资源的变化，动态地在不同质量级别的媒体文件切片之间进行切换。这种切换的发起者可以是服务器或者客户端，即存在服务器控制的自适应策略和客户端控制的自适应策略。这样的自适应策略允许根据网络条件和带宽变化，动态地选择合适的媒体文件质量级别，以保证在播放过程中获得更好的观看体验。

MPEG 和 3GPP 基于这些方案制定了一个新的基于 HTTP 的网络动态自适应流传输标准——DASH，并已成为 ISO/IEC 国际标准，于 2012 年正式发布。DASH 系统运行于普通的 Web 服务器和客户端方式，它对同一内容的多个不同质量的视频流进行分片、定位和描述，使得这些视频分片能像普通文件一样通过 HTTP 在网络中传输。

用户能够根据自身网络带宽和接收能力，通过 DASH 向服务器请求所需的视频，实现动态自适应地选择、接收、解码和播放视频内容。DASH 为视频流传输提供了高效便捷的传送方式，尤其适用于视频直播、点播和多屏显示等业务场景。随着 DASH 标准的不断完善，基于 HTTP 的网络视频流传输将会拥有更为广泛的应用前景。